自我精益

夏岚　编著

化学工业出版社
·北京·

内容简介

本书作者将精益管理深入应用到个人工作和生活，系统总结和拓展了自我精益，通过 15 年来的实践心得详细阐述了实现自我精益的 3 个核心主题（道）——除浪费、创增值、提能力，以及如何将自我精益 7 项核心原则（法）、10 个核心工具 +20 个重要工具（术）通过纸(笔)、表（格）、软（件）3 种形式（器）在 14 个自我管理领域落地运用，并结合了作者从基层管理者到资深专家的职业发展历程。

本书适合所有对自我提升感兴趣的人，无论是职场人士、企业家，还是准备踏入职场的学生，都能从中获益，学会如何在日常工作和生活中实现自我精益管理的最佳实践，进而在人生道路上取得更好的成长和成功。

图书在版编目（CIP）数据

自我精益 / 夏岚编著. -- 北京 : 化学工业出版社，2025. 3. -- ISBN 978-7-122-47387-5

Ⅰ. B848.4-49

中国国家版本馆CIP数据核字第2025YF8564号

责任编辑：高　宁　仇志刚
文字编辑：王文莉
责任校对：田睿涵
装帧设计：韩　飞

出版发行：化学工业出版社
（北京市东城区青年湖南街 13 号　邮政编码 100011）
印　　装：中煤（北京）印务有限公司
787mm×1092mm　1/16　印张 16$^{3}/_{4}$　字数 367 千字
2025 年 4 月北京第 1 版第 1 次印刷

购书咨询：010-64518888　　售后服务：010-64518899
网　　址：http://www.cip.com.cn
凡购买本书，如有缺损质量问题，本社销售中心负责调换。

定　　价：88.00元

前言

曾经的我，

经常按照自己的想法去做，却不知道**客户**的需求是什么；

经常熬夜加班到深夜，却不知道**增值**是什么；

经常手忙脚乱地完成一个个任务，却不知道**目标**是什么；

经常羡慕别人的好身材，却不知道**纪律**是什么；

如今的我，

注重倾听和理解客户的需求，学会从用户的角度去思考问题；

学会高效工作，不仅追求时间投入，更注重每份时间产出的价值；

对每一个任务制定明确目标，做事不再盲目，每一步都有方向；

通过自律、坚持运动和合理饮食，逐渐拥有了更好的体魄。

这一切都要感谢精益！

这是2013年我应邀在上海进行一次自我精益管理主题分享的开篇致辞。记得那天活动结束后，很多听众朋友围着我一起继续交流自我精益，意犹未尽，每个人都想了解和尝试自我精益管理方法。这些年我忙于其他的工作，一直没有太多的精力投入自我精益的推广，现在我终于找到合适的时间写成本书。期望本书的出版可以更好地推广自我精益，帮到有需要的人。

作者是谁

从职场新人到百万年收精益数字化专家，目前专注于精益化工、数字化工、自我精益。精益化工是面向企业的咨询、培训，数字化工是面向企业的数字化咨询培训、软件开发，自我精益主要是面向个人的培训辅导、应用软件。

自我精益管理给我带来的变化

方面	过去	现在
精益化工	完全没接触	开创精益塔方法论，出版国内化工行业首部精益管理专著《精益化工：精益管理在化工行业的实践》

续表

方面	过去	现在
数字化工	完全不懂	自学成为全栈开发者，开发多个价值数百万的化工生产大数据管理系统，获得16个软件著作权
自我精益	随波逐流，没有管理	将精益管理深度应用到自我管理，开创自我精益管理学
外语	不敢开口说	到欧洲公司用英语进行咨询培训
身体	过劳肥，亚健康	发明A3减肥法，曾90天减重26斤，精力倍增，脱胎换骨
收入	入不敷出	百万元年收入

自我精益是什么

作为曾经万华化学首位精益讲师，在长期的工作中，我面临着充满挑战性的各种任务。面对经常稀缺的资源（时间和精力等）、挑战性的目标，我自然而然地将精益的思想、工具方法创造性地应用到自我管理中，形成了自我精益管理体系，围绕除浪费、创增值、提能力3个核心主题（道），覆盖价值管理、目标管理等14个自我管理领域，在一生、三年、年度、月度、周度、日度、小时这7个时间粒度层层展开，通过7项核心原则（法），10个核心工具及其他20个重要工具（术）通过纸（笔）、表（格）、软（件）3种可选应用实施形式（器）。具有体系化、领域化、数字化、低成本（三化一低）的特色。

道	除**浪费** / 创**增值** / 提**能力**	P
法	专注**价值** / **目标**引领 / 全维**思考** / 量化**可视** / **标准**执行 / 及时**反省** / 持续**改善**	P
术	10大浪费 / A3报告 / 树图 / 5个为什么 / 数字化指标 / 总效率OPE / 标准操作规程SOP / 可视清单 / 检查表 / 行思日志	D
术	一生 / 三年 / 年度 / 月度 / 周度 / 日度 / 小时	D
术	价值 / 目标 / 计划 / 工作	D
术	时间 / 精力 / 错误	D
术	知能 / 习惯 / 纪律 / 改善	D
术	关系 / 沟通 / 品牌	C
器	纸（笔） / 表（格） / 软（应用软件）	A

自我精益管理体系构成图（一）

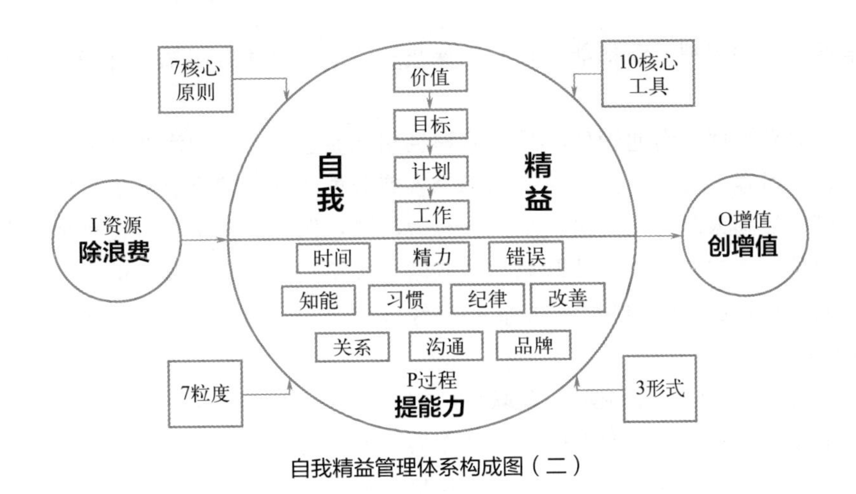

自我精益管理体系构成图（二）

3个核心主题——除浪费、创增值和提能力是互相关联的。除浪费意味着识别并去除非生产性活动，从而能专注于创造更大价值的活动，提能力则是通过增强技能和知识，更有效地识别和减少浪费，从而促进创增值。

7项核心原则——专注价值、目标引领、全维思考、量化可视、标准执行、及时反省、持续改善是方法论的核心（口诀：价目思量标省改）。这些原则相互关联，共同促进个人发展。例如，专注价值和目标引领之间的密切联系强调了通过明确价值观设定具有引导目标的重要性。量化可视与全维思考的结合，则帮助我们通过直观的数字更清晰地理解系统，发现潜在问题和改进机会。

10个核心工具——10大浪费、A3报告、树图、5个为什么、数字化指标、总效率OPE、标准操作规程SOP、可视清单、检查表、行思日志（口诀：浪报树问指、效标单检志）相互支持和补充。例如，通过识别10大浪费，可以使用A3报告和5个为什么进行深入分析；SOP和检查表有助于实现和维持改进；而数字化指标和总效率提供了衡量成功的标准；可视清单和行思日志则更多地关注于个人的学习和反思，帮助持续个人成长。此外在各个领域还有20多个重要工具各有用途。

14个领域——价值、目标、计划、工作、时间、精力、错误、知能、习惯、纪律、改善、关系、沟通、品牌（口诀：价目计工时精错，知习纪改关沟品），联系紧密、相互依赖。

首先，价值管理是核心，因为它决定了一个人的基本信念和目标。这些价值观直接影响目标管理，个人的目标通常反映了他们的核心价值。计划管理是如何实现这些目标的蓝图，而工作管理则是实际执行这些策略的日常活动。例如，作为一个重视创新和持续学习的行业专家，我的目标可能是提高自己的专业技能，计划可能包括定期参加培训和研讨会，而工作管理则涉及安排这些活动的实际时间和资源。

在能力提升方面，对内的时间管理、精力管理、错误管理、知能管理、习惯管理、纪律管理和改善管理都是相互关联的。有效的时间管理使得精力可以更高效地利用，而良好的精力管理又提高了工作效率和错误处理能力。知能管理和习惯管理、纪律管理有助于持续改进和个人成长，而这些改进又促进了更好的时间和精力利用。例如，我通过良好的时间管理为学习腾出时间，精力管理确保我在学习时保持专注，习惯管理帮助我形成定期复习的习惯，而知能管理则确保我有效地吸收和应用知识并应用于工作等各领域。

对外的关系管理、沟通管理和品牌管理也相互促进。有效的沟通技能是建立和维护关系的基础，而强大的关系网络又有助于个人或公司品牌的建立和发展。同时，良好的品牌形象可以加强人际关系，进一步促进有效沟通。例如，在精益咨询培训方面我通过有效的沟通技巧建立广泛的行业联系，这些联系又帮助我建立了强大的个人品牌，而这个品牌又为我打开更多沟通和合作的机会。经过持续的努力，成功的个人品牌会极大地提升人生价值。

总之，自我管理的各个领域相互联系，相互促进，共同构成了一个人成长和成功的基础。每个领域都不是孤立存在的，而是作为一个连贯的整体相互作用和影响。理解其中的关系并采取整合协同的措施可以事半功倍。书中介绍了每个领域的原则、过程、常用工具、常见数字化指标、笔者的个人案例与经验以及用于量化评估各领域管理效果的数字化指标。

为什么写

传承。我践行自我精益迄今已经15年了，自我精益帮助我从普通的管理人员成长为知名的精益专家、数字化专家，实现了我不曾想象到的目标，我很想把这套卓有成效的自我管理体系进行推广，帮助有需要的人。多年来在我自身的发展过程中，我也得到了很多老师、前辈的指导和培养，从他们身上，我学会了很多做人做事的道理和方法，现在我也想把自身感悟到的自我精益进行推广，将这种对于自我管理的探索和实践传承下去。

分享。以前零星地做过一些分享。但限于时间，讲得比较简单。这次终于下定决心把这个更详细的做法写成书，这对于十多年来每顿午饭午休的时间都要记录并控制的我来说，是一笔很大但非常有意义的时间投入。

写给谁看

本书的对象是对于自我管理感兴趣、有需求的人，不论是工作还是学习，不论是职场人士还是自主创业者，读后都一定能有所裨益。

看了有什么用

新想法。了解1种思想，精益思想如何应用到自我管理。

新干法。掌握1套工具方法，如何将精益的工具方法应用到自我管理。

新成法。通过阅读本书并亲身实践，读者可以消除更多浪费，创造更多增值，提升更多能力，取得更大成就。

本书特色

老主题。聚焦自我管理这个经典主题，无数人都有在想在做的事情，虽然形式各异，重点不同，深度有别。本书聚焦更好地管已成事，可引发读者思索。

全创新。介绍了精益管理在自我管理的全面创新应用，涵盖14个相互关联的领域，每一个领域将对应的精益管理主题及相应的工具方法融入其中，可供读者使用。

真实践。书中主要出现了3个角色的案例，除了砍柴人之外，精益专家和数字化专家是我本人日常工作中的角色。本书展示了我15年日复一日、年复一年不间断地自我精益实践，可供读者参考。

希望本书的理论、方法和案例能够带给读者或大或小的触动和改变，这就是我最大的快乐和欣慰。

阅读说明

行文逻辑。本书总体内容、各领域和多处具体内容都采取了5W1H的结构（What是什么、Why为什么、Who谁、When什么时间、Where在哪里、How怎么做），力求简单明了，5W1H也是精益中常用的一个工具。

W公司：代表我毕业后就加入并工作17年的万华化学。加入万华是我一生中最幸运的事之一，为之服务是我一生的自豪。在万华我进了精益的门，这改变了我一生的轨迹。我找到了我喜欢做又比较擅长做的事情，通过精益我可以给大家带来价值。

PM：自我精益管理的代号。

A3：A3报告的简称，一个精益工具，可以用于自我的计划管理、改善管理等多个领域。

“管我”APP：自我精益管理的移动端数字化应用程序，由我在2017年自行开发、上线投用并取得软件著作权证书，但当时限于时间精力，没有大规模对外推广。

组织：一个由多个人组成的团体，他们共同遵循一定的规则或程序，以达成共同的目标或任务。包括公司、非营利组织、政府机关、事业单位等。

相关资源

除了本书之外，自我精益还有对应的一套视频课程《自我精益》，一个数字化应用程序“管我”，形成了自我精益**书**、**课**、**软**三载体。后续计划通过**号**（公众号）、**群**（社群）、**师**（认证导师）等方式持续推广自我精益，帮助有需要的人。读者可通过扫描书后二维码，回复“自我精益”，获取相关电子资源。

作者联系方式

微信：leanprocess

邮箱：xialan@leanprocess.cn

谨以此书献给我的故乡——安徽省寿县！

我的故乡是一个历史悠久的古城，别称寿州、寿春，至今还有完好的城墙，城墙外的八公山就是淝水之战的古战场，小时候经常和一些小伙伴在山脚下砍柴火、挖野果。

故乡是我出生和长大的地方。父母对我的养育让我感受到了幸福，老师们对我的教育让我掌握了好习惯，同学们对我的帮助让我不怕任何挑战。而古城悠久的人文历史激励我从小立志追求更多层次的人生需求，不负此生。

故乡位于内陆，从小我就向往大海，一直想出去看看，从求学到工作到成家，一直沿着祖国的海岸线游走，而现在我却时常思念故乡，好在也有高铁，可以经常回去走走看看。

愿故乡发展越来越好！

夏　岚

目录

第 1 章　为什么需要自我精益？
——　除浪费、创增值、提能力　001

1.1　除浪费　001
1.1.1　资源有限——自我的 10 种宝贵资源　001
1.1.2　浪费存在——自我资源使用存在超乎想象的浪费　004
1.1.3　变废为宝——消除一份浪费就可以多创造一份价值　005
1.2　创增值　006
1.2.1　事情、资源、岗位、个人、团队，都要高增值　006
1.2.2　追求高增值，始终不内卷　012
1.2.3　实现高增值，永远被需要　013
1.3　提能力　013
1.3.1　能力可以改变　013
1.3.2　能力高下决定浪费和增值的多少　014
1.3.3　行动起来提升能力是最好的投资　015

第 2 章　什么是自我精益？
——　精益管理在自我管理领域的应用　016

2.1　自我管理——人生必修课　016
2.1.1　自我管理——把自己管到最好　016
2.1.2　自我管理和管理团队——先管好自己再管好团队　018
2.1.3　自我管理的发展——日益繁荣　019

2.2 精益——企业管理必修课 020
2.2.1 精益——既是名词也是动词 020
2.2.2 价值——客户需要的产品或服务 021
2.2.3 浪费——产品和过程中的非增值部分 022
2.2.4 数字化精益——形态变化而内涵永恒 025
2.3 自我精益 026
2.3.1 自我精益的发展——15 年的学习、实践、分享之旅 026
2.3.2 自我精益管理学——精益管理在自我管理领域的应用 027
2.3.3 自我精益管理的特色——三化一低（体系化、领域化、数字化、低成本） 029
2.3.4 自我精益管理会带来思维、行动、言语的改变——由表及里 030
2.3.5 自我精益和组织精益——互为促进 032

第 3 章 谁更需要自我精益?
—— 资源有限、目标不凡、直面竞争、迎接变化的人 034
3.1 人人都可用 034
3.2 我们更需要 035

第 4 章 在哪应用自我精益?
—— 价值创造和能力提升的 14 个领域 040
4.1 自我精益管理 14 个领域 040
4.2 每个领域精益管理都有对应的管理主题 043
4.3 各领域重要性因人不同，因时不同 046

第 5 章 什么时间应用自我精益?
—— 一生、三年、年度、月度、周度、日度、小时 7 粒度 048

第 6 章 如何应用自我精益?
—— 7 核心原则（法）、10 核心工具（术）、3 形式（器） 053
6.1 自我精益 7 项核心原则 054
6.1.1 专注价值——深入思考、全心投入 055

6.1.2 目标引领——伟大目标拉动点滴努力 058
6.1.3 全维思考——把握思考 7 要素，深、广、远、精、速 5 度俱全 059
6.1.4 量化可视——看清目标、看准现状、看见未来 065
6.1.5 标准执行——先清楚怎样做最好，然后做对 069
6.1.6 及时反省——不浪费任何一次发现问题的机会 070
6.1.7 持续改善——每次努力进步一点点 074
6.2 自我精益 10 个核心工具 076
6.2.1 10 大浪费——发现机会 076
6.2.2 A3 报告 ——PDCA 081
6.2.3 树图——拆解到点 086
6.2.4 5 个为什么——追根究底 088
6.2.5 数字化指标——量化自我 090
6.2.6 总效率——稳定高产 092
6.2.7 标准操作规程——执行到位 096
6.2.8 可视清单——列、排、展、核 099
6.2.9 检查表——核对确认 101
6.2.10 行思日志——记录人生 102
6.3 自我精益 3 形式——纸、表、软 104
6.3.1 3 种形式各有所长 104
6.3.2 “管我”APP——自我管理数字化 105

第 7 章 如何应用自我精益？
—— 价值创造领域的实践 107

7.1 价值管理 108
7.1.1 原则：明确澄清、确保一致、有效使用、适时调整、激励自我 110
7.1.2 过程：确定、回顾 112
7.1.3 工具：个人理念 114
7.1.4 案例：我的价值观陈述 115
7.1.5 练习：思考并写下你的价值观 115
7.2 目标管理 116
7.2.1 原则：规范合理、有效分解、量化评估、保持灵活、庆祝成就 117
7.2.2 过程：设定、回顾、验收 119
7.2.3 工具：SWOT 分析、核心竞争力、自我平衡计分卡、经验判断 120

7.2.4 案例：持续努力实现成为精益数字化双专家的职业目标 127
7.2.5 练习：制定并写下你的年度目标 128
7.3 计划管理 128
7.3.1 原则：全面统筹、排序清晰、风险预估、资源调配、及时调整 129
7.3.2 过程：制定、回顾、总结 131
7.3.3 工具：优先矩阵图 135
7.3.4 练习：制定你的年度计划 136
7.4 工作管理 136
7.4.1 原则：目标导向、计划先行、效率至上、专注执行、管理异常 137
7.4.2 过程：计划、执行、总结 139
7.4.3 工具：客户之声 VOC、工作分解结构 WBS、甘特图、风险分析表 142
7.4.4 案例：开发全套精益课程体系并培训认证 500 人 147
7.4.5 练习：列出 3 个你最需要编制的个人 SOP 名称 147

第 8 章 如何应用自我精益？
—— 能力提升领域的实践 148

8.1 时间管理 148
8.1.1 原则：要事优先、减少切换、避免拖延、善用碎片、明确产出 149
8.1.2 过程：预算、使用、改进 152
8.1.3 工具：5S、ECRS 156
8.1.4 案例：利用业余时间自学考取全英文认证（CPIM），专业理论和英文双提升 158
8.1.5 练习：识别出日常时间的 3 条浪费并制定改进措施 159
8.2 精力管理 159
8.2.1 原则：有效休息、合理饮食、规律运动、稳定情绪、正向思维 161
8.2.2 过程：策划、评估、改进 163
8.2.3 工具：爱好清单 165
8.2.4 案例：软件开发项目上线前高压工作阶段的精力改善 166
8.2.5 练习：识别你在精力管理中的 1 个最突出的问题并制定改进措施 166
8.3 错误管理 166
8.3.1 原则：坦诚面对、追根究底、亡羊补牢、继往开来、分享利他 169
8.3.2 过程：预防、纠正、回顾 171
8.3.3 工具：自我防错法 174
8.3.4 案例：降低软件开发错误发生率 176

8.3.5 练习：反思最近 1 年犯过的 3 条错误并分析原因，制定改进措施 176
8.4 知能管理 177
8.4.1 原则：拉动学习、及时实践、乐于分享、循环提升、持续更新 178
8.4.2 过程：学习、实践、分享 181
8.4.3 工具：知识体系、思维导图、材料、术语、问题 184
8.4.4 案例：37 岁开始自学成为全栈开发者，开发百亿基地的生产成本数据分析大数据系统 189
8.4.5 练习：列出最近 1 年计划学习的知识技能 190
8.5 习惯管理 190
8.5.1 原则：策划养成、小步前进、行为替代、环境调整、日常一致 191
8.5.2 过程：登记、养成 193
8.5.3 工具：21 天法则 195
8.5.4 案例：改掉晚睡的坏习惯 195
8.5.5 练习：列出你想养成的 3 项好习惯 196
8.6 纪律管理 196
8.6.1 原则：清晰规则、保持一致、提升意志、适时休息、正向激励 198
8.6.2 过程：制定、检查 199
8.6.3 工具：纪律检查表——检核到位 201
8.6.4 案例：已执行 15 年的每日 A3 计划的纪律 201
8.6.5 练习：制定 3 条个人的纪律 201
8.7 改善管理 202
8.7.1 原则：暴露问题、定期改善、及时固化、持续改善、止于至善 203
8.7.2 过程：选题、实施 205
8.7.3 工具：鱼骨图 206
8.7.4 案例：发明 A3 减肥法，3 阶 8 步，90 天减重 26 斤，实现精力倍增 207
8.7.5 练习：使用 A3 报告制定一个自我改善的课题计划 218
8.8 关系管理 218
8.8.1 原则：尊重互惠、有效沟通、倾听理解、建立信任、共情合作 220
8.8.2 过程：构建、维护 222
8.8.3 工具：关系清单 223
8.8.4 案例：通过咨询培训建立友谊关系 224
8.8.5 练习：使用树图梳理并列出你的重要关系 224
8.9 沟通管理 224
8.9.1 原则：清晰表达、有效倾听、情感共鸣、反馈及时、适应调整 227
8.9.2 过程：规划、准备、执行 228
8.9.3 工具：沟通 SOP 229

8.9.4 案例：在欧洲公司进行精益咨询培训的跨文化沟通 231
8.9.5 练习：选择一个情境编制一个沟通提纲 232
8.10 品牌管理 232
8.10.1 原则：定位清晰、一致连贯、真实可信、善用媒体、持续精进 234
8.10.2 过程：策划、执行 236
8.10.3 工具：标杆对比 238
8.10.4 案例：通过写作并出版行业专著拓展个人品牌 239
8.10.5 练习：制定个人的品牌创建计划 240
附录 自我精益管理 14 领域应用小结 241

第 9 章 如何应用自我精益？
—— 自我精益变革 4 步路线图 242

9.1 开始自我精益管理的 3 大挑战——会、做、成 242
9.2 自我精益变革 4 步路线图——诊断、计划、行动、回顾 243
9.3 自我精益管理水平 5 带级——灰、黄、绿、黑、师 250

后记 252
参考文献 254

第1章

为什么需要自我精益？
—— 除浪费、创增值、提能力

1.1 除浪费

1.1.1 资源有限——自我的10种宝贵资源

我曾负责一个年产值数百亿元的化工生产基地的成本管理多年，这个经历使我对于怎样管理资源有着深刻的理解。制造业企业的成功依赖于对关键资源和资产的管理与运用，例如优质原材料与高效供应链、先进的机器与设备、技术创新水平、充足的资金资源、专业技能人才、研发团队、高效的运营管理体系、广泛的市场和销售网络、环境与可持续资源管理以及积极的企业文化和强有力的领导。这些因素共同作用，确保制造业企业能够提高生产效率、降低成本、符合安全环保标准、创新并满足市场需求。有些资源是近乎无限的，如空气和海水，但是大部分资源是有限的，甚至是稀缺的，如何用有限的资源创造最大的价值是区分企业运营水平的关键，也是管理存在的意义。

同样作为拥有自我意识的个体，拥有10种宝贵的资源，包括内部的健康、体力、脑力、心力、体系，外部的时间、财富、信任、关系、机会（口诀：健体脑心系，时财信关机，图1-1），如何善用资源，用最少资源取得最大增值和成功是区分个人自我管理水平的关键。

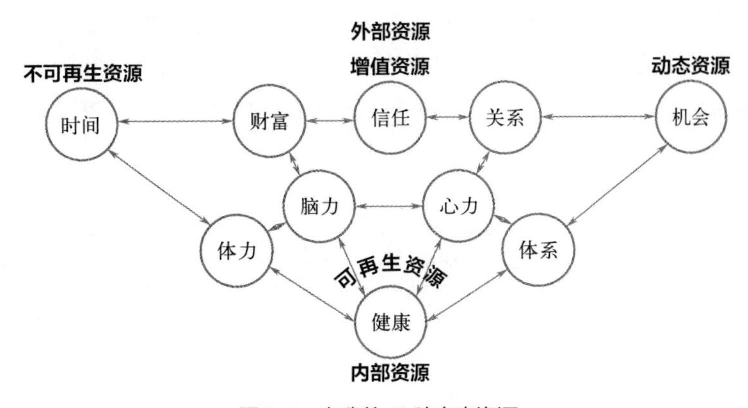

图1-1 自我的10种宝贵资源

健康。指身体和心理的良好状态，无疾病或不适。没有健康，其他所有资源都很难保持或增长。

体力。指身体的力量和能力。

脑力。包括智力和创造力，智力是理解、推理、计划和解决问题的能力，创造力是创造新事物或概念的能力。

心力。包括情绪、情感、意志力。情绪是短暂的心理和生理状态，通常由外部事件触发。

体系。体系通常指的是协同工作的原则、方法和工具，这些要素共同支持一个目标或多个目标的实现。在自我管理中，体系包括核心原则、各领域的原则、管理方法、管理工具等。

时间。生命中有限且不可回收的连续存在时刻。

财富。个人拥有的全部价值总和，包括物质上的和精神上的。它是衡量个人或集体经济状况和资源丰富程度的一个标准。

信任。对人或事物的可靠性、真实性或能力等的信心。

关系。人与人之间的相互联系和相互作用。

机会。通常指一个有利的情况或时刻，利用它可以实现某个目标或改善情况。它可能是开始新事业、学习新技能或改善个人状况的时机。

健康、体力、脑力、心力、体系一定程度上是可再生资源，通过适当的休息和培养可以得到恢复和增强。时间是非可再生资源，具有不可恢复性，一旦消耗即无法回收。财富、信任、关系是增值资源，通过投资、维护和发展可以实现增值。机会是动态资源，随着外部环境和个人努力的变化而变化，具有不确定性和变动性。

不管我们从事哪种类型的工作，每个人所拥有的资源都是不同的，通常是有限的、珍贵的。

在生命不同的阶段中，这些资源也会发生变化（表1-1）。有些人异于（偏好或偏差）同龄人的水平，但总体上具有相同的趋势规律。在少年时期，健康状态最佳，体力在增长，但脑力、心力、体系和信任正在发展初期，财富较少，主要依赖家庭。进入青年时期，健康和体力达到巅峰，心力和信任增强，人际关系开始拓展，机会在职业和个人成长方面增多。到了中年时期，尽管健康和体力开始下降，但经验增加，更有智慧，心力更为成熟稳定，财富积累达到高峰，人际关系也更广泛。在老年时期，虽然健康和体力有所减弱，但可用于自我管理的时间变得更为充裕，心力可以保持平和淡定，财富主要依赖积蓄和退休金，关系主要集中在家庭和长期朋友上，机会则减少，更多地侧重于兴趣和爱好。

表1-1 一生中各种资源的变化

资源	少年时期	青年时期	中年时期	老年时期
健康	◉最佳，少有疾病	◉良好，受生活方式影响	◕健康问题可能出现	◑部分人会出现慢性疾病
体力	◕在增长，体能良好	◉达到巅峰	◕逐渐下降	◑明显减弱

续表

资源	少年时期	青年时期	中年时期	老年时期
脑力	◑发展中，学习新知识	◕创造力和解决问题能力强	◉经验丰富，更有智慧	◕知识丰富但可能水平下降
心力	◑形成和发展	◕应对挑战和压力能力增强	◉更成熟和稳定	◉平和淡定
体系	◑形成基本原则和价值观	◕逐渐稳固	◉通常非常坚定	◉反思并可能重新评估
时间	◉充裕，用于学习和社交	◕受工作和家庭影响较大	◑时间紧张	◕退休，时间充裕但受健康限制
财富	◔较少，依赖家庭	◑开始积累，职业发展	◉财富积累高峰	◑依赖积蓄和退休金
信任	◑刚开始建立	◕通过工作和决策建立	◉稳固	◉稳固，退休后可能变化
关系	◑主要是家庭、同学和朋友	◕扩展到同事、伴侣和孩子	◉更广泛，包括工作和社交	◑集中在家庭和长期朋友
机会	◑教育和学习	◕职业和个人成长	◕职业高峰，机遇多样	◔退休后机会减少，侧重于兴趣和爱好

注：◉最高值，◕较高值，◑较低值，◔最低值。

（1）自我的10种资源有时需要权衡取舍

10种资源有时需要权衡和决策，因为每种资源的获取和维护通常都需要投入其他资源。理解这种动态关系有助于更有效地管理个人资源，实现长期的目标和愿望。例如，为了抓住特殊的机会，我们可能需要投入时间或金钱，如参加培训课程或投资一个项目。但有时，为了坚持体系原则，我们可能会牺牲一些人际关系或放弃一些机会。

（2）自我的10种资源有时可以实现双赢或多赢

10种资源有时可以实现双赢或多赢，要发挥自我的主观能动性，努力实现这样的效果。例如，通过高效的时间管理，保留时间进行锻炼和放松，既增强了健康，又提升生活质量。与家人或朋友一起进行体育活动，如徒步旅行，可以同时锻炼体力并加深人际关系。而不断学习新技能或知识，不仅提高脑力，还能为自己创造新的职业或业务机会。

（3）自我资源与外部资源进行交互的7种方式

自我资源与外部资源的交互可以通过多种方式实现，包括只进不出的获赠，有进有出的借用、交换、合作、投资、分享，只出不进的捐赠。

获赠。从外部（家人、朋友、导师等）获得赠送的资源，譬如继承财富、获得技能指导等。

借用。借用外部资源来补充自己的资源。比如缺少资金来启动一个项目，可以从银行或朋友那里借钱。

交换。交换通常是基于等价原则，这种方式侧重于短期的、具体的、有明确期望结果的互动。交换的关键在于资源的相互转移，通常事先有明确的协议或理解。

合作。合作强调的是参与方为了共同的目标或利益而进行的协作。与交换不同，合作更侧重于长期关系的建立、共享目标的实现和合力的形成。合作可能涉及资源的共享，但更多的是关于团队精神、共同努力和互相支持。

投资。使用自己的财富或脑力（例如技术入股）进行投资，无论是投资股票、债券还是直接投资于企业，都是增加财富和获取更多资源的方式。

分享。分享通常是一种相对平等的交互方式，旨在建立或加强社会联系，促进资源和信息的互惠互利。

捐赠。捐赠则通常涉及一方向另一方提供帮助，不期望有直接的回报。捐赠的动机可能是慈善、想要对社会作出贡献、建立积极的公共形象或是出于道德的义务。捐赠可能是针对个人、非营利组织或公共事业。

这些交互方式显示了资源管理的复杂性和动态性，以及个人如何通过不同的策略来最优化自己的资源和潜力。

1.1.2 浪费存在——自我资源使用存在超乎想象的浪费

自我的10种资源不被善用就会产生浪费。钱丢了我们会感到心疼，但是其他资源浪费了有可能会被忽视（表1-2）。

表1-2 自我的10种资源的浪费现象举例

健康的浪费	时间的浪费
忽视定期体检	过度使用社交媒体
不健康的饮食习惯	不设定明确目标
缺乏足够的睡眠	拖延
过度的压力	频繁打断工作
缺乏体育锻炼	会议过多或无效
吸烟和过量饮酒	缺乏时间管理技巧
忽视心理健康	不合理的工作流程
不注重个人卫生	在无关紧要的事情上花费太多时间
忽视环境卫生	不合理的通勤时间
长时间过度工作	不做事前规划
体力的浪费	**财富的浪费**
过度劳动	不必要的开支和成本
不合理的工作姿势	投资决策不当
缺乏劳动保护措施	缺乏财务规划和管理
工作中的重复性动作	没高效地利用资源
不合理的工作安排	未能追踪和控制预算
缺乏休息和恢复时间	高成本低效益的项目
使用不当的工具或设备	忽视成本削减和优化的机会
劳动效率低下	不合理的定价策略
忽视体力活动的技巧和方法	缺乏对现金流的监控
不适当的工作环境（如照明、温度等）	不利用财务激励和奖励机制

续表

脑力（智力和创造力）的浪费	**信任的浪费**
长时间做重复、无创造性的工作 缺乏持续学习和提升 在解决问题时缺乏创新思维 忽视他人的想法和建议 不适当的工作分配 缺乏挑战性的工作 在决策过程中忽视数据分析 缺乏多元思维和跨学科学习 过度依赖旧的观念和方法 缺少团队协作和头脑风暴	不遵守承诺和协议 缺乏透明度和诚实 不公平的决策和偏见 信息不对称 过度控制或微管理 缺乏积极的反馈和认可 人际关系中的不一致行为 不理解或不尊重他人观点 缺乏共同的价值观和目标
心力（情绪、情感、意志力）的浪费 长期处于负面情绪状态 缺乏自我意识和自我调节 压抑或忽视情感需求 缺乏目标和动力 不良的人际关系处理 缺乏应对挑战和压力的策略 过度自我批评 不信任自己的直觉和判断 缺乏自律和自控 不合理的期望和目标设定	**关系的浪费** 不维护人际关系网络 缺乏有效沟通和交流 忽视他人的需求和感受 不参与团队活动或社交活动 人际冲突和不良处理 未能识别并利用他人的专长和能力 不愿意分享知识和经验 过度竞争而非协作
体系的浪费 违背个人或组织的核心价值观 不一致的行为和标准 未能为行为和决策设定明确指导原则 忽视长远利益而追求短期利益 不注重持续的发展和可持续性实践 缺乏对社会责任的关注 忽视社会规范 不考虑决策的长期影响和后果	**机会的浪费** 未能抓住市场变化带来的机会 未能扩展人脉和社交网络 缺乏创新和尝试新事物的勇气 不对现有流程和策略进行改善 未能识别和利用内部资源 不采取风险和尝试挑战 未能适应技术和行业发展

以时间为例，我曾经做过300个人一个工作日的浪费识别和时间损失估算，在工作时间8小时内，每人平均至少有1小时被完全浪费了。这样日复一日，年复一年，损失是惊人的。

人生是宝贵的，人的潜能是无限的，如果我们意识到这些资源的浪费并努力地消除浪费，就会给我们带来无穷的可能性。

1.1.3　变废为宝——消除一份浪费就可以多创造一份价值

消除浪费，就像是在淘金过程中尽可能地减少丢失金子。我们的时间、心力和机会等资源就像金子一样珍贵，每一粒都充满了无限的价值和可能性。然而，这些宝贵的资源往往因为缺乏注意和管理而被无意识地浪费掉。正如淘金者小心翼翼地捕捉每一颗金粒，我们也应当精心管理和优化我们的日常活动和决策，确保每一分时间、每一份精力、每一次创造性的思考和每一次机遇都被充分利用，从而最大化我们的潜能和成就。

因此，消除浪费不仅是为了保护这些宝贵的资源，更是为了充分挖掘和实现它们创造美好生活和未来的巨大潜力。通过珍惜和优化我们的每一份资源，我们可以将这些“金子”转化为生活和职业中的卓越成就和丰富经验。

这个过程是复杂的。

我们拿一笔钱去投资，会去看投资回报比。其他的资源，如时间、精力等，也要看回报比。从是否的角度，做什么都有价值；从数值的角度，要看这个回报比的高低。

个人拥有的10种宝贵资源——健康、体力、脑力、心力、体系、时间、财富、信任、关系、机会——在不同个体间表现出增减的差异，这主要取决于个人的生活方式、选择、环境和态度。高效管理时间的人能够在工作、学习和休闲中找到平衡，而时间管理不善的人则可能感到时间匮乏。在职场上，有些人通过建立信任和积极的人际关系来拓展机会和提升职业地位，而不注重这些方面的人可能发现自己的机会受限。同样地，财富的积累也是不均等的，理财能力强和机遇把握佳的人可能财富增长显著，而缺乏这些技能的人可能财务状况出现增长停滞甚至倒退的情况。总的来说，个人的行动、选择和心态对这些资源的保有和增长有决定性的影响。

1.2 创增值

1.2.1 事情、资源、岗位、个人、团队，都要高增值

创造增值是指在已有的产品、服务或工作流程中添加额外的价值，使其对用户或客户来说更有用、更具吸引力或更有效率。这种增值可以通过提高质量、增加功能、改善用户体验或优化成本效率来实现。简而言之，创造增值意味着使某样东西变得比原本更有价值或更受欢迎，关注于“把事情做对”。而与之关联的创造价值是发掘并承担新项目以带来新价值，关注于“做正确的事情”。两者都反映了个人对工作的卓越追求。

例如，当一个砍柴人砍柴并将其卖给顾客时，他实际上就在进行创造增值的活动。首先，他将原始的资源（树木）转化为一种更有用的形式（柴火），这本身就是一种价值的创造，因为柴火对于顾客来说更加方便和实用。顾客可能用柴火来取暖、烹饪或其他用途，这些都是树木本身无法直接提供的价值。此外，如果砍柴人通过改进他的砍柴技术，比如更高效地砍柴或选择更适合燃烧的树木，他就能提供更高质量的柴火，从而进一步增加产品的价值。通过这些活动，砍柴人不仅满足了顾客的基本需求，还通过提供更适用、高质量的产品来创造额外的价值[1]。

另如，在我的精益管理中，我专注于为客户创造显著的增值。这一过程首先涉及深入分析客户的业务流程，识别出其中的浪费和低效环节。通过消除这些浪费，例如减少过多的库存和简化不必要的步骤，帮助企业大幅提高其操作效率。接着，我运用精益工具如价值流图，改善优化流程，确保每一步都高效有序，进一步提升生产力和产品质量。

---

[1] 著者注：砍柴人为本书的1个案例角色，贯穿于全书多个案例中。另外两个案例角色分别为精益管理专家和软件开发专家（取自作者自身案例）。

在这个过程中，我还着重于文化层面的改变，引导员工理解和采纳精益思维，从而促使整个组织朝着持续改进和卓越迈进。通过这些综合措施，不仅提高了客户的经济效益，还增强了他们在市场上的竞争力，同时提升了客户满意度和员工的参与感，从而在各个层面上为客户创造了显著的增值。

对增值的追求体现在方方面面。做一件事要追求高增值，用一份资源(比如时间)要追求高增值，要从事高增值的岗位，成为高增值的人，带领的团队也要追求高增值。

（1）做一件事要追求高增值

在日益复杂和竞争激烈的世界中，不论是个人还是组织，都面临着一个共同的挑战：如何在有限的资源和机会中实现最大的增值。增值，在这里不仅指经济收益，同时更广泛地涵盖了社会影响、个人成长和创新能力的提升。因此，无论从事何种工作，无论工作项目大小，追求高增值都应成为我们的核心目标。追求高增值不仅是一种选择，更是一种必要。这要求我们具有前瞻性的思维，提高不断学习和适应的能力，具有创新和把握机会的勇气。这不仅是一种工作态度，更是一种人生哲学。无论面对何种任务，我们应该尽量确保每一次的努力都能产生最大的价值和回报。

首先，要理解在做任何事情时追求高增值的意义。这意味着不仅仅是完成任务，还要寻找提升效率、创造更多价值的方式。比如，当我在设计一个生产成本管理大数据系统时，不仅要关注系统的功能性和美观性，更要考虑用户体验和普遍适应性。通过这种方式，我不仅完成了一个项目，还创造了额外的价值，为用户带来了更多的潜在利益。

其次，追求高增值也意味着在每一项工作中都要寻找学习和成长的机会。这可以通过挑战自己、探索新技术或策略来实现。例如，当我在研发软件时，经常尝试使用新的技术，不仅提高了项目的质量，也为自己的技能树增添了新的枝叶。

此外，追求高增值还涉及资源的优化使用。这包括时间管理、有效利用现有资源和技能以及在适当的时候寻求外部协助或合作。例如，我在管理一个复杂项目时，通过有效分配任务、合理安排时间和协调团队成员的工作，能够确保项目的顺利进行，同时最大化团队的整体效能。

最后，追求高增值也是一种思维方式，它鼓励我们不断追求创新和改进。这意味着不是满足于现状，而是不断寻求如何做得更好。无论是在日常的工作中，还是在个人的生活中，这种对卓越的追求都会带来巨大的变化。

综上所述，做一件事要追求高增值是一种能够引导我们实现更大成功和满足的哲学。通过在每一项工作中寻求提高效率、增加价值和个人成长，我们不仅能够实现自我提升，也能为社会和他人带来更大的价值。

（2）用一份资源要追求高增值

对于大部分人，资源都是宝贵的，每一份资源都要追求高增值。以时间为例，这是我们最宝贵的资源之一，但也是最容易被浪费的。为了追求高增值，我们必须学会如何高效地使用每一分每一秒。这不仅涉及时间管理的技巧，还包括能够识别并专注于那些最具回报潜力的活动。除了时间之外，其他我们掌握的资源也要追求高增值。

同样一份时间，得到的增值是不同的。

如同样花10小时读1本书，不同的书对个人的增值效果可以根据所获得的知识深度、实践应用程度和最终带来的改变来区分。

知识性增值——知道了。这是最基本的层次，指通过阅读获得的纯粹知识和信息。这种增值主要体现在知识面的扩展上，比如学习新的概念、理论或事实。这一层次的增值有助于提升个人的知识储备和文化水平，但可能不会直接转化为实际行动或生活方式的改变。

技能性增值——会用了。在知识性增值的基础上，某些阅读还能够带来具体技能的提升，比如语言学习、编程技能、公共演讲等。这一层次的增值不仅增加了知识，还提高了个人的实践能力和操作技能，有利于职业发展和个人兴趣的培养。

思维性增值——改想法。通过深度阅读和思考，能够在思维方式、问题解决策略等方面获得提升。这包括批判性思维、创造性思维的培养以及对复杂问题的分析和处理能力的增强。这一层次的增值对于个人的决策能力和创新能力尤为重要。

行动性增值——改行动。最高层次的增值体现在读书后的实际行动和生活方式的改变上。这种增值不仅仅是知识、技能或思维方式的提升，更重要的是这些提升如何被应用到实际生活中，导致个人行为习惯、工作效率甚至人生观念的变化。这种层次的增值最为难能可贵，因为它要求读者能够将阅读所得与实际情境相结合，进行深度的自我反思和实践。不同的增值档次对个人成长的影响是不同的。从知识性增值到行动性增值，所需的努力和实践程度逐渐增加，带来的个人成长和改变也更加显著。因此，如何将阅读转化为更高层次的增值，不仅取决于所读的内容，更取决于个人的思考、应用和实践能力。

例如，因为工作的关系，我需要学习ToB（to business，面向企业）营销。基于这个目标，我首先略读了十几本这个领域的书，然后选择了其中1本最好的书精读，阅读后根据对书中逻辑、工具、方法的掌握开发了一个销售管理软件并在日常业务工作中使用，通过这个方式更好地把书中的方法应用于实际。因为具有管理梳理和软件开发二合一的能力，我可以做到看一本好书后抽取核心逻辑，转换开发成一个数字化软件，在使用中践行书中的理论，结合自己的实际情况再调整完善，持续迭代。

同样是花1小时开了一个会，增值也是不同的。

信息交换增值——告知了。在这个层次上，会议的主要目的是信息的传递和接收。参与者之间分享更新的数据、项目状态报告或部门通知。增值主要体现在确保团队成员对项目或组织的当前状态有共同的理解。

讨论与建议增值——讨论了。此层次的会议不仅仅关注信息交换，还包括对信息的讨论和对未来行动的建议。参与者可能会就特定议题提出不同的观点和建议，通过集体智慧寻找解决问题的方法。增值体现在增强团队合作和促进创新思维。

决策与规划增值——决策了。在这个阶段，会议的焦点是制定决策和计划未来的行动。基于之前层次的信息交换和讨论，参与者需要就具体的行动方案达成共识，分配责任并设定时间表。这种会议的增值在于推动项目或策略向前发展，确保团队目标的实现。

执行与变革增值——协调了。最高层次的会议不仅仅关注决策的制定，还包括监督执行过程和评估执行结果，以促进组织的持续改进和变革。在这类会议中，参与者将评估行动计划的效果，讨论实施过程中的问题，并根据反馈进行调整。这种会议的增值最大，因为它直接关联到组织的成长和适应能力。

通过以上两个例子，我们可以看到，同样的一份资源因为使用的方式不同会有很大的增值差异，日积月累下来就会有云泥之别。追求高增值的关键之一在于如何使用我们的资源。这不仅要求我们有良好的资源管理技巧，还需要我们具备前瞻性的思维、持续学习的心态和适应变化的能力，最重要的是对资源使用效率的敏锐洞察。

（3）追求高增值的岗位

在职业生涯的选择中，追求那些高增值的岗位对于实现个人的最大潜力至关重要。这些岗位通常具有更高的挑战性，但同时也提供更大的学习机会，更易获得职业成长和经济回报。识别并投身于这些岗位，不仅能够提升个人的市场价值，还能为社会带来更大的影响。

首先，理解哪些岗位具有高增值潜力是关键。这通常与行业的发展趋势、技术创新和市场需求有关。例如，随着技术的发展，数据科学、人工智能、可持续能源和数字营销等领域展现出巨大的增长潜力。在这些领域中工作的专业人士的技能和知识对于驱动创新和发展至关重要，因此这些领域具有高增值潜力。

此外，选择高增值岗位也意味着需要不断更新自己的技能和知识。在一个快速变化的世界中，昨天的专业知识可能很快就会过时。因此，不断地学习和适应新技术、新方法和新策略是必不可少的。例如，软件开发者通过持续学习最新的编程语言、了解软件开发趋势，不仅能保持自己的职业竞争力，还能为工作单位带来更多的创新和价值。

高增值岗位还要求拥有良好的“软”技能，如领导力、团队合作和解决复杂问题的能力。这些技能使个人不仅能够在技术上作出贡献，还能在组织内部和跨部门之间有效沟通和协作。例如，一个项目经理不仅需要对项目管理的技术方面有深入了解，还需要能够领导团队、激励成员，并与不同的利益相关者有效沟通。

因此，选择和从事高增值岗位不仅是对个人职业发展的投资，也是对社会和经济进步的贡献。通过不断学习、适应并应用新的知识和技能，我们可以在这些岗位上实现个人的价值最大化，不能为了追求舒适或者暂时没有机会而放弃主动改变的努力，要想方设法努力进步。同一领域的高增值岗位和低增值岗位如表 1-3 所示。

表1-3　同一领域的高增值岗位和低增值岗位

领域	高增值岗位	低增值岗位
农业劳动	精密农业和作物管理（如使用先进技术进行作物培育）	传统的农场劳动（如手动播种和收割）
编程与维护	开发新软件应用	维护现有软件系统
制造业工作	自动化机器的操作和监控	流水线上的重复性手工组装
物流与运输	物流规划和管理（如优化运输路线）	手动装卸货物

续表

领域	高增值岗位	低增值岗位
创作与分发	自己创作内容（如写书、制作视频）	分发他人创作的内容（如书店销售、视频平台运营）
设计与制造	产品设计（如设计时尚服饰）	大规模制造产品（如服装生产线操作）
教育与组织	自己进行培训授课	组织培训活动
法律服务	提供专业法律咨询（如律师）	进行法律文档的行政处理

这些例子表明，通常创造性、创新性或需要高专业技能的工作往往增值更高。相对地，那些更多涉及日常管理、维护或执行的工作则增值相对较低。这一点从岗位薪酬上也可以得到体现。

在现有的工作中要做好并优化低增值工作，提升增值水平。在现有的工作中很多增值较低的工作是必不可少的，它们构成了整个业务或组织运作的基础。处理这些工作时，可以采取以下策略来提高效率和价值：

自动化与优化流程。尽可能利用技术来自动化那些重复性高、低增值的任务。例如，使用软件自动处理数据、自动化常规行政任务等。

外包或委派。将一些低增值的工作外包给专业团队或委派给更适合完成这些任务的人员，这样可以让核心团队专注于更高增值的工作。如一些工作宣传展板的设计制作和布置。

努力完成并做好当下职责内的工作并在过程中采取各种方式持续改进工作，提高增值水平，当你的领导发现你做高增值工作很擅长，为组织创造了很多增值，但你同时也做一些低增值工作的时候，他会比你更着急。

（4）成为高增值的人

成为一个高增值的人意味着超越日常任务和技能的层面，发展那些可以在更广阔领域产生影响的品质和能力。这不仅关乎职业技能的提升，更涉及个人品质的培养，如领导力、创新思维、适应能力和影响力等。

领导力在成为高增值个体中扮演着至关重要的角色。真正的领导者不仅能够指引方向，还能激励和赋能他人，创造一个促进创新和卓越的环境。

创新思维对于成为高增值个体同样至关重要。这意味着不满足于现状，而是不断寻求新的方法和策略来解决问题。创新者总是在探索如何通过不同的视角或新的技术来提升效率和效果。

适应能力也是高增值个体的关键特征之一。在不断变化的工作环境中，能够迅速适应新情况的人更能够把握机会和应对挑战。这包括对新技术的快速学习、对市场变化的敏感度以及对工作方法的灵活调整。

影响力是衡量个人增值的另一个重要标准。这不仅仅是通过职位或权威来影响他人，更是通过个人的行为、知识和榜样作用来启发和激励他人。

总的来说，成为高增值的人要求我们在技术和专业技能之外，不断发展和强化个人的“软”技能和品质。通过这样做，我们不仅能在职业生涯中取得成功，还能对社会和他人产生深远的积极影响。

(5) 带领高增值的团队

当作为负责人领导团队的时候，要专注于执行高增值的工作。这意味着我们的每一个项目和任务都旨在为团队和客户创造最大的价值。为实现这一目标，工作重点包括明确目标与价值导向、优化资源配置、鼓励创新与持续改进、培养专业技能和团队精神，以及建立高效的沟通和反馈机制。

明确目标与价值导向。首先，与团队共同设定明确的、可衡量的目标，并且这些目标都围绕创造增值的核心理念，确保团队的每个成员都对团队的核心目标有清晰的理解。

优化资源配置。在资源分配上，将团队的时间和精力集中在那些能带来最大增值的项目上。这意味着对市场趋势进行持续的监测，评估哪些类型的工作能产生最大的影响，并据此调整工作重点。

鼓励创新与持续改进。鼓励团队成员不断探索新的方法和技术，以提高工作效率和质量。持续改进不仅体现在技术层面，还包括工作流程和团队协作方式的优化。

培养专业技能和团队精神。重视每位团队成员的个人成长和专业发展。通过定期的培训和研讨会，确保团队拥有最新的行业知识和技能。同时，还注重培养团队精神，确保团队成员之间有良好的沟通和协作，以提高整体的工作效率。

建立高效的沟通和反馈机制。高效的沟通和定期反馈对于团队的高效运作至关重要。定期组织会议，不仅讨论项目进展，还让团队成员分享观点和创意，帮助他们认识到自己的工作对公司和客户的价值。

事情、资源、岗位、个人、团队的高增值都紧密相连并相互促进，形成一个综合的价值提升体系。

“事（工作内容和项目）”的高增值是追求效率和质量的过程，要求在有限的资源和时间内实现最大的成果。这涉及创新、优化流程以及提升产品或服务的质量，以满足客户需求并超越期望，从而在个人和组织层面实现目标的最大化。“资（资源使用）”的高增值强调对时间、资金和其他资源的高效管理和优化。通过策略性地分配和利用资源，个人和团队能够在保证质量的同时提高工作效率，从而实现更多的目标和产出。“岗（岗位选择）”的高增值要求个人寻找并投身于那些提供丰富学习机会、利于职业发展以及高经济回报的领域。选择这样的岗位可以提升个人的市场竞争力和社会贡献度。“人（个人发展）”的高增值着眼于个体能力的提升和品质的培养，特别是在领导力、创新思维和适应变化的能力方面。通过持续学习和改进，个人不仅能在职业道路上取得成功，还能对社会产生更广泛的积极影响。“队（团队合作）”的高增值集中于通过协作实现共同目标和创造更大价值的重要性。这要求明确共享的目标、合理分配资源、激发创意、加强团队精神以及建立有效沟通和反馈机制，从而使团队成为一个整体，共同取得成功。

追求高增值时，“事、资、岗、人、队”之间的相互关系变得更加紧密和复杂，每个方面都在相互促进和相互依赖中扮演着关键角色。

“事”与“资”的相互促进。在追求高增值的过程中，工作或项目（“事”）的目标设定与资源（“资”）的规划和分配紧密相关。高质量的项目设计需要合理的资源支持，包括时间、资金和人力。反过来，高效的资源利用也需要有目标明确、计划周密的项目来指导。这种相互作用确保了资源被用在“正确”的地方，从而最大化工作成果的价值。

“岗”与“人”的相互成长。高增值岗位（岗）提供个人（人）成长和发展的平台，促使个人发挥最大潜力，进而增加个人和组织的价值。同时，个人的成长和提升可以使他们更适合高增值岗位的要求，形成一个正向循环。个人的专业发展提升了团队的整体能力，进而提升了完成高增值工作的能力。

“队”与“人”的互动提升。高效的团队（队）由高增值的个人（人）组成，这些个人通过协作、分享知识和技能，共同完成目标，实现团队和个人的双赢。高增值团队的建立又会进一步吸引和培养高增值个体，形成强大的协作文化，推动组织的持续成长和成功。

“事”与“队”的共同目标。在追求高增值的过程中，具体的工作或项目（事）成为团队（队）合作的中心。团队成员围绕共同的工作目标进行合作，共享资源（资），并在相互学习和支持中提升个人能力（人），实现目标的同时，也促进了团队成员的个人发展。

“资”与“队”的资源协同。团队（队）在追求高增值时，需要有效地规划和利用资源（资）。合理的资源分配和管理可以增强团队的执行能力，使团队能够更加专注于高增值活动。团队成员的共同努力可以最大化资源的效用，提升项目效率和质量。

总之，在追求高增值的过程中，“事、资、岗、人、队”之间的关系是相互依存、相互促进的。通过有效的互动和协作，这些要素共同形成一个强大的系统，推动个人、团队和组织朝着更高的目标发展。

1.2.2 追求高增值，始终不内卷

追求增值与内卷是两个截然不同的概念（图1-2）。追求增值关注于通过提升产品或服务的质量、效率或客户体验来增加额外的价值，其目的是实现正向的成长和改进，带来积极的影响。这通常表现为质量的提升、效率的增加或客户满意度的提高。相反，内卷指的是在激烈的竞争环境中，个体或组织为了维持竞争优势而进行的过度努力，这往往导致效率降低、资源浪费，甚至可能带来负面的社会和心理影响。内卷更多地表现为一种消极的、零和的竞争态势，其中某方的收益往往以牺牲他人为代价。简而言之，追求增值是一种积极向上的努力，旨在提供更多价值；而内卷则是一种消极的竞争行为，通常导致资源的无效利用和社会效益的降低。

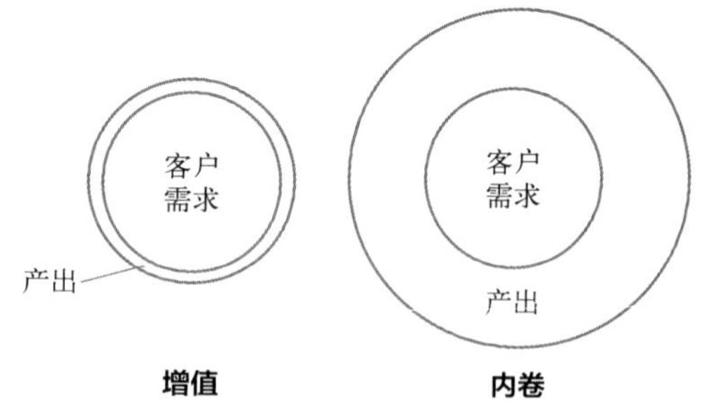

图1-2 增值与内卷

例如，当砍柴人通过采用新技术、更高效的工具或改进技巧来提高工作效率时，这

就是增值。这不仅使他能够更有效地完成工作，而且通过提供更高质量的柴火，提高了顾客的满意度。这种方式的核心在于用更有效的方法工作，而不仅仅是增加工作量。

相比之下，内卷则发生在砍柴人只是通过加班加点或增加努力来应对工作需求，而没有改善工作方法或提升柴火的质量。这种情况下，尽管投入了更多时间和努力，但由于没有提高工作效率或顾客满意度，因此并没有真正实现增值。

总的来说，增值强调通过提高效率和改善产品或服务质量来满足客户需求，而内卷则是指仅仅通过增加劳动量来应对挑战，而没有在效率或质量上取得进步。

珍爱生命，远离内卷；追求增值，客户满意。

1.2.3　实现高增值，永远被需要

我们需要像大禹、华佗、鲁班一样的人，因为他们创造了巨大的价值；我们也需要砍柴的夏师傅和种地的张师傅，因为柴米油盐酱醋茶，柴火是过日子的首要保障，粮食让我们果腹，他们让我们吃饱饭。无论价值高低，只要能提供大家确实需要的价值，就会永远被需要。

在个人发展和职业生涯中，持续自我提升和适应变化是永恒的主题。这意味着个人应该持续学习新技能和知识，不仅是专业技能，也包括沟通、团队合作等“软”技能。同时，展现出强大的适应性和灵活性，能够迅速适应新环境和挑战，是在快速变化的世界中保持自己价值的关键。此外，培养创新思维、寻求新的问题解决方法和创造性思考，也是个人增值的重要方面。建立和维护职业网络，以及通过自我意识构建个人品牌，同样对职业发展至关重要。最后，展现社会责任感，如参与社会公益活动，不仅有助于个人成长，也能增强社会对个人的认可和需求。总而言之，通过这些方法，个人可以在职场中保持持续的增值，确保自己在不断变化的环境中始终受到重视和被需要。

1.3　提能力

能力通常指个体或组织在特定领域内完成任务、解决问题或实现目标的方法和技能。它可以涵盖各种方面，包括知识、技术、沟通、领导力等。在自我管理的框架内，能力提升是核心的环节。能力提升是自我成长的过程，让我们逐步提高个人能力，以更好地实现个人目标。

1.3.1　能力可以改变

生活中的许多事情并不总是如我们所愿。有些事情我们可以改变，有些事情我们不能改变（表 1-4）。但关键在于我们如何区分这两者，以及我们如何提升能力并利用我们的能力和资源来应对那些我们可以改变的事情。

当然，这并不是一件容易的事情。我们需要不断学习和探索新的方法和技术，保持

开放的心态和敏锐的洞察力。只有这样，才能在不断变化的世界中找到自己的方向，实现自己的目标。

表1-4 自我可以改变和不可以改变的事情的例子

可以改变的事情	不能改变的事情
➢个人习惯和行为 ➢学习新的技能和知识 ➢健康和生活方式选择 ➢职业选择和职业发展 ➢社交圈子和友谊 ➢参与环境保护和可持续生活 ➢时间管理和优先事项 ➢身体形态和健身 ➢情感和情绪管理 ➢财务规划和储蓄	➢过去的历史和经验 ➢自然灾害和天气 ➢他人的行为和选择 ➢某些生理特征，如身高 ➢社会和文化背景 ➢他人的感受和想法 ➢时间的流逝 ➢全球经济趋势 ➢生命中的一些不可预测事件 ➢生老病死的自然循环

1.3.2 能力高下决定浪费和增值的多少

消除浪费、创造增值和提升能力三者相互关联，共同促进自我的发展（图1-3）。

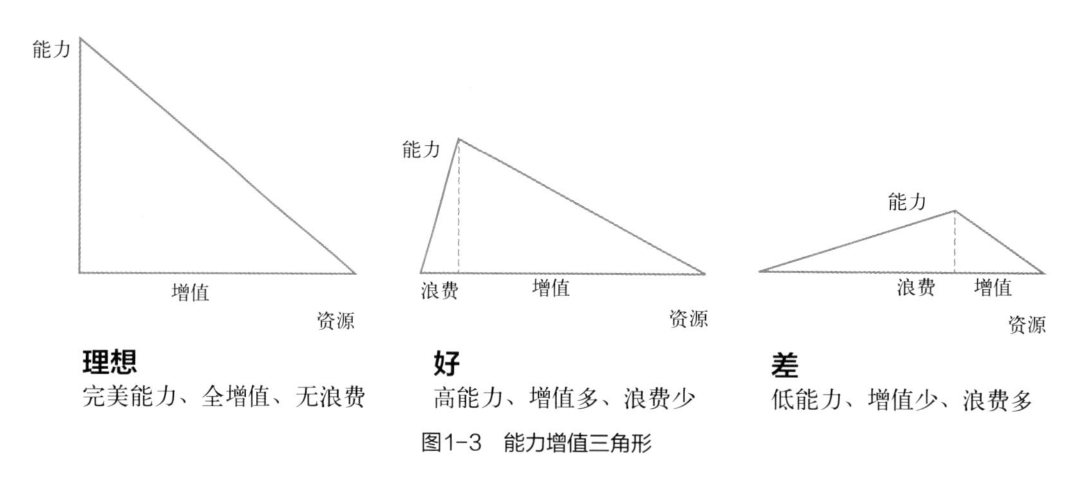

图1-3 能力增值三角形

消除浪费是为了更有效地追求增值。当个人或组织识别并去除无效和非生产性的活动时，便能将更多资源和精力集中在创造更大价值的活动上。

提升自己的能力是实现个人成长和提高生活质量的关键途径。通过学习新的技能和知识，我们能够更好地理解周围的世界，识别并减少在日常生活和工作中的浪费。这种能力的提升不仅涉及专业技能的增强，还包括对时间管理、决策制定等方面的认识和改进。随着这些能力的增强，我们可以更有效地识别那些低效和无效的环节，采取措施去优化或消除它们，从而提升个人的生活和工作效率。作为一名精益咨询培训师，我不断学习和实践精益生产的原则，以帮助客户优化他们的生产流程，减少浪费。通过将这些原则应用到自己的生活和软件开发工作中，我发现自己能够更有效地管理时间和资源。例如，我采用了可视化看板来管理个人项目，这帮助我更清晰地看到任务的进展，识别瓶颈，从而提高效率。

此外，能力的提升还直接促进了个人所创造增值的增长。当我们能够以更高的效率完成任务时，不仅能够为自己创造更多的时间和空间去享受生活、追求兴趣和激情，还能在职业发展中站在更有利的位置。随着个人技能和效率的提升，我们在工作中的表现会更加出色，这有助于提升自我价值感，增强自信心，同时也可能为我们带来更好的职业机会和更高的收入。

总的来说，消除浪费为创造增值营造空间，提升能力则加强了执行这两项任务的能力。

1.3.3　行动起来提升能力是最好的投资

提升能力是对个人最有价值的投资，具有深远和持久的影响。这种投资不仅带来即时的回报，如提高工作效率、增强解决问题的能力，还能潜移默化地培养出更加强大的适应性和竞争力，应对未来不断变化的挑战。与物质资产不同，知识和技能的增长虽然无形，但其价值却无法估量。

个人能力的提升可以显著影响职业生涯的轨迹。在当今知识和技术快速发展的时代，不断学习和适应新技术是至关重要的。掌握新的技能不仅能提升我们在当前岗位的表现，还为跨行业或更高级职位的转变提供了可能。比如，我通过学习最新的编程语言或框架，提升了项目开发效率，同时为自己进入更前沿技术领域铺平道路。

能力提升还有助于解决问题。拥有丰富的知识储备和多样的技能，使我们能从多角度审视问题，找到更创新和有效的解决方法。

此外，提升个人能力还能增强自信心和满足感。看到自己通过不断努力克服挑战，实现自我超越的过程，带来的成就感和自我价值提升是无法用金钱衡量的。这不仅激励我们继续前进，探索新领域，还能在日常生活中保持更积极和乐观的态度。

提升能力的过程是一个持续的旅程，要求我们保持好奇心，不断探索未知，勇于挑战创新。在这个过程中，我们不仅学习到具体的技能和知识，更重要的是学会了如何学习，如何有效管理时间和资源，如何与他人有效沟通和合作。这些“学会学习”的能力，在快速变化的世界中将成为我们最宝贵的资产。

总之，提升能力确实是最佳的个人投资选择。它不仅能带来即时的效益，还能为个人的长期发展奠定坚实的基础。无论职业生涯还是个人生活，持续的学习和成长都是我们最强大的支持力量。

第 2 章

什么是自我精益？
——精益管理在自我管理领域的应用

2.1 自我管理——人生必修课

2.1.1 自我管理——把自己管到最好

把自己管到最好就是成功。

每个人的人生发展水平确实受到资源限制的显著影响。每个人的起点都不同，资源的丰富程度和可接触性差异巨大（图2-1）。尽管如此，但这并不意味着我们的未来已经

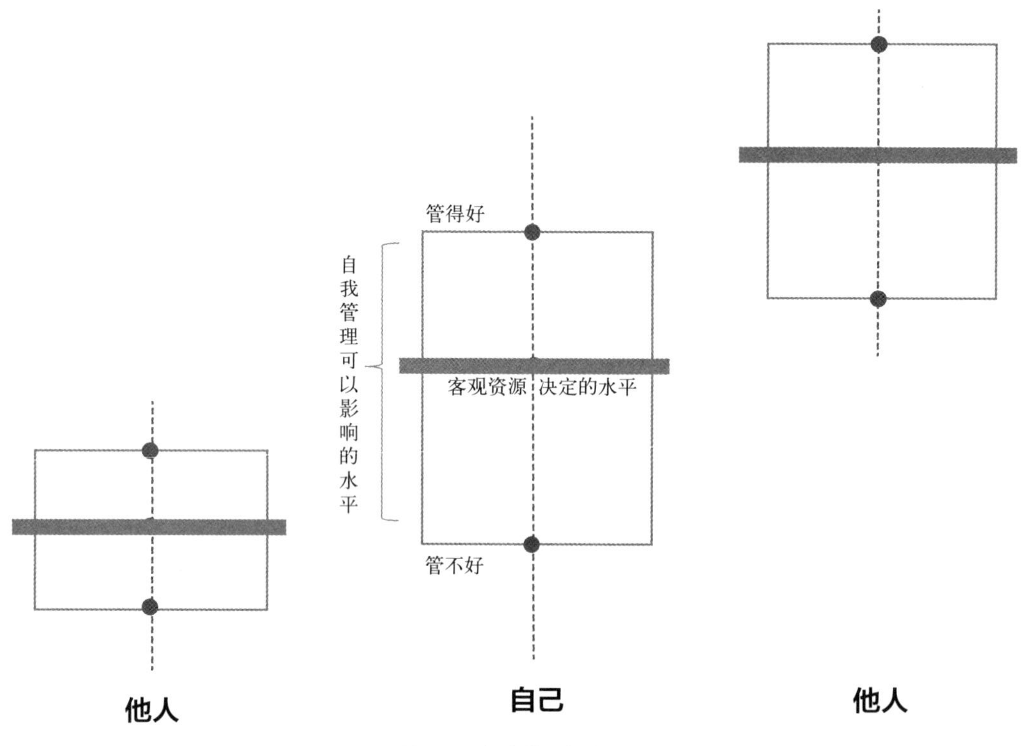

图2-1 自我管理的作用

被注定。个体通过自我管理，可以在很大程度上缩小这种先天的差距，甚至有可能完全克服它。当一个人对自我管理有着明确的认识和积极的态度时，他就可以通过有效管理和利用手头的资源来提高自己的生活质量和成就。这包括了如何合理分配财富等物质资源，以及如何充分利用时间、精力和个人关系等非物质资源。

然而，即使我们的自我管理做得再好，也不总能保证达到自己最高的水平。生活中充满了不可预见的因素和外部约束，如突发事件、健康问题、经济波动或社会环境的变化，这些都可能对我们的表现和成就产生影响。在这种不确定性中，维持稳定如一的心态显得尤为重要。这种态度鼓励我们不断追求卓越，同时也接受并适应那些超出我们控制的情况，在当前的情景下持续努力做到最好，低水平高努力，高水平新努力，保持非常好的柔性。

生活中有不少人有着非常好的自我管理，生活中也有些人或多或少放弃了自我管理这门课，逃课了或者根本没有意识到有这门课，不知道缺了这门课会对自己造成多大的影响。其实我们每个人都有可以取得更大成功的潜能，如果没有善加利用，那是多么可惜啊，会错过多少本来可以体验的精彩人生。这堂课没上好往往不是一个简单的决定，而是由多种因素叠加而成的结果。

没想法——缺乏动机或目标。没有明确的个人目标或动机，人们可能觉得自我管理没有必要。如果一个人不知道自己想到哪里，想要什么，或者为什么要努力，那么采取行动并管理自己的资源就会显得不那么重要。

跑不动——过度压力和疲劳。长期的压力和疲劳会削弱个体的自我管理能力。当人们感到压力和疲惫，他们可能就会放弃自我管理，因为这需要精力和意志力去维持。

没信念——缺乏自我效能感。自我效能感是指个体对自己完成特定任务的能力的信念。如果一个人不相信自己能有效地管理自己的生活，他可能就不会尝试或维持自我管理的行为。

管不住——拖延和缺乏纪律。拖延是推迟或延迟完成任务的倾向。当个体习惯性拖延时，就可能会因为缺乏纪律而放弃自我管理，这通常会导致管理计划的崩溃。

受影响——环境和社会影响。个体的环境和所处的社会圈子对自我管理有很大的影响。如果周围的人都不支持或不理解自我管理的价值，或者如果一个人的环境充满了干扰和诱惑，这可能会让自我管理变得更加困难。

在这个复杂的相互作用中，一个因素的改变往往会影响到其他因素。例如，通过设定具体且有意义的个人目标，个体可以增强自我效能感，因为有了一个清晰的方向和实现目标的动力。随着自我效能感的提升，拖延和缺乏纪律的问题可能会减少，因为个体更相信自己的能力，并愿意采取行动。此外，当个体开始实现自己的小目标时，他可能会发现自己对抗压力和疲劳的能力增强了，因为成功的经历给予了他更多的动力和能量。

同样，通过改善个体的环境和社交圈，可以直接影响自我管理能力。一个支持和积极的环境可以提供必要的资源和鼓励，帮助个体克服压力和疲劳，增强自我效能感，并减少拖延行为。当个体感受到来自周围人的支持和理解时，就更有可能采取积极的行动，维持自我管理的努力。

此外，培养强大的自我反省和自我激励技能是解决这些相互关联问题的关键。通过定期反思自己的行为和进步，个体可以更好地理解自己的动机和挑战，从而调整自我管理策略以适应变化的需求和环境。自我激励技能，如设定可达成的目标、庆祝小成就以及使用积极的自我对话，可以帮助个体在面对困难时保持动力和专注。

最终，通过识别和解决这些相互关联的问题，个体不仅可以恢复自我管理的路径，还可以建立一个更加强大和灵活的自我管理系统。这个系统能够适应生活中的挑战和变化，帮助个体实现目标，并提升整体的生活质量。通过积极地参与自我管理，个体可以转化生活中的挑战为成长和成功的机会，最终实现自己的潜力。

放弃自我管理是极其可惜的，因为无论一个人的起点如何，自我管理都是提升自己的一个强大力量。通过自我管理，我们可以设定清晰的目标，制定实现这些目标的计划，并采取行动。它还包括了持续的自我反思和调整，确保我们即使面对挑战和失败，也能保持在正确的道路上。考虑到资源的不平等，自我管理的重要性更加凸显。它涉及如何最大化地使用资源，优化个人决策，以便在有限的资源下做出最有效的选择。它关乎时间管理、优先任务处理、压力和挫折的应对，以及保持自我激励和积极态度。

高效的自我管理不仅能帮助我们实现目标，更能让我们达到原本看似不可能的梦想。作为一个来自县城普通家庭的普通孩子，我的生活轨迹似乎早已被设定。然而，通过高效的自我管理，我打破了这些假定的界限，实现了那些我未曾敢想的梦想。我从未想象过有一天能够公派出国留学，从未想过有一天能站在欧洲的讲台上用英语授课，从未想过我的专著被包括国家图书馆在内的多家图书馆收藏，以及我开发的软件被千亿级企业使用。这一切都源于我对自我潜能的坚信，以及对时间和资源的精心管理，这么多年我错过了很多机会，也抓住了很多机会。

这些成就并非偶然，而是高效自我管理的直接产物。它们是我不断自我挑战、优化日常习惯和工作方法的结果。自我管理教会了我一个道理：无论起点如何，通过自我管理，我们都能打破界限，实现自己最狂野的梦想。人生3万天，用好每1天。体验世界，创造价值，留下回忆，这是我对自我管理最深的理解和实践。

2.1.2 自我管理和管理团队——先管好自己再管好团队

在W公司我负责管理过多个团队。不管是一线生产团队还是生产技术管理团队，不管是直接管理团队还是虚线管理团队，不管是本土团队还是跨文化团队，我都围绕团队的使命愿景和战略目标，带领团队成员一起实现业务目标的达成和自身的能力提升，而大家也逐渐成长为团队管理者、技术专家、业务能手，都有了自己的一片天。

自我管理不仅是个人成功的关键，也是有效管理他人的基石。它为个人提供了必要的技能和品质，以便在领导和团队管理中发挥积极作用。

提升领导力。自我管理能力强的个人通常能更有效地管理他人。通过展示自律、组织能力和决策力，能够树立榜样，提升团队的信任和尊重。有效的自我管理能够传达一种领导力的形象，这对于激励和指导他人至关重要。

提升决策能力。自我管理强化了个人的决策能力。管理他人时，需要做出重要的决策，这包括资源分配、战略方向设定等。自我管理能力较强的人通常在分析问题、权衡利弊和做出合理决策方面更为高效。

提升时间管理。良好的自我管理包括有效的时间管理和优先级设定。这些技能对于管理他人至关重要，因为需要合理安排团队的工作，确保项目按时完成，并在必要时调整优先级。

更好应对压力和挑战。自我管理能力包括应对压力和挑战的能力。在管理他人时，领导者经常需要面对压力大和挑战性的情况。如果个人能够有效管理自己的情绪和压力，就更有可能在团队面临困难时提供稳定和支持。

提升沟通和人际关系。有效的自我管理还包括良好的沟通和人际关系技能。这对于管理他人是至关重要的。一个能够有效管理自己情绪和期望的人更能够理解和尊重他人，从而建立有效的团队沟通和良好的工作关系。

团队和社会都更需要自我管理水平高的人，先管好自己再管好团队。

2.1.3　自我管理的发展——日益繁荣

自我管理，可以视为与自我的关系管理，就是指个体对自己本身，对自己的目标、思想、心理和行为等等表现进行的管理，自己把自己组织起来，自己管理自己，自己约束自己，自己激励自己，自己管理自己的事务，最终实现自我奋斗目标的一个过程。

团队的管理如企业管理的理论和实践已经非常系统并持续发展，而自我管理相对没那么系统。自我管理和企业管理有区别，也有联系，这为将企业管理的理论和实践推广到自我管理奠定了基础，也指明了在这种推广中需要做的调整。

自我管理和企业管理在实践中展现了一些相似之处，但也存在显著的不同点。它们都基于设定明确的目标，这是推动成功的基石。无论是个人还是企业，都需要有清晰的方向和愿景。此外，有效的计划和团队对于实现这些目标至关重要。不论是管理个人时间和任务，还是协调企业项目和团队，都需要良好的组织能力和计划策略。

决策能力也是自我管理和企业管理的共同要素。无论是个人生活中的选择还是企业中的战略决策，都需要权衡不同选项的利弊。同时，时间管理在个人和企业层面上同样重要，高效利用时间对于提高个人效率和企业生产力都是关键。

然而，这两者在核心方面存在显著差异。企业管理的范围通常远远超出个人生活，涉及更广泛的领域，影响到更多的人和资源。它涉及对团队、客户、股东等多方面的责任。在企业管理中，资源管理变得更加复杂，需要处理财务、人力资源、物料供应等多种资源。此外，企业管理通常需要更全面的战略规划，涉及市场定位、竞争策略、品牌建设等方面。

与此相反，自我管理更多关注于个人的成长、效率和实现个人目标。它涉及的责任主要是个人的，涵盖个人健康、学习、职业发展等方面。自我管理的战略和规模通常相对较小，更注重日常生活的细节和个人成就的累积。

总体来说，自我管理与企业管理虽有共通之处，但它们的应用范围、责任、资源管理和战略规划等方面存在明显差异。自我管理着重于个人层面的优化和提升，而企业管理则集中于提高团队的整体表现和竞争力。

自我管理是一个广泛而多样的领域，涵盖了从时间管理到个人效率的多种方面，在这个领域产生了许多影响广泛的自我管理方法，下面这些图书作了很好的介绍和说明，包括：

➢《搞定Ⅰ：无压工作的艺术》(2001年美国出版)。戴维·艾伦的这本书介绍了一种流行的时间和任务管理方法，它帮助人们通过外化记忆和系统化任务来减少压力。

➢《番茄工作法》(1992年意大利出版)。这是一种时间管理技巧，由弗朗西斯科·西里洛发明。它使用一个定时器将工作分成25分钟的块，之后休息5分钟。

➢《高效能人士的七个习惯》(1989年美国出版)。史蒂芬·柯维的这本书提出了七个习惯，旨在帮助人们更有效率和有效果地生活和工作。

➢《奇特的一生》(1972年苏联出版)。达尼伊尔·格拉宁的这本书探讨了高效能生活的方法和重要性，强调持续改进和自我超越。

时至今日，自我管理仍是被广泛关注的领域，还有很多的实践创新持续产生，自我精益管理也是其中之一，如今人类对外已经踏上通往星辰大海的征途，而对自身的认知和探索也是永不停息的。

2.2 精益——企业管理必修课

2.2.1 精益——既是名词也是动词

“精益是一种旨在通过消除产品与过程中的浪费来降低成本、改进效率的系统优化过程，也指系统优化后所达到的状态。”——《朱兰质量手册（第六版）》

历史上管理思想的演变始终未曾停息，无数的管理学派都曾努力解决一个古老的问题，即分配稀少的资源以实现组织及人员的目标，满足其期望。精益是现代管理发展到一个阶段的产物，在精益之前的过程中，一系列科学管理、工业工程的理论和实践不断产生，之后20世纪在日本的汽车行业慢慢形成了精益，最突出的代表是丰田汽车。因为其突出业绩引发了美国管理界专家的兴趣，通过他们的研究慢慢将精益生产介绍给了世界。精益对于生产运营管理的影响巨大，精益、六西格玛、标杆管理、卓越绩效是世界范围内应用最广泛的管理实践。

精益的核心理念是消除浪费，这对于包括制造流程在内的各种流程都是普遍适用的，当精益在汽车行业诞生并取得成功后，其他各个行业都想应用精益。但在早期因为行业的不同，汽车行业成熟的精益工具有些可以在其他行业直接使用，有些无法直接使用，这限制了精益的推广速度。后来各行业通过持续不断的摸索，围绕精益的核心思想，在吸收汽车行业精益实践基础上慢慢开拓了更符合各行业实际情况的精益实践，例如精益造船。而除了在制造业，在医疗、政务、服务业等行业也形成了各具特色的精益管理实践，例如精益医院、精益餐饮，医院中的可视化和防错，餐饮中的用餐等待时间、翻台率、食材损耗等的改善都切实地提高了客户满意率、消除了浪费。

也许名称不一定叫精益，但旨在通过持续消除浪费来提升效率、质量和客户满意度的这种方式已经覆盖了绝大部分的企业。

时至今日，精益仍在不断发展（图2-2）并和移动互联网、大数据、云计算、人工智能、区块链等最新的数字化技术相结合，围绕更好地提供客户需要的产品和服务这一共同目标而融合发展。例如共享用车相比传统的出租车减少了车辆的空驶率，减少了车辆使用过程中的浪费，以科技的手段贯彻了精益消除浪费的思想理念。

精益，什么时候开始都不晚，什么时候停止都不对。

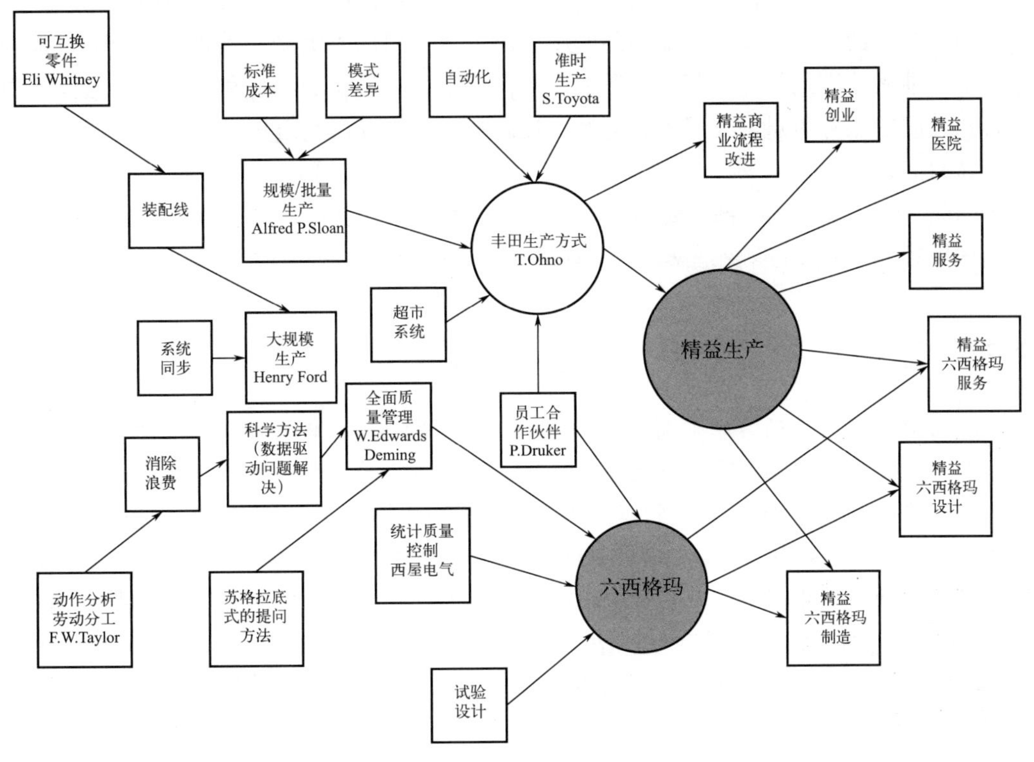

图2-2　精益的形成和发展

2.2.2　价值——客户需要的产品或服务

精益管理最早产生在汽车制造业，在精益管理的语境里，价值是指客户需要的产品或服务。

客户包括外部客户和内部客户。外部客户主要是指购买产品和服务的组织或个人，也包括政府部门、社区等重要相关方。内部客户是指企业内部结构中相互有业务交流的组织或人员，例如下游车间是上游生产车间的内部客户、生产车间是设备部门的内部客户、所有部门是后勤部门的客户。内部客户很多情况都是双向的，互相服务。

企业的产品和服务存在日益激烈的竞争，催生了产品和服务的发展进步。每个企业存在的意义都是提供客户需要的产品和服务，如果企业想持续发展、基业长青，就要提供满足并超越客户需要的产品和服务。以一个汽车制造公司为例，其外部客户包括个人买家、企业客户以及政府部门等。这些客户的需求各不相同，因此该公司必须设计出适应各种特定需求的车型。例如，对于个人买家，他们可能更关注汽车的性能、外观和燃油效率；而企业客户则可能需要高耐用性和低维护成本的车辆用于商业运输；政府部门购买的车辆可能需要符合特定的安全标准和环保要求。通过这样精细化的市场分割和产品定制，汽车制造公司能够确保它们的产品紧密地对接各类客户的具体需求，从而在激烈的市场竞争中占据优势。

同样重要的是内部客户的价值创造。在同一家汽车制造公司内部，不同部门之间的相互依赖关系也体现了内部客户的概念。例如，设计部门的输出是生产部门的输入，生产部门生产出的半成品又是装配部门的必需品。这种内部的供需关系要求每个部门都能够高效、准确地满足另一个部门的需要，确保整个生产流程的顺畅和效率。通过优化内部客户之间的服务质量，公司能够更好地控制成本，提高产品质量，最终为外部客户提供更高的价值。

因此，无论是面向外部还是内部客户，企业都需确保其产品和服务能够精准满足需求。这种对客户价值的深刻理解和响应能力，是企业持续发展和保持竞争力的关键。

2.2.3 浪费——产品和过程中的非增值部分

产品中非增值是指客户不需要的部分，例如消费者买到的手机有很多多余的功能，买到的非精装房通常要先敲墙再装修入住。过程中的非增值部分是对过程产出没有贡献的部分。过程可以是生产产品的过程、提供产品或服务的过程、使用产品的过程。

从时间的角度观察过程，浪费普遍存在。例如人员进行健康体检，为了获得体检数据而进行的抽血、测血压、做心电图、做B超等体检项目的个人总实际操作时间合计不超过20分钟，但从开始体检到体检结束常常需要更长时间。生产一种化工产品，从原料进厂到产品送到客户大概需要200小时，而其中增值的加工过程等部分只有20小时左右。

从范围的角度观察过程，浪费普遍存在。产品生产过程中原辅料、能源的使用会有浪费；各种非生产过程的工作如设备维修保养、质检分析、物流发运、仓库保管等各种工作中会有浪费；工厂的工程建设和技术改造中也会有浪费；产品开发中会有浪费。只要有过程的地方都会有浪费，完全没有浪费的过程只存在于理想状态中。优秀企业和普通企业区别在于浪费的比例高低和是否有消除浪费的文化、组织流程和工具方法。

从测量的角度观察过程，浪费普遍存在。随着行业的发展和科技的进步，近年来工业中有关原料辅料、水电气风等资源的测量仪表配备和仪表可靠性、成本统计等方面进步迅速，但限于现有测量技术的能力、实施有效测量的成本和管理细化的程度，现阶段不是所有的浪费都可以准确测量出来的。在没有测量数据的情况下，这些浪费可能会被低估，想想一个没有装单独水表的水龙头如果滴水，1年下来会有多少水的浪费？

消除浪费就要先识别浪费。当我们可以熟练识别浪费，就会自然养成一种习惯，每看到一个地方都会问：这里有没有浪费？

（1）浪费的两个种类：纯浪费和现阶段存在且必要的浪费（表2-1）

表2-1　浪费的两个种类

例子	增值	纯浪费	现阶段存在且必要的浪费
在会议室里从座位起来去关电灯	按动电灯开关关灯	多个灯的开关在一起而且没有标识。关了几次都没有将需要关的灯关闭，存在返工	走到开关处的过程中非必需的路线走动
叉车运输一个设备到仓库	叉车按照最优的路线行驶到仓库	因为接收指令存在失误，叉车先送到了另一个仓库，被拒收后再送到应该送到的仓库而多行驶了距离	叉车在路上没有按照最优路线多行驶的距离

对待两种浪费的策略不同。纯浪费要消除，现阶段存在且必要的浪费要减少。

纯浪费是最不可容忍的，要想尽办法及时消除。现阶段存在且必要的浪费始终会存在，现阶段无法绝对消除，但努力减少。消除两种浪费的顺序见图2-3。

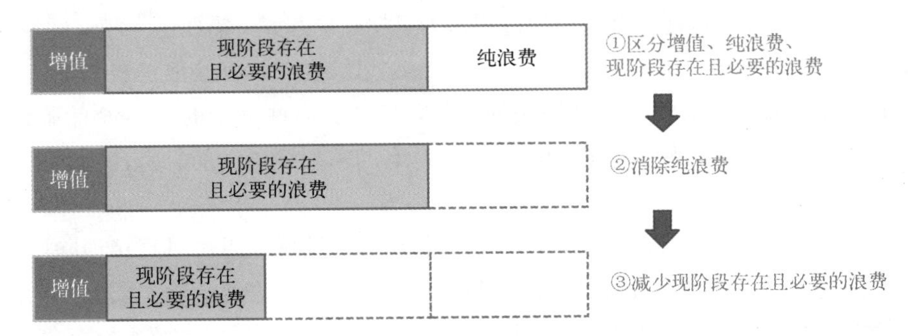

图2-3　消除两种浪费的顺序

如果不能通过正确区分增值和两种浪费并关注消除减少浪费则有可能损伤增值。例如企业中按照需要配备并有效使用的劳保手套是增值的，但所有领用的劳保手套中也可能存在浪费，例如存放不当而不能使用、保管不当而造成丢失。正确的做法是区分劳保用品的增值和浪费并只消除减少浪费。但是如果不加区分而只降低劳保手套的总费用，不关注消除减少浪费，有可能就会影响增值。例如化工产品成本中有增值的部分是客户需要的，也有浪费的部分。正确的做法是区分成本中的增值和浪费并只消除减少浪费，但是如果不加区分而只降低总成本，不关注消除减少浪费，成本降下来了，但是也会影响增值，有损客户需要。消除两种浪费的正确和错误方式见图2-4。

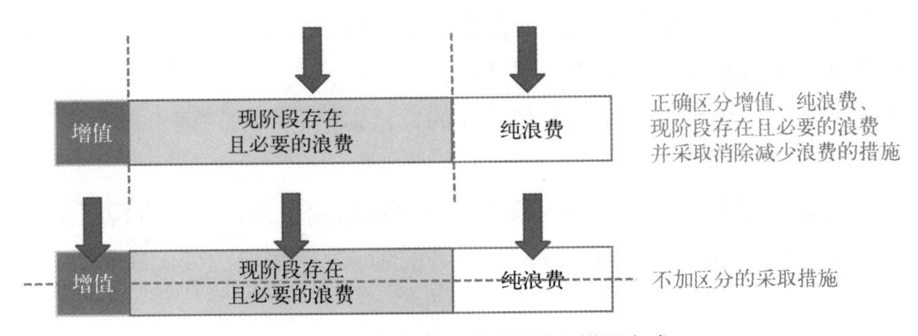

图2-4　消除两种浪费的正确和错误方式

（2）浪费/机会：两种视角两种结果

对待浪费有两种视角。视角不同结果也不相同。

把浪费只看作浪费，避而远之。把浪费只看作浪费，不采取措施改变，浪费不会减少，可能会被隐藏。亡羊补牢，为时未晚。发现了问题就要尽快解决问题。有的浪费相对比较容易解决，而有的浪费的消除往往更为困难，需要付出更多的努力，但只要抱着锲而不舍的精神，总是能够完全解决或大部分解决。

把浪费也看作机会，穷追不舍。如果把浪费也看作机会，并努力消除浪费，浪费就会越来越少。只要抱着向前看的态度客观地看待浪费、采取措施消除浪费，并继续去寻找浪费、消除浪费，流程中的浪费就会减少，流程就会更精益，进而为组织创造更多的价值。

（3）发现浪费、消除浪费的原则

发现浪费、消除浪费是一个持续的过程，为了把好事办好，需要遵守相关的原则。

大胆发现。要善于思考、善于观察、善于突破思维定式。有些浪费我们比较容易发现，例如水龙头漏水、房间里的灯该关的时候没有关。有些浪费的发现没有那么容易，有的需要改进测量系统，例如管道的热量损失；有的需要突破性的思考，例如生产流程周期的缩短。

谨慎评估。发现了浪费，要进行谨慎的评估以确认浪费是否可以直接消除，在企业中这一点特别重要。有些浪费可以直接消除，有些浪费不能直接消除。要在正确的地方将最应该先消除的浪费以最佳的方式、最小的代价消除，消除后对系统不能有负面影响，消除后不会反弹并要建立有效机制保障浪费不再重复出现。浪费识别要有全局观、时间观、深度观，全面考虑，谨慎定夺。

区分消除。根据评估的结果可以直接消除的，不要犹豫马上消除；不可以直接消除的，需要制定计划通过合理的措施如实施改善项目、投资改进项目进行消除。

在与浪费做斗争的过程中，有些浪费很快可以解决，有些则需要锲而不舍地持续努力。发现浪费、消除浪费是一种常态化的工作。

发现浪费、消除浪费的能力需要通过持续的实践、持续的思考来得到提升，其中一些需要注意的地方不可忽视，以下是消除浪费10禁条。

消除浪费10禁条：

- 隐藏浪费。没有真正消除浪费，而是想办法隐藏了浪费。
- 转移浪费。没有真正消除浪费，而是转移了浪费。
- 没有按照优先级消除浪费。浪费是不少的，精力是有限的。浪费有优先级，要从高优先级开始。
- 没有在根源处消除浪费。要深入思考，找到问题的根源，例如发现了库存的浪费，再进一步思考，就可以发现供应链管理需要改进的地方。在根源处解决问题才是真的解决问题。
- 消除浪费没有区分增值。没有清楚地区分浪费和增值，损害了增值的部分。

• 不可控地消除浪费。没有经过谨慎的评估，在没有完全的把握下就进行消除，可能会出现负面的后果。

• 完全不计代价消除浪费。一个地方的浪费消除了，但是付出了非常大的成本、精力等代价，得不偿失。

• 没有区分战略浪费。有些战略意图的浪费需要结合背景情况理解，如博弈库存的设立。

• 消除浪费后停止继续优化。已经识别的浪费被消除了，但还有改善的空间。

• 消除浪费后没有完善的巩固机制。没有机制保障，浪费会卷土重来。

2.2.4　数字化精益——形态变化而内涵永恒

精益管理，这一起源于日本制造业的管理理念，因其卓越的效果而被全球多个国家和行业广泛采纳。随着技术的进步和全球化的深化，精益管理已经逐步演变并融入各个国家的特色中，特别是在中国等数字技术发展迅速的国家，数字化精益管理应运而生，成为了管理发展的新趋势。

数字化精益管理不仅继承了传统精益的核心价值——消除浪费和创造价值，还通过现代技术的加持，将管理提升到一个新的高度。以下是数字化精益管理的5大关键特征，这些特征共同塑造了其独特的优势：

数据驱动的决策制定。在传统精益管理中，决策往往依赖于直观、经验和相对少量的数据。而数字化精益通过利用大数据技术、先进的分析工具及实时数据流，极大提升了决策的质量和响应速度。企业能够基于量化的数据洞见，做出更精准、更迅速的决策。

流程自动化与优化。数字化工具，如机器人流程自动化（RPA）和人工智能（AI），被用来优化和自动化工作流程。这不仅减少了人力的依赖和手工操作中的错误，也显著提高了操作效率和质量，从而达到减少浪费的目的。

可视化管理。通过使用数字仪表板和实时跟踪工具，管理者可以实时监控关键性能指标和项目进度，使得管理活动更加透明和高效。这种可视化手段也有助于快速识别问题并及时调整策略。

持续改进与创新。在数字化精益管理中，数字技术的引入为快速实验和实施改进措施提供了可能。这促进了创新思维的培养和解决方案的快速发展，使企业能够在变化莫测的市场环境中持续进步和适应。

客户中心。利用数字化工具深入了解和满足客户需求，确保产品和服务能够快速适应市场变化和客户期望。这种以客户为中心的策略，使得企业在提供价值的同时，也能加强与客户的联系和忠诚度。

总而言之，数字化精益管理通过以上5大特性，不仅保持了精益理念的核心，还将其与现代技术相结合，为企业带来了前所未有的管理效能和市场竞争力。随着全球经济和技术环境的进一步发展，我们可以预见，数字化精益管理将继续演化并在全球范围内推广，为更多行业带来革命性的变化。

2.3 自我精益

自我精益管理的范围是“自我”（图2-5）。

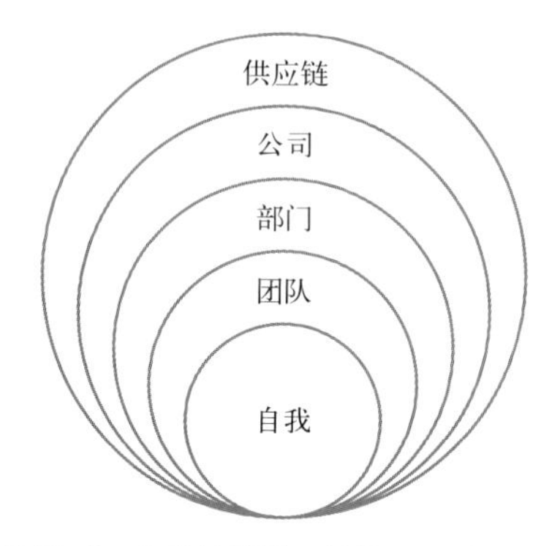

图2-5 自我精益管理的范围是“自我”

2.3.1 自我精益的发展——15年的学习、实践、分享之旅

我的自我精益的发展是一个机缘巧合下的学习、实践、分享之旅，从2009年算起到本书定稿的时候已经持续15年，自我精益管理让我从一个普通管理人员成长为业内知名、年入百万的精益专家、数字化专家。

（1）学习——自然的转变和探索

2005年，当时我作为公派留学人员，前往海外学习卓越运营、精益管理和信息化管理。那时，我在公司负责生产调度，几乎没有接触过精益管理相关的工作。然而，到了2009年，随着我所在的W公司开始实施精益管理，我成为了公司首位专职的精益管理人员，全面负责精益的具体推行工作，同时我还担任能源管理、生产统计的工作，一人顶三岗。这一阶段，我面临着极大的工作压力，包括时间管理、精力分配、压力情绪、工作计划的挑战。同时，由于过度劳累和不良的生活习惯，我的健康状况出现问题，体重飙升“过劳肥”，状态亚健康。这促使我开始探索自我管理，看用什么办法能够拯救我自己。那段时间我开始学习和实践GTD（getting things done，时间管理法）、番茄工作法等当时主流的自我管理方法。

在精益管理方面，作为公司第一个专职的精益管理人员，我不仅学习和实践了精益管理，还深入学习和实践了项目管理、六西格玛管理和卓越绩效管理。期间通过公司聘请的顶尖咨询公司、中国质量协会等协会组织的多次专业培训，得到了行业顶级大师的亲授。此外我还先后学习了供应链管理、质量管理、安全管理、成本管理、能源管理、团队管理等领域的知识技能，先后取得了注册六西格玛黑带认证（CSSBB）、项目管理专业人士（PMP）、生产与库存管理认证（CPIM）、注册安全工程师认证。这些理论和实践经验构成了自我精益管理体系的基础，尤其教会了我如何去做管理的“理”，我学会了不管什么领域都要理出前因后果，理出进出要素，理出纵横脉络，理出上下承接。

（2）实践——持续改善和发展

在公司领导的支持下，我负责推行的精益管理逐渐产生显著效果。每年通过实施数百个大小项目，为公司节约了上亿元的巨额成本。我也对精益的理论体系、工具方法和实践应用有了更深层次的理解。从2009年开始，我将精益方法应用于个人管理，经历了三个发展阶段：

2009—2010年：纸笔阶段。使用纸笔进行目标、纪律和习惯管理，我喜欢将这些内容打印后贴在台历上或者笔记本上。

2010—2017年：电子表格阶段。因为工作的需要，我花了很多时间钻研EXCEL并有小成，作为公司的EXCEL讲师，我开发了多种管理软件，如EXCEL版HSE管理体系审计系统，在公司使用多年。我利用这种技能设计了自我精益EXCEL版系统，集成了自我精益各种表单并形成了电子化看板，代号PM。

2017年至今：数字化应用APP阶段。随着对数字化工作的探索，我在业务管理之余通过自学成为了全栈软件开发者，开发了万云生产管理云平台。2017年，我利用业余时间开发了自我管理应用软件（APP）“管我”。

形式虽然在改变，但本质内容都是系统的自我管理，我以A3计划为主线每天10分钟、每周1小时、每月3小时进行自我管理，自我精益管理已经内化成我人生不可或缺的一部分。

（3）分享——公司内外受到广泛关注

好东西一定要大家分享。我首先在公司内部分享，我曾在公司内部做过多次自我精益管理专题分享，同时作为公司的培训师，在培训课堂上我也会做一些相关的分享。后来我的分享也扩展到了公司外部。我应邀在各地多个场合进行演讲，受到了广泛的欢迎，在听众中引起了热烈的反响，演讲结束后，我经常被听众围着进行深入的讨论。

我利用业余时间将我开发的“管我”APP上架。本来准备做一些推广，但当时每周大概只有周末半天业余时间，精力极少，尽管如此也得到了很多用户的关注和支持。

这个过程中，我深刻体会到学习、实践和分享带来的乐趣和成就感。精益管理不仅改变了我的职业生涯，也极大丰富了我的个人经历。从一个普通管理者，到拥有如此丰富多彩、波澜起伏的经历，我深感幸运。自我精益这个体系从无到有、从粗到细、从散到聚的过程，是机缘巧合下的精益管理在自我管理领域全方位、深层次的深度结合，是用管理世界级工厂的方法管理自我的创新实践，是用数字化能力提效自我管理的创新应用。

自我精益不仅改变了我，也影响了周围的人。现在随着本书的出版，希望能够将这种系统化的自我管理方法分享给更多有需要的人。通过我的故事和经验，希望能够激励他们也能在自己的业务领域和生活中实现自我精益化转型，实现自我超越。

2.3.2　自我精益管理学——精益管理在自我管理领域的应用

自我精益是精益管理在自我管理领域的应用，围绕消除浪费、创造增值和提升能力展开。PDCA（计划-执行-检查-行动）模型作为自我精益的总思考框架，在此过程中扮演着核心角色。它是一种动态循环过程，确保通过不断计划、执行、检查和行动，实现持续改进和优化。在PDCA循环的指导下，个人和组织可以系统地实现目标，并解决问题。这一模型开始于计划（Plan）阶段，确定目标和必要的改进措施；继续到执行（Do）阶段，实施计划；然后是检查（Check）阶段，评估执行结果；最后是行动（Act）阶段，根据检查结果进行调整。通过这一循环，PDCA不仅强调了反馈的重要性，还促进了基于实际表现的学习和调整，使自我精益管理的实践更加有效。

自我精益是一个体系，可以用中国传统文化的道、法、术、器来进行解构。在中国传统文化中，"道、法、术、器"构成了一个深刻且全面的体系。

从"道"到"法"的具化。"道"作为整个体系的基础和核心，是一种宇宙的终极真理和根本原则。它代表着一种理念或指导思想，是无形的、不可言传的。"法"则是"道"的体现和应用，是将"道"的理念转化为具体规则和法则的过程。在这个意义上，"法"是对"道"的具体化和规范化，是理解和应用"道"的方法。

从"法"到"术"的具化。有了"法"这些规则和原则之后，接下来就是如何将这些理论应用到实际中，这就是"术"的作用。"术"涉及具体的技巧和方法，是实践"法"和达成特定目的的手段。它是理论向实践转化的桥梁，是将理念落地的关键。

"术"到"器"的具化。最后，为了实现"术"的目的，通常需要一些具体的工具或器物，这就是"器"的角色。"器"是实践中使用的具体物品，如工具、仪器、武器等。它们是"术"实现其功能和效果的必要条件，是具体操作的载体。整体来看，"道、法、术、器"不仅是理论和实践的统一，也体现了中国文化中知行合一的哲学思想。

自我精益管理的道、法、术、器参考前言图1。

道——3个核心主题。

法——7项核心原则。

术——10个核心工具、14个领域和7个时间粒度。

自我精益管理的术是将7个核心工具和其他重要工具在14个领域、7个时间粒度中具体应用。

器——3形式：纸（纸笔）、表（电子表格）、软（"管我"APP）。

这些内容从思想、方法、工具、器物各个层面构成了自我精益管理这个层次清楚、联系紧密、系统整合的管理体系。

经过多年的发展，自我精益管理学已经逐步形成，后续会继续进行推广并定期吸收先进的实践持续发展。科技日新月异，人类对于外部世界探索的脚步片刻未停，而对自我的认知和发展也是一个永恒的话题，自我精益也会与时俱进。自我精益管理学各方面的发展情况如表2-2。

表2-2 自我精益管理学各方面的发展情况

元素类别	要求描述	自身精益的发展情况
理论基础	构建包含管理理论、心理学理论等内容的完整理论框架	自我精益管理体系
术语和概念	开发专有的术语和概念集，用于描述和解释学科的核心思想和方法	已完成

续表

元素类别	要求描述	自身精益的发展情况
案例研究	搜集和编写相关的实际案例研究，展示学科原理和技术的应用	本书中列出了作者15年的实践案例
方法和工具	开发具体的方法、技术和工具，以实施和练习学科的原理	7个核心原则，10个核心工具，20个重要工具
教学大纲和课程	设计教学大纲并开发不同级别的课程，以传授学科知识和技能	自我精益课程（在线课、小班课）
评估和认证	建立评估标准和认证系统，评价学习者的掌握程度和应用能力	自我精益“灰黄绿黑师”5级认证
研究和发展	支持持续的研究活动，探索和发展学科的理论和实践	在自我精益网站和公众号持续进行
社区和网络	建立支持和交流的社区，为从业者、教师、学生和研究人员提供交流和合作的平台	自我精益公众号和自我精益网站

2.3.3　自我精益管理的特色——三化一低（体系化、领域化、数字化、低成本）

自我管理的主要特点是三化一低，即体系化、领域化、数字化和低成本，每个特点都具有其独特的作用和优势。

（1）体系化——纲举目张、整合一致

体系化指的是建立一个全面的管理框架，将自我的各种资源、自我管理过程和标准整合到一个统一的系统中。这种方式有助于确保所有活动都能有序进行，同时提高决策的一致性和效率。自我精益以价值为原点，以目标为核心，有助于统筹兼顾生活和工作的各个方面，避免资源浪费，确保在实现个人目标的过程中保持平衡和效率。

体系化是管理的成熟有效方式，避免头痛医头脚痛医脚，避免东一榔头西一棒槌，非常适用于自我管理各方面之间多目标、强关联、有先后、互促进的特征。我在W公司这个世界级化工企业先后主导构建了精益管理体系、成本管理体系，参与构建了安全管理体系，深得体系化管理的妙处，并用这种方式构建了自我精益管理。体系化是从无到有，从粗到细，并且在数字化的加持下从细到易、从显到隐的过程。

（2）领域化——专业深入、关联提升

领域化是将自我管理任务或功能划分为专门的领域，每个领域针对特定的自我管理需求或目标都有对应的原则和工具。这样的分工有助于深化专业知识，提高处理特定问题的效率。例如，在改善管理领域，可能会专注于持续改进的方法论和工具，如A3报告和“5个为什么”；而在目标管理领域，重点可能是SMART目标设定原则和目标完成

进度跟踪工具。在实际操作中，领域化有助于专注于特定领域的深入学习和实践，我们可以通过自我管理诊断选择一个或多个领域进行重点提升，取得效果后再继续提升新的领域。

（3）数字化——人生一表、数字孪生

数字化在自我管理中的应用主要是利用数字工具和平台来优化管理效果。从最早的电子表格到现在的“管我”APP，自我精益管理的数字化已经成熟。这包括跟踪进度、设置提醒、分析效率和存储信息等各方面的应用。数字化不仅提高了信息处理的速度和准确性，也使自我的工作和生活变得更加便捷。自我管理各领域的内容都可存储在1套数据表中，通过持续的输入、处理和输出，人生的历程也形成了独一无二的数字孪生。

（4）低成本——每天10分、管好自己

自我管理的过程本身必须是低成本的，否则难以持续进行，这个成本主要指时间、精力。如果采用自我管理的数字化应用即APP形式，拿起手机进入具体管理功能不超过10秒，可以随时通过点、滑、拖、勾的动作以及语音功能去查询、更新、记录所需的内容。而在各个领域的具体管理中，也以高效方便为重要导向。

管理的细化总是有益的，但是要付出管理成本的代价，如果将成本极度降低，矛盾也就不再突出。围绕降低自我管理成本，从电子表格起步，现在的APP逐步实现了用最小的管理资源投入获得最大的管理效益。每天10分钟、每周1小时、每月3小时就可以帮助我们高效地做好自我管理。什么事情越容易坚持就越能坚持。

体系化、领域化、数字化和低成本这四个方面相互关联，共同构成了一个高效且均衡的管理框架。

体系化为自我管理提供了一个全面的架构，确保各个管理活动和目标在一个有序且协调的系统中进行。领域化则是体系化的自然延伸，它将这个大框架细分为更具体的管理领域（如时间管理、改善管理等），每个领域都有其专门的工具和方法。这样，体系化提供了宏观的规划，而领域化确保在特定领域内的深入实施和优化。

数字化为体系化和领域化提供了技术支持和工具。通过使用数字技术，比如应用程序和独特算法，可以更高效地执行和监控体系化和领域化中规定的计划和任务。数字化使信息管理更加高效，同时也提供了实时反馈和数据驱动的决策支持，从而增强各个领域的管理效果。

低成本原则指导自我管理在资源投入上追求高效和经济。这一原则在体系化、领域化和数字化的实施中起着重要作用。在体系化中，低成本意味着优化整合流程以减少无效工作；在领域化中，它鼓励选择成本效益高的方法和工具；在数字化中，低成本驱动优化数字工具和平台，例如为了让用户在操作中少点一次按钮而不断迭代。

2.3.4 自我精益管理会带来思维、行动、言语的改变——由表及里

自我精益是一场变革，会让人在思维方式、工作方式、沟通方式上发生根本性改变。

（1）思维方式的改变——怎么想（表2-3）

表2-3　自我精益带来思维方式的改变

自我精益变革前	自我精益变革后
考虑的只是短期效果：只关心即时的培训反馈	专注于长期价值和持续改进：计划如何使培训效果持续几年
基于直觉和经验决策：开发中曾凭直觉选择技术栈	依据数据和事实进行决策：选择技术栈前，会分析市场数据和性能测试
视问题为负担：对待代码bug（错误）感到沮丧	视问题为改进的机会：将bug视作改进代码质量的机会
缺乏目标导向：没有具体目标，只是随波逐流	明确设定并追求具体目标：为每个项目设立清晰的里程碑和期望目标
重视个人努力：主要关注自己的培训表现	重视团队协作和成果：鼓励团队协作，共同为客户提供解决方案
避免风险：避免采用未知的新技术	积极面对并管理风险：采用风险评估模型，合理引入新技术
对变化持保守态度：对改变现有培训模式持保留态度	拥抱变化并主动适应：积极尝试在线和混合培训方法
自我满足，不求进步：一直使用同一套培训材料	不断自我挑战和自我提升：定期更新培训内容和教学方法
独断和封闭思维：不愿接受同行的建议	开放和多元的思考方式：参与行业会议，积极吸取同行的成功经验
忽视客户和市场需求：不重视用户在软件功能上的反馈	深入理解并满足客户需求：开发功能前，先进行用户需求调研

（2）工作方式的改变——怎么做

从做成到做好，自我精益变革会改变我们的工作方式。变革前后的工作方式会发生显著变化（表2-4）。

表2-4　自我精益带来工作方式的改变

自我精益变革前	自我精益变革后
执行力缺乏效率：编程时经常多任务处理，效率低下	提高效率和效果：实施敏捷开发，强化单一任务的专注度
对标准流程漠不关心：忽略软件开发的标准操作流程	建立并遵循标准流程：为代码复查和测试制定严格标准
避免责任和挑战：在团队中通常避免承担关键角色	主动承担责任和挑战：在项目中担任领导角色，主导关键决策
工作反应性强：遇到突发问题常常措手不及	工作主动性和预见性：通过提前规划和预测潜在问题，做好准备应对
重复错误：从错误中不吸取教训，重复犯同样的错误	从错误中学习并优化：制定反馈机制，确保每次错误都能得到分析和改进
缺乏时间管理：项目常常延期	有效管理时间和优先级：采用时间管理工具，严格按照优先级安排任务

续表

自我精益变革前	自我精益变革后
做事方法保守：坚持使用过时的开发工具	探索新方法和创新解决方案：引入现代化开发工具和框架，提升开发效率
忽略团队合作：独立完成项目，不求助于他人	加强团队合作和沟通：定期团队会议，促进信息共享和问题解决
随意处理客户反馈：对客户的功能请求置之不理	积极响应客户反馈：设立客户反馈系统，确保每条反馈都能得到及时响应
满足最低标准：只做足够通过验收的工作	追求卓越和超越标准：不断追求技术和服务的卓越，超越客户期望

（3）沟通方式的改变——怎么说

话由心生，话语是内心的写照。自我精益变革会改变我们的沟通方式（表2-5）。一言一语中都会体现变革的力量。

表2-5　自我精益带来思维方式的改变

自我精益变革前	自我精益变革后
沟通含糊不清：我们可能考虑一下这个方案	沟通清晰且有条理：让我们在下周二前完成这个方案的初步实施
常用消极语言：这太难了，做不到	使用积极正面的言语：这是个挑战，但我相信我们能找到解决方法
缺乏鼓励和支持：你又犯了同样的错误	经常给予鼓励和支持：这次没成功，我们一起看看怎样下次可以做得更好
多抱怨和批评：总是出问题	对建设性反馈开放：让我们看看有什么改进的方法
很少讨论改进：又是一天	经常讨论改进和结果：今天我们实现了哪些目标
表达不尊重：你做得不对	表达尊重和理解：我理解你的观点，让我们找到共同的解决方案
避免责任归属：这不是我的工作	清晰表述责任和承诺：我会负责这部分任务，确保按时完成
少有正面激励：完成了，就这样吧	频繁使用正面激励：做得好！这正是我们需要的
缺乏具体承诺：我会尽快做	提供具体和明确的承诺：我会在明天下午之前完成这个任务
沟通不考虑听众：听我说	沟通考虑听众需求和感受：你对此有什么想法？我很想听听你的意见

2.3.5　自我精益和组织精益——互为促进

我进行自我精益管理了，但是组织还没有精益怎么办？

自我精益管理和组织精益管理是两种基于精益思想的管理方法，它们虽然共享相同的核心原则，比如持续改进和消除浪费，但在应用的范围、层面以及目标上存在明显的差异。这种差异反映了精益管理理念在不同领域的灵活性和适应性，展示了无论是在个人还是组织层面上，精益管理都能够提供有效的改进策略。

自我精益管理着重于个人层面，它鼓励个体对自身的行为、习惯以及工作流程进行深入的审视和优化。通过采纳精益管理的核心原则，比如持续改进和消除无价值活动，个人可以提高自己的工作效率和生活质量。自我精益管理的实践方法包括但不限于有效的时间管理、目标设定、优先级排序以及日常活动的精简化。这些方法帮助个人减少浪费时间和资源，专注于增加价值的活动，从而在工作和个人生活中实现更高的成就和满足感。

与自我精益管理聚焦个人不同，组织精益管理将精益的原则应用于整个组织或机构层面。它旨在通过优化流程、减少浪费、提高效率和产品或服务质量来增强组织的竞争力。组织精益管理采用各种工具和方法，如价值流图、5S、持续改进循环（PDCA）等，来识别和消除生产和管理过程中的浪费。这些浪费不仅包括物理资源的浪费，还包括时间、人力和财务资源的浪费。通过这种方式，组织可以更有效地响应市场变化，满足客户需求，同时提高盈利能力。

重要的是，尽管自我精益管理和组织精益管理在应用层面上有所不同，但它们之间存在互补性。个人通过实践自我精益管理获得的技能和思维方式，可以在他们所属的组织中推广精益文化，对组织精益管理实践产生积极影响。反之，组织精益管理的成功实践也可以激励员工在个人层面采用精益管理原则，形成一个相互促进的循环。这种双向的积极作用体现了精益管理理念的深远影响，无论是在提升个人生活质量还是在增强组织竞争力方面，精益管理都是一个强有力的工具。

总之，自我精益管理和组织精益管理虽然关注的焦点不同，但都致力于通过持续地改进和消除浪费来提升效率和质量。这种管理理念不仅能够帮助个人实现更高的生活质量和工作效率，还能帮助组织在激烈的市场竞争中脱颖而出，实现持续发展。因此，无论是个人还是组织，都应该认识到精益管理的价值，将其原则和实践方法应用于日常活动和业务流程中，以实现共同的成长和成功（表2-6）。

表2-6 自我精益和组织精益的对比

特性	自我精益管理	组织精益管理
目标焦点	提高个人的总效率和人生质量	提升组织的效率和产品/服务质量
应用层面	个人	组织
核心主题	除浪费、创增值、提能力	消除浪费、持续改进
主要方法	持续改进循环、目标管理、改善等	持续改进循环、价值流图、改善、5S等
关注点	个人行为、习惯和工作流程优化	流程优化、减少资源浪费和时间浪费
成果	更高的个人成就和需求实现	提高组织竞争力和盈利能力
互补性	自我精益可以促进组织的精益文化	组织的精益实践可以激励个人采用精益管理
实践工具	个人效率工具（A3、指标、任务等）	组织级工具和方法

第3章

谁更需要自我精益?
—— 资源有限、目标不凡、直面竞争、迎接变化的人

3.1 人人都可用

自我精益管理是一种全面且高度适应性的管理方法，它适用于不同个人的需求和偏好，旨在帮助人们在生活和工作中实现更高效和有效的自我管理，人人都可用。这种方法的特点可以扩展为以下几个方面。

（1）面广——涵盖领域广

自我精益管理覆盖了14个不同的自我管理领域，每个领域都有其独特的管理技巧和方法，确保了无论个人面对什么样的挑战或目标，都能找到适用的策略、工具和方法。这种全面性使自我精益管理成为一个多面的体系，可以帮助人们在不同的生活和工作场景中提升效率和成效。

（2）术多——工具方法多

工欲善其事，必先利其器。自我精益提供了10个核心工具、20个重要工具。这些工具包括但不限于A3、5个为什么等，形成了一个自我管理工具箱，方便个人根据自己的特定需求和情况，选择最合适的工具。例如，对于时间管理不佳的人，时间管理记录表可以帮助他们更有效地规划和利用时间；而对于想减少错误的人，防错法则可以帮助他们采取适当的预防措施。

（3）易学——入门容易

有浪费的地方，就需要精益。只要简单的工具，如5个为什么，就可以开始做精益，我们对着浪费，不断追问，找到根本原则，制定改善对策，开始实施。再多的方法都是为了达到目的，我们可以根据需要逐步掌握。就像工具箱里的扳手，根据不同的需要拿起不同的扳手，把活干好最重要。自我精益的方法论和工具入门简单，通常一张纸就足够阐明其基本概念。这种简洁性使得人们可以不需要复杂的预备知识或长时间的学

习就能快速上手。例如，一个简单的时间记录表可能只包含几个基本的列，如任务开始时间和结束时间等，人们可以通过简单填写和后续的分析和改进，快速掌握时间管理的基本要领。这种易于理解和应用的特点，使得自我精益管理更容易被广泛接受和实施。

（4）好用——形式多样

自我精益管理可以采用多种形式，包括传统的纸笔、电子表格和专门的“管我”APP。这种形式的多样性使得个人可以根据自己的习惯和偏好选择最合适的工具。例如，对于喜欢数字化工具的年轻专业人士，一个集成了各种自我管理工具的“管我”APP可能是最佳选择；而对于更喜欢传统方式的人或者使用手机有限制的情况，纸质的计划表和日记可能更为合适。形式不是最重要，叫不叫精益也并不重要，重要的是怎么想——用精益的思想思考，怎么做——用精益的工具方法，怎么成——用精益带来成功。

3.2　我们更需要

你的资源无限吗？你的目标很小吗？

你觉得外部竞争很小吗？你觉得世界变化很慢吗？

自我的资源和目标、外部的竞争和变化对于自我需求目标的实现至关重要（图3-1）。自身资源的短缺会带来高目标实现的困难，日益激烈的竞争伴随着外部环境的快速变化。

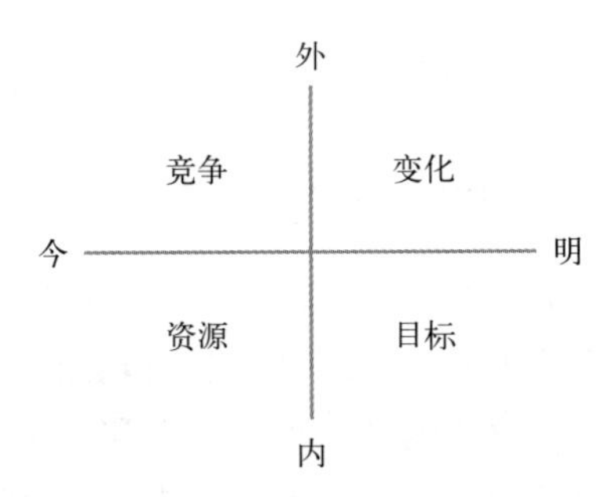

图3-1　资源、竞争、变化、目标的关系

对于个人而言，若向内看自身资源似乎无尽、目标轻而易举，向外看变化微乎其微、没有竞争，深入实施自我精益管理的内在驱动力就可能大大降低。相反，在资源有限、目标艰巨、变化频繁、竞争激烈的情境下，自我精益管理的必要性和紧迫性则大大提升。

（1）资源有限的人更需要——可倍增收益

精益管理的根源深植于日本汽车行业的创新土壤，而并非起源于美国的任何汽车制造巨头，这并不是偶然的。回想在我赴美留学期间，跋涉于数州，体验了资源丰盈的环境，我愈加确信这一点并非偶然。在资源富足之地，精益管理这种以极致效率和最小化浪费为核心的理念似乎难以生根，因为没有设身处地地体验到资源的限制；反观资源稀缺的日本，则为这种管理思想提供了恰当的土壤。

世界上资源的分配并不均衡，有些人资源似乎无限，大部分人资源有限。

有些人掌握着大量的资源。这些资源为他们提供了几乎无限的机会和选择，从高级教育到全球旅行，从顶级医疗到独家社交圈。这些个体往往能够通过聘请助手、管理团队等方式，更高效地使用时间和精力。他们也可能通过优越的教育和培训，拥有较高的脑力和解决问题的能力。他们可能拥有更多的方式来管理压力和情感，或有更多的休闲娱乐选择来放松心情。他们可能拥有广泛的社交和职业网络，可以提供各种支持和机会。

大部分人资源有限。大多数人需要在工作、家庭和个人发展之间平衡有限的时间和精力。这常常意味着在某些方面需要做出牺牲。财富的限制影响了他们的生活选择和机会，如教育、住房、医疗和休闲活动。教育机会的不均等可能导致脑力开发的差异，影响职业和生活的选择。普通人可能更难获得高质量的心理健康支持，也可能因为日常生活的压力而面临更多的情感困扰。他们的社交网络可能更小，且资源共享的机会有限。

自我精益管理的理念在这里扮演着举足轻重的角色。精益管理起源于制造业，强调用最少的资源产出最大的价值，它要求组织和个人不断地对流程进行优化，消除一切形式的浪费。将这种管理理念应用到个人层面，就是要求我们不断地反思和优化自己的行为和习惯，确保我们的时间、精力等资源都能被高效地利用。

在资源稀缺的背景下，自我精益管理的重要性更加凸显。它要求我们有清晰的目标和计划，对自己的时间、精力等资源进行合理的分配。同时，我们还需要具备快速学习和适应新环境的能力，不断地提升自己的技能和效率，以应对不断变化的外部环境。

通过自我精益管理，我们不仅能够提升个人的效率和竞争力，还能够更好地实现资源的优化配置，促进自我的可持续发展，倍增收益。

（2）目标不凡的人更需要——可持续成功

在资源稀缺、竞争激烈、环境变化的大背景下，设定更高的发展目标变得尤为重要。更高的目标意味着更大的挑战，也意味着更大的成长和发展空间。

自我精益管理提供了一种有效的途径，帮助个人和组织设定并实现更高的目标。通过不断优化资源配置，提升流程效率，我们能够以更少的资源投入实现更大的产出。通过设定清晰的目标和计划，我们能够更加聚焦，更高效地实现目标。

设定更高的目标还要求我们具备坚韧不拔的毅力和持续奋斗的精神。在实现目标的道路上，我们难免会遇到各种困难和挑战。只有通过不懈努力和持续奋斗，我们才能克服困难，实现目标。

树立高目标，实现高回报，失败也无妨，只要已尽心，追求我极限，人生新天地。

（3）迎接变化的人更需要——可把握先机

100年前的工厂，没有管理体系，没有管理工具方法，也没有数字化，100年来工厂有了管理并持续完善，现在的工厂发生了天翻地覆的变化。

过去的工厂往往缺乏系统化的管理体系，主要依靠个人经验和直觉进行管理。现在的工厂则采用了复杂的管理体系，如精益生产、六西格玛和全面质量管理（TQM），这些体系通过规范化流程和持续改进，显著提高了生产效率和质量。过去的工厂几乎没有专门的管理工具和方法。现代工厂则运用各种先进的管理工具，如排产工具、项目管理工具方法、库存管理工具方法，而且已经逐步使用人工智能来优化生产过程。过去的工厂完全没有数字化的概念。而现代工厂则大量采用数字技术，如物联网设备、大数据分析和云计算，这些技术使工厂能够实时监控生产过程，快速响应市场变化，大幅提升了生产的灵活性和适应性。在过去，工厂员工的工作主要是体力劳动，对技能要求相对较低。现代工厂中，员工不仅需要掌握操作复杂机器的技能，还需要具备数据分析、软件操作等技术技能。由于管理体系和技术的革新，现代工厂的生产效率和产品质量都有了显著提高。自动化和优化的生产流程减少了浪费。总体来说，这些变化展示了从人工驱动、经验导向的生产方式向技术驱动、数据驱动的现代制造业的转变，体现了工业发展和技术进步的深远影响。

现在自我精益管理为大家带来了新的变化机会。自我精益管理借鉴企业管理体系的原则，如持续改进、方针目标管理。这些体系使个人能更系统地管理时间、资源和个人发展。有效的工具和方法如时间预算、工单等，被广泛应用于自我精益管理中。这些工具方法帮助个人更有效地组织任务，优化日程安排，提高生产力。数字化在自我精益管理中扮演了重要角色。“管我”APP 为个人提供了数据驱动的方式来监控和改进自己的行为和习惯。数字化工具使得跟踪进度、设置提醒和评估效率变得更加容易和准确。通过这些管理体系和工具，个人能更好地了解自己的行为模式、优势和弱点，从而做出更有针对性的改进。

随着环境和需求的不断变化，个人可以根据自己的具体情况调整管理方法和工具，提高自我管理的适应性和灵活性。自我精益管理的引入使得个人在管理自己的时间、资源和目标方面更加高效和有条理，显著提升了个人的生活质量和工作效率。

当下我们所处的环境正经历着翻天覆地的变化。技术的革新、市场的变动、社会结构的调整，所有这些都对个人和组织提出了新的挑战。

自我精益管理要求我们具备高度的适应能力和灵活性，能够快速地对外部环境的变化做出反应，并据此调整自身的策略和行动。这需要我们具备敏锐的观察力和分析能力，能够准确地把握环境的变化趋势，发现新的机会和挑战。同时，自我精益管理还要求我们具备持续学习和创新的能力。在不断变化的环境中，过时的知识和技能很快就会被淘汰。只有通过不断学习和创新，我们才能保持自身的竞争力，实现持续发展。通过应用自我精益管理的理念和方法，我们不仅能够更好地适应环境的变化，还能够在变化中找到新的发展机会，实现个人和组织的卓越发展。我们要成为改变世界的人，而不是被改变的人。

（4）直面竞争的人更需要——可增强优势

也许我们希望站着的地方是平地，通过过去的努力我们站住了就可以保持稳定。但这个世界大多时候都是斜坡，如果做到合格，可能会下滑；做到优秀，只能是维持；而只有做到卓越，才能持续往上。比你更优秀的人比你更努力，无处不在的竞争是无可改变的事实，无论你是否感知、是否接受、是否适应。

随着全球化的推进和信息技术的发展，我们所处的竞争环境变得前所未有的激烈。在这样的环境下，个体和组织必须不断提升自身的能力和效率，才能保持竞争优势，实现可持续发展。需求决定方向，社会和组织对于不同人员都有着越来越高的要求，而自我精益管理可以针对这些要求带来提升（表3-1）。

表3-1 企业对于个人的要求和自我精益管理可以带来的竞争优势提升

企业对个人的要求	要求说明	自我精益管理可以带来的竞争优势提升
效率和自我管理	企业通常欣赏能够高效完成任务并自我管理时间的人	在这方面，**时间管理**、**工作管理**和**计划管理**对提高人的效率和自我管理能力至关重要。通过有效管理时间和工作任务，个人能够高效完成任务
责任感	对工作的责任感和承诺是重要的品质，企业喜欢可以依赖的人	这与**目标管理**、**纪律管理**和**错误管理**紧密相关。负责任的人能够设定明确的目标，遵守职场纪律，并从错误中学习以避免未来的问题
团队合作	具备良好的团队合作能力，能够与同事协作完成项目	**关系管理**和**沟通管理**在这方面尤为重要。建立良好的人际关系和有效的沟通技巧可以帮助个人在团队环境中更好地协作
适应性	能够适应新变化和新挑战，灵活应对工作中的不确定性	在快速变化的工作环境中，**改善管理**和**知识技能管理**对于增强人的适应性非常关键。个人需要不断学习和改进，以适应新情况和挑战
专业素养	表现出专业的工作态度和行为，包括专业沟通	**品牌管理**、**习惯管理**和**纪律管理**与展现专业素养有关。维护良好的个人品牌和职业习惯，以及遵守职场规范，都能体现专业性
创新和解决问题能力	有创造性思维，能够提出解决问题的方案	这需要具备良好的**知识技能管理**和**错误管理**。掌握相关知识和技能，并能从错误中学习，有助于个人创新思维和解决问题
沟通能力	良好的沟通技巧，包括听取和表达观点的能力	**沟通管理**在这方面至关重要。良好的沟通技巧对于理解和表达观点非常重要
学习能力	追求不断学习和成长，愿意获取新知识和技能	与**知识技能管理**直接相关。个人应该追求不断地学习和自我提升，以适应行业变化和工作需求
自信和积极性	表现出自信和积极的态度，能够应对挑战并保持乐观	这与**精力管理**和**纪律管理**有关。维持积极的态度和良好的精神状态可以帮助个人保持自信和积极面对挑战
成果导向	关注实际业绩和结果，能够完成分配的任务和目标	与**目标管理**和**工作管理**紧密相关。明确的目标设定和对成果的关注能帮助个人保持对工作的投入和动力

自我精益管理在提升个人竞争力方面发挥着关键作用。通过不断地对自身进行审视和评估，发现并消除效率低下和资源浪费的环节，我们能够实现流程的优化和效率的提升。这不仅有助于提升个人的竞争力，还有助于促进整个组织和社会的进步和发展。

为了在激烈的竞争环境中保持优势，我们还需要具备创新和学习的能力。这要求我们不断地探索新的方法和思路，不满足于现状，勇于突破自我。通过不断学习和创新，我们能够适应快速变化的环境，把握新的发展机遇。

在资源稀缺、目标挑战性强、外部环境变化频繁、竞争激烈的背景下，自我精益管理恰逢其时。自我精益指引我们深入了解并优化自身的资源分配，设定并追求更高的目标，灵活应对外部变化，并在竞争中保持和增强自身的优势。从资源有限的普通人到雄心勃勃的奋斗者，自我精益管理为所有人提供了一个共同的框架，帮助我们以最少的资源投入达到最大的产出效率，实现可持续的成功。

第4章

在哪应用自我精益？——价值创造和能力提升的14个领域

4.1 自我精益管理14个领域

我刚参加工作的时候，满怀热情和决心，渴望在职业发展等多个方面取得进步。然而，我并没有将自我管理细分为特定领域，而是试图以一种更泛泛的方式来处理我的生活和目标。刚开始，我设定了一些宽泛的目标，如提高工作效率、强身健体、增强人际关系，但很快就发现了问题所在。

我没有明确自己的价值观，导致在决策时常感到迷茫；我的目标模糊不清，缺乏具体实施计划；计划管理混乱，缺乏长远规划；过分投入工作，忽视了生活平衡；时间管理不足，无法高效利用时间；忽视精力管理，经常在疲惫中工作；错误管理缺失，未能从错误中及时学习；知识管理漏洞，难以有效整合所学知识；习惯管理混乱，尝试改变过多习惯但成效甚微；纪律管理放松，面对困难时容易放弃；缺乏系统的改善管理，使得某些领域停滞不前；忽视关系管理，社交圈子逐渐缩小；沟通管理不足，导致误解和冲突；未意识到个人品牌的重要性，忽视了个人形象的塑造。

这一系列的挑战让我意识到，不将自我管理细分为具体领域，我无法在各方面达到最佳状态。我得到了一个宝贵的教训：通过对自我管理进行细致的整理，先分后合。我可以更有效地识别和解决问题，更高效地利用我的时间等资源，从而实现个人和职业上的全面成长。

后来因为赶上了W公司高速发展管理持续深化变革的好机会，我先后主导或参与过W公司规模从百亿到千亿阶段的所有重大的管理变革活动，例如精益管理、引入世界标杆安全管理咨询、HSE管理体系创建、三化一低（全球化、差异化、精细化和低成本）、卓越绩效管理、工业4.0战略、卓越制造体系创建。我的主要工作之一就是“理”。理的好处是把一个复杂的东西先拆分，再互相关联，这个过程就会让我们对所有的前因后果有更深刻的理解，这为做相关领域的提升奠定了基础。在自我管理的发展中我也做了“理”的工作。

为了管理的方便，自我精益的范围包括14个范围。包括价值创造和能力提升两大部分。价值创造犹如砍柴，是直接创造增值的过程，有了柴火可以取暖，可以满足自己和他人生理方面的取暖需求。能力提升犹如磨刀。砍柴是直接创造增值的，磨刀不是创造增值的。只砍柴，不磨刀。效率不会提升而有可能下降，只磨刀，不砍柴，磨刀没有意义。最好的做法是砍柴也磨刀。价值创造和能力提升也是同样的道理，不可偏废。

价值创造包括价值管理、目标管理、计划管理、工作管理。能力提升包括对内、对外两部分，对内的时间管理、精力管理、错误管理、知能（知识技能）管理、习惯管理、纪律管理、改善管理，对外的关系管理、沟通管理、品牌管理。

这14个管理领域有一个便于记忆的口诀——**价目计工时精错，知习纪改关沟品。**

价值创造包括价值管理、目标管理、计划管理和工作管理。

价值管理——自我的价值观是什么？

目标管理——自我的多层多维目标（多层——人生、三年、年、月、周、日、时，多维——家庭、事业、健康、公益、人际关系等）是什么？

计划管理——如何制定战略计划（人生、三年、年、月、周、日、时）去实现目标、实现需求？

工作管理——如何把工作做好？工作包括项目类工作、标准操作类工作和单一任务类工作。

能力提升包括对内能力、对外能力。对内能力主要围绕总效率（OPE）的提升，OPE=开工率×负荷率×质量合格率。开工率主要是时间管理，有多少时间投入，负荷管理主要是知识技能管理、精力管理、习惯管理、纪律管理、改善管理，产出最高到多高，质量合格率主要是错误管理，错误如何最少化。

时间管理——如何消除时间浪费，用好时间？

精力管理——如何保持充沛的精力？

错误管理——如何一次就做对，不二过？

知能管理——如何提升知识技能？

习惯管理——如何养成好习惯、去除坏习惯？

纪律管理——如何保持必须的纪律？

改善管理——如何进行自我管理各领域的改善？

关系管理——如何管理好各种关系？

沟通管理——如何进行有效沟通？

品牌管理——如何打造个人的品牌？

每个管理领域有很多情境（表4-1），在每个情境我们都可以找到最好的做法。为了做到这一点，对于每个情境都要有可以对应的工具方法、标准操作规程（SOP）、原则。从结构的角度，它们与情景的关系不一定是一对一，而有可能是多对一或多对多的关系。

如果没有采用将自我管理细分为多个具体领域的做法，可能会遇到以下问题：

找不准——问题难以定位：不细分管理领域可能导致在出现问题时难以快速定位问题所在，因为管理的范围太广泛，无法精确诊断。

看不到——自我认知不足：不细分管理可能导致对自身在不同领域的能力和需求认

表4-1 自我精益管理14个领域的各种情境

价值管理	目标管理	计划管理	工作管理	时间管理	精力管理	错误管理
· 确定个人价值 · 反思道德决策 · 调整生活方式 · 衡量行为标准 · 识别核心信念 · 审视决策依据 · 融合文化价值 · 寻找价值导向 · 遵守伦理准则 · 评估价值冲突	· 设定实际目标 · 分析目标可行性 · 跟踪目标进展 · 修正目标策略 · 评估目标成就 · 定义长期目标 · 制定短期目标 · 确认目标优先级 · 细化目标步骤 · 反思目标意义	· 制定详细计划 · 审核计划可行性 · 调整执行方案 · 评估计划效果 · 确定计划目标 · 分解计划步骤 · 跟踪计划进度 · 预测潜在障碍 · 优化资源分配 · 反馈计划结果	· 优化工作流程 · 提高工作效率 · 分配工作任务 · 管理工作压力 · 协调团队工作 · 监控工作质量 · 激励工作热情 · 解决工作冲突 · 创新工作方法 · 规划职业路径	· 制定时间表 · 优先级排序 · 避免时间浪费 · 设定截止日期 · 平衡工作生活 · 管理日程安排 · 提高时间效率 · 规划休闲时间 · 调整时间安排 · 反思时间使用	· 调整生活习惯 · 提高精力水平 · 平衡精力分配 · 管理情绪能量 · 提升体能状态 · 优化饮食结构 · 确保充足睡眠 · 运动增强体力 · 减少能量泄露 · 增强精神集中	· 分析错误原因 · 学习失败教训 · 纠正错误行为 · 预防未来错误 · 承认个人失误 · 改善决策过程 · 优化问题解决 · 提升应对能力 · 管理外部批评 · 反思错误影响
知能管理	**习惯管理**	**纪律管理**	**改善管理**	**关系管理**	**沟通管理**	**品牌管理**
· 学习新技能 · 更新专业知识 · 分享经验智慧 · 管理信息来源 · 提升认知能力 · 探索未知领域 · 创新思维方式 · 评估知识价值 · 整合多元知识 · 应用实践经验	· 养成健康习惯 · 改变不良行为 · 建立日常规律 · 增强自我控制 · 分析习惯成因 · 跟踪习惯变化 · 破除成瘾习惯 · 培养积极心态 · 遵循有效方法 · 反思习惯效果	· 坚持规则执行 · 提高自制力 · 设定界限标准 · 管理时间遵守 · 执行任务纪律 · 培养坚持精神 · 遵循职业道德 · 监控自我行为 · 坚守承诺 · 维护工作纪律	· 实施持续改进 · 优化个人流程 · 提高效能标准 · 反思改善效果 · 调整改进策略 · 评估改善成果 · 探索改善方法 · 应用创新思维 · 加强问题解决 · 管理变革过程	· 建立人际网络 · 处理人际冲突 · 加强沟通技巧 · 维护良好关系 · 评估关系价值 · 拓展社交圈子 · 管理家庭关系 · 优化团队互动 · 培养深层连接 · 监控关系动态	· 提高表达能力 · 加强倾听技巧 · 管理非言语交流 · 解决沟通障碍 · 优化信息传递 · 调整沟通风格 · 增进理解共识 · 应对沟通危机 · 调节情绪表达 · 拓展沟通渠道	· 塑造个人形象 · 提升品牌价值 · 管理在线声誉 · 建立品牌认知 · 加强品牌连贯性 · 分析市场定位 · 调整品牌策略 · 监测品牌效果 · 维护品牌忠诚度 · 探索品牌扩展

知不足，影响个人发展和决策。

想不全——难以建立全面的自我提升计划：在没有细分的情况下，可能难以建立一个全面覆盖个人成长各方面的自我提升计划。

升不了——进步和优化的空间减少：没有针对性的细分管理可能导致在特定领域的提升和优化机会减少。

分不均——资源配置不均衡：不进行细分管理可能导致资源（时间、精力等）在不同领域的分配不均衡，有些领域可能获得过多关注，而其他领域则被忽略。

治不好——策略实施不精准：缺乏细分的管理策略可能导致实施过程中缺乏针对性，效果不佳。

管不到——管理效果不全面：缺乏针对特定领域的专注，可能导致一些重要的个人发展领域被忽视，如关系管理或个人品牌建设。

总之不采用细分管理领域的做法可能导致管理不够全面、精准和系统，从而影响个人发展和成效。

在本书中还有一些其他自我管理的领域如决策管理、标杆管理、问题管理、采购管理、家庭管理、健康管理等没有单独列出，而列入相关领域中。资产管理方面相关专著比较多，本书不做单独介绍。与自我精益管理相衔接的团队精益管理方面我也有多年的管理实践，形成了一个团队精益管理体系，并开发完成了对应的数字化系统（代号BM），运行使用了多年。

自我精益是一个开放的体系，围绕做更好的自我管理的目标，会定期修订自我管理领域、不断吸收自我管理所需要的工具和方法，不断拓展形式，持续应用人工智能等最新的科技。

4.2　每个领域精益管理都有对应的管理主题

精益管理是在满足客户需求的实战中发展起来的管理方式，积累了大量经过实战检验的思想策略、工具方法。对于自我管理的每一个领域精益管理都有对应的管理主题（表4-2），每个管理主题都有对应的策略和工具方法，直接使用或者经过适当的调整，都可以应用到自我管理中，和每个领域的主流方法紧密融合，发挥功效。具体内容将在本书的第7章和第8章将展开介绍。

表4-2　每个自我管理领域精益管理都有相应的管理主题

序号	自我管理领域	对应的精益主题	精益主题说明	精益工具	自我精益的发展
1	价值管理	客户价值	精益管理中的客户价值强调从客户的角度定义，并专注于最大化这个价值。它涉及理解客户需求、专注于价值创造的流程、消除不增加价值的浪费，以及持续改进以提升客户满意度和效率	客户价值清单	**个人价值管理。**在个人层面，定义“客户”可以是自己或他人（如工作中的同事、生活中的家人）。通过理解并专注于创造对这些“客户”有价值的活动，可以提高个人生活和工作的质量

续表

序号	自我管理领域	对应的精益主题	精益主题说明	精益工具	自我精益的发展
2	目标管理	方针目标	精益管理中的方针目标管理是一种确保组织的日常操作与其战略目标一致的方法。它涉及设定关键目标，将这些目标分解为可操作的短期目标，确保跨层级沟通，鼓励员工参与，以及定期监测和调整策略，从而提高组织效率和成果	目标管理表	**个人目标管理。**将长期目标逐级分解为短期可实现的行动步骤，确保个人行为与自己的生活目标和职业目标一致
3	计划管理	计划A3	计划A3在精益管理中是用于战略规划和执行的工具，它包括明确战略目标，分析当前业务状况，设定具体短期目标，制定详细行动计划，并执行及监控这些计划以确保目标的实现。这种方法侧重于整体战略思考和组织级别的规划	计划A3报告	**个人计划A3。**个人可以使用A3报告来明确自己的目标，分析挑战，制定行动计划，并跟踪进度，以实现个人目标
4	工作管理	标准操作	精益管理中的标准操作是一种方法，用于确保工作流程的效率和一致性。它包括定义明确的流程步骤、规定每步的时间和顺序、指定所需工具和资源，以及进行员工培训。这种方法旨在减少浪费、提高效率和质量，并支持持续改进	标准操作规程SOP	**个人SOP。**通过制定个人工作和生活中的标准操作规程，提高日常任务的效率和质量
5	时间管理	精益成本	精益成本管理通过消除无效活动、优化流程、减少质量缺陷、员工参与、持续改进和精细库存控制，有效降低成本并提升效率，把每一分钱都花明白	记录表	**个人时间预算。**管理个人时间，识别和消除浪费时间的活动，优化时间分配，提升个人效率和单位时间产出
6	精力管理	全员生产维护（TPM）	TPM是一种精益管理方法，专注于通过全员参与来提高设备效率和可靠性。它包括预防性维护、持续的改善活动、员工培训和参与，以及维护工作环境的安全和清洁。TPM的目标是减少停机时间、提高生产效率和产品质量，实现零故障和零缺陷	TPM	**个人精力维护PPM。**将TPM原则应用于个人健康和精力管理，通过定期的自我维护活动（如运动、休息、健康饮食）保持身心状态最佳
7	错误管理	防错	精益管理中的防错是一种设计和过程改进方法，用于预防操作失误和质量缺陷。它包括引入错误检测机制，简化操作流程，以及提供即时反馈，旨在实现零缺陷生产，提高产品质量和工作效率	防错法	**个人错误记录表。**在个人生活和工作中进行错误管理，引入防错措施，如清单和提醒，以减少错误和提高效率

续表

序号	自我管理领域	对应的精益主题	精益主题说明	精益工具	自我精益的发展
8	知能管理	多能工	精益管理中的多能工概念涉及培养员工掌握多种技能和职能。这种做法使员工能够根据生产需求灵活地执行不同的任务，提高生产效率和适应性。多能工不仅增强团队的整体能力，还促进员工个人成长，增强工作满意度	技能矩阵	**拉动式学习。**通过学习新技能和知识，提高自己的适应性和多样性，增强个人职业竞争力
9	习惯管理	5S	精益管理中的5S方法是一种旨在提高工作效率和安全性的工作场所组织方法，包括整理（去除不必要物品）、整顿（有序安排必需品）、清扫（保持工作区域清洁）、清洁（维护清洁和有序标准）和素养（培养维持整洁习惯）。这种方法通过创造整洁、有序的工作环境来减少浪费和提高生产力	5S	**个人习惯管理。**利用推行5S的方法管理个人习惯
10	纪律管理	纪律	精益管理中的纪律涉及组织内持续遵守既定流程、标准和原则的实践。这包括严格执行标准操作规程、持续寻求改进、团队间要紧密合作，以及管理层对精益方法的承诺和支持。这种纪律是实现高效率、高质量和持续改进的关键	检查表	**个人纪律管理。**通过建立和遵循个人日常纪律，提高自我管理的效率和质量，确保持续改进和目标达成
11	改善管理	改善	精益管理中的改善是一种持续的、渐进式的改进过程，旨在提高效率、减少浪费和优化工作流程。它强调小步骤的改进，鼓励员工积极参与并提出改进建议。这种方法包括识别问题、分析根本原因、实施解决方案，并通过反馈和监测来持续改进。其目的是通过不断的小改进来实现更大的整体效益	问题解决A3报告	**自我改善活动。**围绕自我管理各领域的难点问题持续进行自我改善活动并进行标准固化
12	关系管理	精益团队	精益管理中的团队协作强调在工作中促进有效沟通和协同作业。它包括建立共同目标、保持透明沟通、相互尊重、跨功能合作，以及共同学习和持续改进。这种协作方式对于提高效率、质量和持续改进至关重要	团队协作工具	**个人关系管理。**通过建立良好的沟通渠道和关系维护机制，增强个人与不同类别关系人的关系水平，促进共同目标的实现
13	沟通管理	可视化	精益管理中的可视化沟通是使用视觉工具来清晰展示信息和工作状态的方法。这种方法旨在提高沟通效率和透明度，促进更有效的决策和团队协作	看板	**个人沟通管理。**使用看板或其他可视化工具来管理沟通计划任务，提高沟通任务管理的透明度和效率
14	品牌管理	精益品质	精益管理中的品质管理是一种以提高产品和服务质量为目标的持续改进过程。它以客户需求为中心，强调预防错误、全员参与、持续改进流程，以及使用统计方法和工具进行质量分析。这种方法旨在减少浪费、提高效率，并确保产品质量满足客户标准	质量管理工具	**个人品牌管理。**将质量管理的原则应用于个人品牌和工作输出，持续提升个人工作的质量和客户满意度

4.3 各领域重要性因人不同，因时不同

不同领域的重要性因人不同。每个人因为职业、工作层级、组织性质的不同而对不同领域的要求不一样（表4-3）。例如，对于一个房地产经纪人而言，沟通管理的重要性不言而喻。他（她）需要具备卓越的沟通技能，以建立和维护客户关系，有效地推销地产。相比之下，对于一个科学家来说，知识技能管理可能是首要的。他（她）需要不断更新自己的专业知识，掌握最新的科研趋势和技术。不同职业的人在自我管理的各个领域中有着不同的重点要求。如果和职业的重点要求有差异需要进行针对性的提升，经过努力还差距明显，或许换个职业发展方向也是一个选择。

表4-3　不同职业的重要自我精益管理领域

类别	职业	相对重要的自我精益管理领域
体力劳动者	建筑工人	时间、精力、错误
	快递员	时间、精力、沟通
	厨师	时间、精力、知能
脑力劳动者（专业技术人员）	科学家	知能、错误、改善
	教师	知能、沟通、习惯
	会计	知能、时间、错误
关系劳动者	房地产经纪人	关系、沟通、知能
	保险代理	关系、沟通、知能
	客户服务代表	关系、沟通、改善
品牌运作者	市场营销专家	品牌、沟通、关系
	广告设计师	品牌、知能、改善
	产品经理	品牌、知能、沟通
资本运作者	投资银行家	知能、目标、关系
	风险资本家	知能、目标、计划
	股票交易者	知能、时间、纪律

在不同的生命阶段，个人对自我管理各领域的需求存在显著差异（图4-2），这些需求的变化反映了每个阶段的特定挑战和目标。少年期主要聚焦于精力和知能的发展，这是一个关键的成长期，青少年开始探索自我、形成个人价值观，并且在学校和社交活动中学习新技能。这个阶段的高精力需求反映了少年们对于活动和探索的天然倾向，而高知能需求则强调了教育在此期间的重要性。

进入青年期，个人在几乎所有自我管理领域的需求达到顶峰。这一时期，青年人开始确立自己的目标，制定并执行计划以实现这些目标，同时在职场上寻求成长和成功。目标、计划、工作、时间和沟通领域的高需求反映了这一时期个人职业发展和社会交往的密集活动。这是一个自我发现和实现潜力的关键时期，个人在此阶段建立的习惯、纪律和改善意识将对其余生产生长远影响。

中年期则转向维持已达成的目标和进一步发展个人与职业生活。在这个阶段，关系

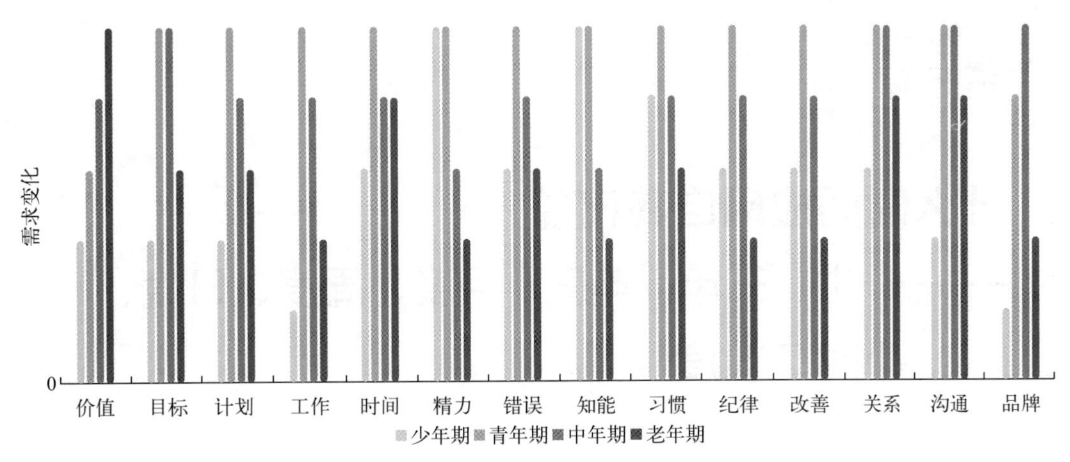

图4-2　人一生的不同阶段对自我管理各领域的需求变化

和沟通的管理变得极其重要，反映了个人在家庭和职业中角色的扩展。中年人需要在多个领域中找到平衡点，如继续在职业上进步，需要同时保持家庭和社交关系的稳定。此时期尽管对工作的直接需求可能有所减少，但对于维护成就和提高生活质量的需求仍然很高。

到了老年期，重点转向价值和关系的维护，以及生活质量的提高。老年人更注重反思过往，传承价值，以及与家人和朋友保持密切联系。在价值和关系领域的高需求显示了老年人对生命意义和社会联系的深刻关注。同时，他们在时间管理上的高需求反映了对健康、休闲和兴趣追求的平衡需求，说明即便在夕阳红的阶段，有效的自我管理也是实现满意生活方式的关键。

总之，每个生命阶段的个体都面临着不同的挑战和机遇，对自我管理的需求随之变化。理解这些需求的变化有助于个人制定适合当前生命阶段的目标和计划，从而更有效地实现个人成长和满足感。

第5章

什么时间应用自我精益？——一生、三年、年度、月度、周度、日度、小时7粒度

自我精益管理以价值为原点，以目标为核心，通过不同的时间粒度层层展开。

我在进行自我精益管理之前，经常手忙脚乱地完成一个个任务，却不知道目标是什么。每一年年初，我都怀揣着实现职业大跃进的梦想，却没有按层次设定我的目标。起初，我的日子里充斥着东奔西走、回复电邮、参加会议等各种事务，我总觉得忙得不可开交，却似乎没有真正向前迈进。缺乏清晰合理的周或月度目标，我难以判断自己的努力是否真的有助于实现年度目标。几个月过去了，我开始意识到自己虽忙碌，但与年初的职业目标相去甚远。我感到迷茫，不知道自己的努力是否真的在推动我前进。到了年中，压力和挫败感开始积累。我的工作方向与上级领导的预期不符，这让我感到沮丧。我意识到，没有层次化的目标，我无法有效管理时间和精力。

年底时，我深刻反思了这一年的工作。我认识到，如果能在年初设定清晰的层次目标，比如将年目标细分为月和周的小目标，并定期检查进展，我或许能更有效地利用时间，更接近职业目标。没有清晰的目标层次，就像在浓雾中航行，容易迷失方向。

自我精益管理将人生分为7个时间粒度：一生、三年、年度、月度、周度、日度、小时。通过多级目标的引领，每个粒度都围绕不同的时间尺度，相互联系和影响。这种设计强调了长期目标与短期目标之间的区分，以及如何通过层层展开的策略性规划，从宏观到微观实现目标。自我精益的14个管理领域的活动集中于一个或多个时间粒度。

（1）一生层面的管理：塑造未来的蓝图

一生层面的自我管理始于深入的自我探索和价值观识别。这不仅关乎职业发展，更涉及个人生理、安全、归属感、尊重、自我价值等各层次的需求实现。

① 价值管理。识别个人核心价值观是做出明智决策的基础。通过反思、心理咨询、日记记录等方法可以帮助人们清晰地认识自己的价值观。

② 目标管理。基于个人价值观，设定人生目标。这些目标应当具有长期性、挑战性，同时也是可实现的。例如，核心价值如果是“创造影响”，那么长期目标可能是成为其领

域内的思想领袖或创立自己的企业。

长期愿景。创建一个清晰的人生愿景声明，概括个人的长期目标和期望的生活方式。例如成为业内最佳精益专家和数字化专家。

（2）三年层面的管理：中期目标的设定与执行

三年计划是将长期目标转化为中期可实现的目标。在这一阶段，A3计划（精益管理工具）作为一种有效工具被引入。3年是一个比较合适的中期目标的时间范围，根据需要也可以更短（2年）或更长（5年或10年）。

① 目标管理。将人生目标分解为3年内可达成的具体目标。例如，如果一个人的长期目标是成为行业领袖，那么3年目标可能包括建立行业联系网络、发表专业文章或者参与重要的行业会议。

② 计划管理。利用A3计划来细化这些目标，并制定实现路径。A3计划的优点在于它的简洁性和明确性，帮助明确问题、目标、策略和行动计划。例如，围绕自己的核心竞争力，我计划每隔几年出版一本专著。为了在3年内出版一本专著，我利用A3计划帮助规划研究课题、时间安排和写作计划。

（3）年度层面的管理：年度规划与重点关注

年度层面的管理关注的是将中期目标进一步细化，并将其转化为具体的年度行动计划。

① 年度目标与A3计划。确立年度目标，并利用A3计划进行详细规划。这包括工作目标、个人发展目标以及生活平衡目标。例如，一个年度目标可能是完成书稿。

② 时间管理。设定年度时间预算，确保时间的合理分配和高效利用。例如，将每周的工作时间划分为不同的类别，如项目工作、学习和个人时间。

③ 个人品牌和技能管理。制定个人品牌发展和技能提升的年度计划。例如，参加特定的培训课程，或在社交媒体上建立专业形象。

（4）月度层面的管理：精确调整与执行

月度管理聚焦于月度目标的设定和跟踪，以确保与年度计划的一致性。

① 月度目标与A3计划。每月初设定月度目标并制定A3计划，确保目标的具体性和可执行性。例如，一个月的目标可能是完成书稿的提纲。

② 工作和习惯管理。监控工作进度，评估和调整工作习惯，以提高效率。例如，如果发现写作进度落后，可能需要调整每日的工作安排或者改进研究方法。

（5）周度层面的管理：周度反馈与调整

周度层面的管理注重于短期目标的设定和实时反馈，这有助于保持持续的动力和方向性。

① 周目标与周计划。制定周目标，使用A3计划来跟踪和评估进展。例如，一周的目标可能是完成书中一篇或者一章的研究工作。

② 改善管理。每周进行自我评估，识别可以改进的地方，并制定相应的改进措施。例如，如果发现时间管理不佳，可能需要重新分配任务或找出时间浪费的原因。

（6）日度层面的管理：日复一日的坚持

在每日的管理中，关键是有效地利用每一天，确保每天的活动都与更大的目标保持一致。

① 日常目标与计划。设定日常目标，通过日A3计划确保日常任务与长期目标的一致性。例如，每天的目标可能是完成特定部分的写作或研究。

② 时间和精力管理。合理安排每天的时间和精力，确保高效率和高效能。例如，利用早晨的高效时间段进行创造性工作，下午处理日常行政任务。

③ 错误管理。学习如何从日常错误中吸取教训，将这些经验转化为未来的成功。例如，对于每天的失误进行反思，找出改进方法。

④ 关系管理。日常中维护和加强人际关系，确保工作和私生活中建立有意义的联系。例如，通过有效沟通和共情，加强同事间的合作。

⑤ 沟通管理。提高日常沟通的效率和效果。例如，通过清晰、简洁的沟通方式，确保信息传达准确无误。

（7）小时层面的管理：心无旁骛的执行

① 工作管理。按照项目管理分解的任务或者单个任务进行执行实施。

② 时间管理。专注工作，使用番茄钟和GTD的工作收集分配机制来保证心无旁骛地执行（表5-1）。

这7个粒度是层层展开的（战略性规划和目标细化）。这种层级化的思考方式有效区分了短期目标和长期愿景，为有力的战略规划提供了基础。通过策略性展开，我们可以从宏观的长远规划逐步过渡到短期的具体行动。这个过程就像是从万米高空逐层降落，每个层级都精确到可执行的细节。在这个层层展开的过程中，每个决策层次都是从更广阔的视角出发，逐步细化到具体可执行的行动。这样的方法不仅有助于避免方向性的急剧转变和资源浪费，还确保每一步行动都紧密地与最终目标相连接。

这7个粒度是层层回馈的（评估与调整）。层层回馈是在不同决策层次之间建立一个反馈循环。首先，是对长期目标的明确和坚定实践。鉴于生命的短暂性，我们需要在各个层次上做出精准的决策，以强化决策的质量。随后，在实践的每个阶段，都会进行层层展开的过程，确保每一步行动都与最终目标紧密相连。这个过程中，每一层的决策和行动都与上层及更高层相关联，形成一个相互支撑的体系。低层级的决策和行动逐渐汇集成高层级的成果，这个汇集过程不仅是对执行情况的感知，也是对环境变化的敏感捕捉（定期可以进行SWOT分析以回顾和调整）。这样的反馈机制使我们能够在不同层次上影响并优化后续的高层决策。

通过这种层层分解、层层关联并最终汇集的自我管理框架，我们可以有效地把握自我管理的艺术，将时间等各种资源转化为实现个人价值和目标的强有力工具。

表5-1　时间7粒度和自我精益管理14领域

主类	次类	领域	一生	三年	年度	月度	周度	日度	小时
价值创造	战略	价值	价值确认	价值回顾	价值回顾				
		目标	人生目标	中期目标设定	*上年目标验收，本年目标设定 *SWOT分析	*上月目标验收，本月目标设定	*本周目标验收，下周目标设定	*昨日目标验收，今日目标设定	
	执行	计划			**年A3计划** 1天，年初做，本年工作、学习、生活等计划制定	**月A3计划** 3小时，月初做，本月工作、学习、生活等计划制定	**周A3计划** 1小时，周日做，下周工作、学习、生活等计划制定	**日A3计划** 10分钟，早上做，今日工作、学习、生活等计划制定	
		工作			年度重点工作计划、执行、总结	月度重点工作计划、执行、总结	周工作计划、执行、总结	工作执行，任务执行	工作执行，任务执行
能力提升	内部	时间			*上年时间回顾，本年时间预算	*上月时间回顾，本月时间预算	*本周时间回顾，下周时间预算	*昨日时间回顾	时间使用、记录
		精力						*昨日精力评估、精力改进	
		错误			*上年错误回顾	*上月错误回顾	*本周错误回顾	错误纠正	
		知能						学习、实践、分享	
		习惯						*习惯养成回顾	
		纪律						纪律检查	
		改善				*突破性改善实施	*突破性改善实施	点改善实施	
	外部	关系			关系构建			关系维护	
		沟通					*下周沟通规划	沟通执行	
		品牌			品牌创建策划		品牌创建执行		

注：1. 年度、月度、周度、日度A3包括本时间粒度其他领域含*内容。

2. 时间记录一般利用中午或下班前、睡前记录或者完成某项工作后记录，错误记录发生了就随时记录。

目标是价值的具象产物，目标对于自我管理的重要性，怎么评价也不为过，好的目标管理会拉动自我管理各领域的提升，如果目标管理不遵循从长期到短期的层次结构，可能就会导致一系列具体的问题，存在着**个人目标管理的7个陷阱**：

看不远——缺乏清晰的方向和远景

没有明确的长期目标（如一生或三年计划）会导致行动缺乏总体方向，难以实现个人梦想或职业抱负。这种情况下，个人可能在没有明确意义和方向的情况下做出决策，长期来看可能走向目标的偏离。

对不齐——目标之间缺乏协同

如果中短期目标（如年度、月度、周度目标）与长期目标不协调，可能导致行动与长期愿景不一致，造成努力的浪费。例如，日常工作可能与长期职业发展目标无关，从而导致时间和资源的浪费。

管不住——进展监控困难

短期目标对于监控和调整长期目标至关重要。缺少这样的结构可能导致难以跟踪整体进展，尤其是在面临复杂任务和项目时。例如，如果没有周或月度的检查点，可能无法有效评估策略的有效性，错失调整策略的机会。

拉不动——动力和紧迫感不足

激动人心的目标是拉动努力的最好方式。短期目标有助于保持动力和紧迫感。没有这些目标，个人可能难以在日常中感受到前进的动力，特别是当长期目标看起来遥不可及时。

用不好——资源和时间管理低效

合理的目标层级有助于优先级设定和资源分配。缺乏这种结构可能导致无法有效地分配时间和资源，导致重要任务被忽略或紧急任务过度占用资源。

调不了——适应性差，对变化反应迟钝

在快速变化的环境中，灵活调整目标至关重要。如果没有从长期到短期的目标体系，可能难以及时调整策略来应对外部变化，如市场变动、技术进步或个人生活变化。

成不了——压力和挫败感

当没有明确的短期成就来支撑长期目标时，个人可能会感到压力和挫败。长期目标的遥远和难以触及可能导致动力下降，甚至产生放弃的想法。

在自我精益管理中理解并规避这些陷阱可以事半功倍。

一个从长期到短期逐层细化的目标管理结构对于保持方向感、动力、有效管理和适应性是至关重要的。通过践行自我精益的方法，可以将多层级的目标紧密关联，积跬步以至千里，会成就一个又一个大目标。

第6章

如何应用自我精益？
——7核心原则（法）、10核心工具（术）、3形式（器）

自我精益管理在7个时间粒度、14个自我管理领域贯彻7项核心原则，通过10个核心工具和其他重要工具及3种形式形成了自我精益管理的方法论。（表6-1，其中14个领域将在第7章和第8章进行详细案例分析。）

表6-1 自我精益核心原则和核心工具的关系

核心原则	核心工具									
	10大浪费	A3报告	树图	5个为什么	数字化指标	总效率（OPE）	标准操作规程（SOP）	可视清单	检查表	行思日志
专注价值	●	●	●	●	●	●				
目标引领		●	●		●	●			●	
全维思考	●	●	●	●				●		●
量化可视		●	●		●	●	●	●	●	
标准执行					●	●	●	●	●	
及时反省		●		●	●	●	●		●	●
持续改善	●	●	●	●						

注：●表示密切关联

自我精益管理的核心原则是提供一套行为和思考的框架，旨在帮助个人识别和消除浪费、创造增值，并持续提升个人能力。这些原则引导个人如何思考和做决策，确保行动与长期目标和价值观保持一致。核心工具和重要工具则是实现这些原则的具体手段和方法。它们提供了具体的步骤、技术和流程，帮助个人应用自我精益管理的原则于日常生活和工作中。这些工具可以包括问题解决的方法论、目标设定和跟踪的框架等，它们共同作用于以下几个方面：

目标明确。帮助个人清晰定义自己的目标和价值，以确保所有的努力都是为了实现这些目标和价值。

识别和消除浪费。提供技巧和方法来识别生活和工作中的浪费活动（无论是时间、资源还是努力），并采取措施减少或消除这些浪费。

持续改进。引导个人通过反思和评估自己的行为和成果，不断寻找改进的机会，以更有效地达到目标。

效率提升。通过标准化流程、提高工作和生活的组织性来提升个人效率，从而有更多时间专注于增值活动。

决策和问题解决。提供框架和方法论帮助个人更有效地做出决策，解决问题，以支持目标的实现和个人成长。

核心原则与工具之间的关系是互补和相辅相成的。原则提供了指导方向，而工具则是达到这些方向的具体途径。通过有效地结合这些原则和工具，自我精益管理帮助个人以更高效、有目的的方式工作和生活，不断向着自己的目标前进。

自我精益的3种形式：纸笔、电子表格、APP各有特色，大家可以按需选用。

6.1 自我精益7项核心原则

自我精益管理是精益管理在自我管理的全面应用，旨在通过消除浪费、创造增值和提升能力来帮助个人取得更大的成长和成功，有着以下7项核心原则（图6-1）。

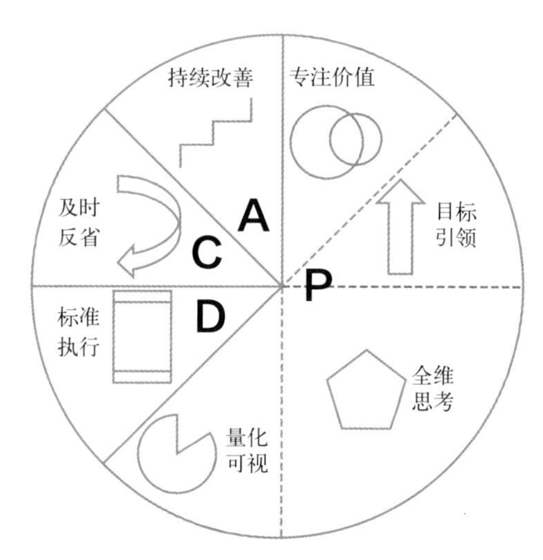

图6-1 自我精益7项核心原则（PDCA循环）

专注价值。识别并专注于对个人成长和目标实现具有真正价值的活动。通过明确什么是对你最重要的价值（例如事业、健康、家庭等），可以有效地分配时间和资源，确保努力方向与个人目标一致。这有助于消除在不重要的事务上的浪费，确保每一个行动都对目标有所贡献。

目标引领。设定清晰的目标和期望，使个人的努力方向明确。这些目标应当既有挑战性也具可达性，能够引导行为，并量化进展。目标引领原则确保个人行为与长期目标保持一致，通过持续追踪进度，可以及时调整策略，避免偏离轨道。

全维思考。采取“深广远精速”的全维视角来审视个人的行为和过程，考虑所有相关方面，并识别这些领域中的浪费和改进机会。这种全面性的思考有助于发现潜在的相互作用和依赖关系，促进更有效的决策。

量化可视。通过量化指标和可视化手段追踪进展和成果，可以清晰地看到哪些方法有效、哪些方法需要改进。这种透明度不仅有助于自我激励，也使得问题和机会更容易被识别和解决。

标准执行。建立标准的工作流程和习惯，以确保高效和一致性。这有助于减少决策疲劳和时间浪费，同时提供了一个基准，用于比较不同方法的效果，以便识别改进点。

及时反省。定期回顾和反思个人的行为、成果和工作流程，识别哪些做得好、哪些可以改进。这种反馈循环是持续改进的关键，能够帮助个人从不足中学习，并在未来做得更好。

持续改善。基于反省得到的见解，不断调整和优化个人的行为和流程。持续改进意味着认识到总有提升的空间，无论是通过小步快走还是大刀阔斧的改变，都致力于不断提高效率和改善效果。

这7项核心原则体现了自我精益管理的特色，也是自我精益管理各领域具体实践的方向指引。其中专注价值、目标引领、持续改善有对应的自我管理领域，更多内容在第7章和第8章介绍，全维思考、标准执行、量化可视、及时反省贯穿多个领域。

6.1.1 专注价值——深入思考、全心投入

价：在古代，最初“价”指的是物品的价格或是物品交换的比率，关联于物物交换和市场买卖中的定价。古代汉语中，它多指商品的买卖价或是物品的代价，强调的是物品在交换中的价值，这个概念主要与经济活动相关。值：古代的“值”字有多重含义，其中包括值得、重要、承担等。在经济领域，“值”与“价”相似，也指物品的价值或者是对物品的估价。然而，在文化和道德讨论中，“值”更多的是关联于某事物的重要性、意义或是道德上的评价。在现代汉语中，“价值”一词已经涵盖了经济价值、道德价值、文化价值等多重含义，其使用范围和深度都远远超出了古代单一的经济或道德讨论。

专注价值包含两重含义：一是对内专注自我价值，清晰确定自我价值并将资源重点投入，不在其他地方浪费资源；二是对外聚焦客户价值（包括外部客户和内部客户），清楚确定客户价值并将资源重点投入，达到客户价值。专注价值体现了精益的价值思考。把所有的资源集中到核心价值中。

（1）对内专注自我价值

企业的精益管理中价值的定义是客户需要的产品和服务，自我精益管理中价值与自我的需求有着紧密的联系。

关于自我的需求，有一个广为人知的马斯洛需求层次理论。它是一种心理学理论，用以解释人类动机的发展。在众多的需求理论中，我认为这个理论简洁而不简单，可以解释至少90%的需求现象。该理论将需求分为不同的层次，通常以金字塔形式表示（图6-2）。从底层到顶层，简称“**生理安全归尊我**”。

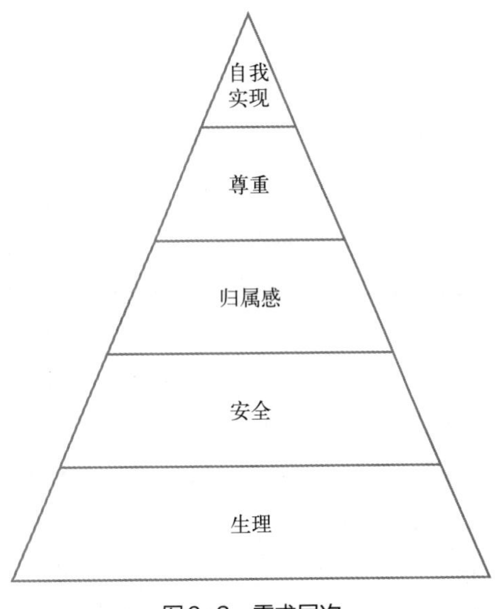

图6-2 需求层次

生理需求。这是最基本的需求，包括食物、水、睡眠等。这可能体现在有稳定的收入来购买足够的食品、住在舒适的住所以及保持良好的生活习惯。

安全需求。安全需求包括身体安全、就业安全、健康和财产的保障。我们关注职业稳定性，期望一直都有合适的工作岗位，投资保险和健康产品、购买房产以确保未来的安全感。

归属感需求。人类是社会性生物，需要与他人建立情感联系。我们可以通过建立家庭、拓展朋友圈、参与线上和线下的社交活动来满足这一需求。

尊重需求。这包括自尊、自信、成就感以及他人的尊重。我们通常会在工作中寻求晋升、通过社交媒体展示个人成就或参与各种形式的竞争和认可活动。

自我实现需求。这是马斯洛需求层次的最高层，指的是实现自己的潜能和创造力。这可能体现在追求个人兴趣和激情，如艺术创作、创业或深造。

这个理论认为，更高层次的需求只有在满足了较低层次的需求之后才会变得重要。例如，一个饥饿和无家可归的人可能首先集中于满足基本的生理需求，而不是追求社交关系或个人成就。

自我价值的确定与自我的需求息息相关。我们要回答，什么对我最重要？

价值识别是认识和理解我们认为重要的事物的过程。当我们对自己的价值有了清晰的认识后，就能更好地进行职业选择，确保我们的职业道路符合自己的兴趣和价值观。此外，我们还能通过价值识别来更有效地管理时间，确保将时间投入到最重要和最有价值的活动上。在人际关系的维护上，我们也需要识别哪些关系对我们最重要，并投入相应的时间和精力。对于个人发展来说，确定学习的重点领域也是十分重要的，这不仅有助于提升我们在某一领域的竞争力，还能提高我们整体的生活质量。最后，通过认识到健康的重要性并做出相应的投资，我们能够拥有更加健康、充实的生活。

例如，砍柴人靠砍柴为生。他天天出门，不管是刮风下雨，还是烈日高照，都得在外劳作，每天累得腰酸背痛。但是，每当想到自己能凭借这双手让家里人吃得饱、穿得暖、过得好，他心里就特别满足，觉得所有的辛苦都值得。所以，他每天都很早起床，背起斧头就往山上走，想的都是怎么多砍柴、砍好柴、卖掉柴，让家里的生活能更上一层楼。他这种简单朴实的幸福观，让他在艰苦的工作中也能找到快乐，坚持下去。

作为一名咨询培训师，我认为帮助他人成长和解决问题是我生命中非常有价值的活动之一。通过分享知识和经验，我不仅能帮助个人发展，还能促进团队和组织的进步。这份工作让我有机会不断学习和自我提升，同时也满足了我内心对于帮助他人和影响社会的渴望。因此，我把个人发展和终身学习作为我的重点领域之一，不断寻求提升自己的方法。

作为一名软件开发者，我深知技术的力量和它在现代社会中的重要性。我热爱编程，因为它不仅是一种创造性的表达，还能带来实际的解决方案。通过开发软件，我能够解决复杂问题，创造有用的工具，这让我感到极大的满足。对我来说，学习新技术和不断提升我的编程技能是至关重要的。这不仅能提高我的职业竞争力，还能确保我能在快速变化的技术领域中保持前沿地位。

确认自我价值与个人需求紧密相连，要求我们深入探寻自己生活中最为重视的元素。通过明确自我价值，我们可以在选择职业路径、时间分配、维护重要人际关系等方面做出最符合内心声音的选择。不同个体可能会基于自身的生活经历，追求不同的自我价值，但不管如何，真正能以自己喜欢的方式度过一生总是值得赞赏和羡慕的。

（2）对外专注客户价值

个人为客户创造增值的方式涉及多个层面，外部客户和内部客户各有侧重。对于外部客户，这意味着首先深入理解他们的具体需求和期望，以确保所提供的产品或服务能够满足甚至超越这些期望。这包括提供高质量的服务和产品，减少错误和缺陷，以及保持开放和及时的沟通渠道，以快速响应客户的询问和需求。个性化体验也非常关键，这意味着根据每个客户的特定需求提供定制化的解决方案。诚信和透明度是维护长期客户关系的基石，包括在交易中保持诚实，并对产品或服务的特点、价格和限制保持透明。此外，提供有效的后续支持和服务是确保客户购买后满意的关键。

对内部客户，如领导、同事来说，创建价值意味着了解他们的需求和目标，并确保个人的工作能够对他们有所帮助。这包括促进团队合作，与内部团队成员协作以支持共同的目标和项目。分享个人的专业知识、经验和资源可以帮助团队成员提高效率和成果。保持积极的沟通至关重要，及时解决问题和疑问，并促进有效信息流通。适应内部变化的灵活性也很重要，这包括积极参与改进和创新过程。此外，通过不断学习和提升个人技能，个人可以更好地服务于内部团队和客户，从而提高团队的整体效能和协作能力。

在个人的工作中，专注于外部客户价值是至关重要的。缺乏这种专注可能会导致各种问题，引发根源上的浪费。

例如，要是砍柴人没搞明白顾客到底想要啥样的木头，那就麻烦了。比方说，顾客指定要某种木头，如果砍柴人没听清楚，就可能瞎砍一通，结果砍错树。这不仅得罪了顾客，顾客没拿到想要的木头，而且砍柴人的好名声也没了，以后挣钱更难了。

做咨询培训如果缺乏对外关注就会失去客户。假设在进行培训时，忽略了听众的实际需求和兴趣点，而是固执地按照自己的计划进行。这种行为可能导致培训效果不佳，听众感到无聊和脱节，从而影响培训师的职业声誉和客户满意度。长远来看，这种不专注于客户价值的态度可能导致培训业务的下滑，甚至失去重要客户。

做软件开发如果缺乏对外关注就会失去客户。如果过于专注于技术细节，而忽视了软件的用户体验和实际应用场景，这可能导致软件难以使用，不符合用户需求。例如，一个复杂的用户界面或充满bug的软件会迅速使用户失去兴趣，这不仅影响产品的市场接受度，也会损害开发者或其所在公司的声誉。在软件开发领域，客户价值的忽视可能导致产品失败，无法在竞争激烈的市场中站稳脚跟。

综上所述，无论是砍柴、咨询培训还是软件开发，专注于客户价值都是业务成功的关键。忽视客户需求不仅会导致短期的经济损失，还可能带来长期的声誉损害和客户流失。因此，理解并满足客户的具体需求是每个人必须掌握的核心技能。

总之，无论是对外部还是内部客户，都需要综合考虑沟通、服务质量、个性化需求、团队合作和个人持续发展等多个方面，以最大化地为客户创造增值。

（3）通过专注客户价值实现自我价值

专注于客户价值的追求不仅是公司成功的关键，也是实现个人价值的重要途径。通过识别并满足客户需求，个人不仅在职业生涯中取得显著成就，同时也在更广泛的层面上实现了自身的需求，包括生理、安全、归属感、尊重和自我实现。

当我们在工作中专注于客户价值，即致力于理解和满足客户的需求和期望时，我们实际上是在建立一个稳定和可预测的职业环境。这种环境有助于满足我们的基本生理需求和安全需求，例如稳定的收入和职业安全感。作为精益培训咨询师，我通过帮助客户优化他们的业务流程，这不仅提升了客户的效率，也确保了自己的职业稳定性和收入来源。

在满足这些基本需求的基础上，专注客户价值的实践也促进了职场中的社会归属感。工作团队或组织中的成员通常会因共同目标——服务客户而聚集在一起。通过协作达成目标，不仅增强了团队之间的联系，也加深了个人在职业社群中的归属感。作为软件开发者，我与团队成员协作开发满足客户特定需求的定制软件，这不仅解决了客户问题，也增强了团队成员之间的协同和归属感。

当个人在职业角色中展现出对客户的关怀与承诺时，往往能获得同事和上级的尊重及认可。这种尊重是对个人专业能力和贡献的肯定，有助于满足马斯洛需求层次中的尊重需求。作为软件开发者，在工作中展现出创新思维和解决问题的能力，往往会受到同事和上级的赞赏和尊重。

专注于客户价值的实践为个人提供了自我实现的机会。自我实现是马斯洛需求层次中的最高层次，指的是实现自己的潜能和创造力。当个人在工作中不断超越客户期望，创新解决问题时，他们不仅在职业上获得满足，也在个人成长和发展上取得了进步。作为精益培训咨询师，当我在帮助一个企业彻底改变其生产流程并看到显著成果时，这不仅是职业上的成功，也是对自我价值和能力的确认和实现。

总结来说，通过专注客户价值，个人不仅能在工作中取得成功，更能在满足自我需求和追求个人成长的道路上前进。这种双重满足的过程不仅理性而且富有激情，它强调了个人价值和职业成就的内在联系，展示了在满足客户的同时，也是在不断地实现自己的价值和潜力。

6.1.2 目标引领——伟大目标拉动点滴努力

目：在古代，这个字字面意思是眼睛。古代文献中，它还常常用来指“条目”“项目”或者“事项”等。在更广泛的文学和哲学文本中，它也用来代表观点、见解或者目的中的某个特定方面。标：如前所述，“标”在古代有标杆、标记的意思，用以指示方向或衡量标准。它也常常用来代表目的、准则或模范。直到近现代，随着西方思想和科学管理方法的引入，包含具体目的和结果指向性的“目标”一词才在汉语中得到广泛应用，特别是在管理学、心理学和教育学等领域。在古代文献和文化中，相似概念可能会以不同的方式表达，反映出人们对于目的、意图和愿景的理解和追求。

目标引领强调将一个宏伟的长期目标作为个人行动的驱动力，从而使每一点小小的努力都朝向这一终极目标累积和发展。

首先，设立一个伟大目标对于激发内在动力和长远视角至关重要。这个目标通常超越了日常的小成就，它可能是事业上的一个高峰、个人发展的一个重大突破或是对社会的一项重要贡献。这样的目标不仅提供了一个清晰的方向，而且也给予个人一种使命感，使我们在面对日常挑战和困难时，能够保持动力和专注。

然而，仅仅设立一个伟大目标并不足以确保成功，关键在于如何将这一宏伟目标细化为可实现的小步骤。这就需要将大目标分解为一系列小目标和具体行动。通过这种方式，每一天的小小努力都不再是孤立的行为，而是朝着实现伟大目标的一部分。例如，对于想成为著名作家的人来说，每天坚持写作就是迈向最终目标的小步骤。

此外，这一原则还强调了持续进步和反思的重要性。在追求伟大目标的过程中，不断地自我评估和调整是必不可少的。这意味着要定期回顾自己的进展，庆祝小成就，并从失败中学习，以确保始终朝着正确的方向前进。

同时，这种方法也促使个人培养出一种成长型心态。在面对挑战和困难时，不以失败为终点，而是视其为学习和成长的机会。这种心态有助于维持动力和韧性，即使在面对逆境时也不放弃。

最后，实现伟大目标的过程也是个人价值观、兴趣和动机的深化过程。当个人的日常行动与核心信念和长期目标紧密相连时，努力将更加有意义和富有成效。

在没有明确的长远目标下，我们的工作和职业发展可能会受限。

例如，要是砍柴人每天只是机械地砍柴，没有什么目标，也不去想怎么提升技能，那工作效率肯定上不去。但是，换个角度想，如果他给自己定个目标，比如说要成为这一带最厉害的“砍柴王”，那他可能就得学习点新技术，改进砍柴方法，或者想办法扩大生意。这样一来，不仅收入能增加，生意也能越做越大。

做培训若只专注于完成每一场培训，而不考虑个人的专业发展或提升培训内容的质量，可能很快就会在市场中失去竞争力。不关注行业趋势或不更新知识库，培训可能很快就会变得过时和脱节。但如果目标是成为领域内的顶尖专家，就会不断学习新技能，更新课程内容，撰写书籍或发表演讲，从而提高自己的知名度和专业性。

软件研发如果只专注于日常编码任务，而不思考个人技能的提升或参与更具挑战性的项目，职业成长将受限。如果不学习新的编程语言或不跟进最新的技术趋势，可能无法处理更复杂的项目或在行业中保持竞争力。如果设定了成为某个专业领域例如人工智能的专家的目标，就会主动学习新技术，参与更大规模的项目，甚至可能创造自己的产品。

没有长远目标的工作可能导致职业停滞、技能落后和缺乏成就感。相比之下，设定并追求伟大目标不仅能提高个人的动力和专注，还能促进职业成长和成功。

目标引领不仅是一个行动指南，更是一种心态和生活方式。它教导我们如何将日常的小步骤与远大的目标相结合，通过持续的努力和自我提升，最终实现自己的伟大梦想。通过这种方式，每个人都可以在自己的生活和工作中创造出真正的意义和价值。

6.1.3　全维思考——把握思考 7 要素，深、广、远、精、速 5 度俱全

思：在中国古代，这个字有思念、深想的意义。它不仅用于描述对人或事物的怀念，也广泛用于表达深层次的思维活动和内心的反思。在《诗经》《周易》等古典文献中，“思”字经常出现，体现了人们对过去事件、哲学理念或道德原则的深入思考和内心

感受。考：古代的“考”主要有考察、考试和思念之意。在古文中，“考”更多关联于审查和回顾，如对过去的事件或祖先的行为进行回顾和评价。在一些文献中，“考”也与“思”相结合，用来表达对过去经验的反思和从中汲取教训的过程。随着时间的推移，尤其是在文言文向白话文过渡的过程中，“思考”一词逐渐形成并被广泛使用，以表达深入和系统地思索某事或某个问题的过程。在现代汉语中，“思考”成为了一个常用词汇，涵盖了思维、反思、考察和评估等多重含义，其使用背后反映了中国古代思维和哲学传统的深远影响。

（1）5维度

全维思考包括“深广远精速”5个维度的要求。

深度。深入探究问题的本质，不满足于表面的解释或显而易见的答案。这包括挖掘问题背后的原因、探索不同层次的解释，以及理解问题的复杂性和多面性。深度思考还涉及批判性思维，即质疑现有的假设和观点，寻找证据支持或反驳。

广度。从多个角度和视角来审视问题。这意味着考虑不同的观点、理论和方法，并对比它们的优缺点。广度思考避免了狭隘的视角，确保了对问题的全面理解。

远度。考虑问题的长期影响和更广泛的后果。这涉及对未来可能发生的情况进行预测和规划，以及考虑决策对远期目标和愿景的影响。远度思考帮助避免短视近利，促使思考者从更宏观的视角审视问题。

精度。精确和详细地理解和表述问题。这包括使用准确的术语和数据，关注细节，并确保理解和传达的信息是正确无误的。精度思考有助于提高论证的清晰度和有效性。

速度。迅速但仔细地处理信息和做出判断。这不仅意味着快速思考，还包括有效地识别关键信息、迅速适应新情况，并在压力下保持清晰的思维。速度思考对于在动态环境中做出有效决策至关重要。

对于每个思考维度，不良表现的情况时有发生，而这就是区分思考水平的高低之处。

思考的深度不足（浅尝辄止）。表现为对问题表面现象的关注，忽视了深层次的原因或潜在的影响。例如，仅看到一个问题的直接后果，而没有考虑到背后的复杂因素。

思考的广度不足（坐井观天）。体现在忽视与主题相关的不同观点、意见或方案。比如，只从一个角度分析问题，不考虑其他可能性或不同的观点。

思考的远度不足（鼠目寸光）。指的是对未来可能发生的情况缺乏预见性，不能从长远角度审视问题。例如，仅关注短期效果，而忽视长期的影响或趋势。

思考的精度不足（粗枝大叶）。表现为对细节的忽略，或者在分析和推理时缺乏准确性。例如，使用不准确的数据或过分简化复杂问题。

思考的速度不足（鹅行鸭步）。在需要快速决策的情况下，不能迅速收集信息、分析问题并做出决策。例如，在紧急情况下犹豫不决或过分拖延。

在构建和评价思考过程的质量时，深度、广度、远度、精度和速度5个维度是至关重要的考量标准。深度确保了思考能够穿透表面，深入问题的核心，不仅仅满足于显而易见的答案，而是追根溯源，探究更深层次的因果关系和内在逻辑。广度则涉及思考的范围，强调从多角度、多方面审视问题，避免狭隘的视角，确保全面性和多样性。远度关注思考的前瞻性和长远影响，鼓励考虑决策和思考的长期后果，超越即时和局部的利益。精度强调思考的准确性和细致度，关注数据的正确性、论证的严密性以及表达的清晰度。速度则涉及思考的效率，强调在保持其他4个维度质量的同时，能迅速响应和适应变化。

（2）7要素

如何实现全维思考？则要把握思考7要素，即框架、思维、逻辑、工具、经验、态度、方式。

选对思考**框架**，采用合适**思维**，保持严谨**逻辑**，利用**工具**，借助**经验和知识**，保持良好的**情绪和态度**，选用合适的**方式**。

全维思考的5度7要素如图6-3所示。

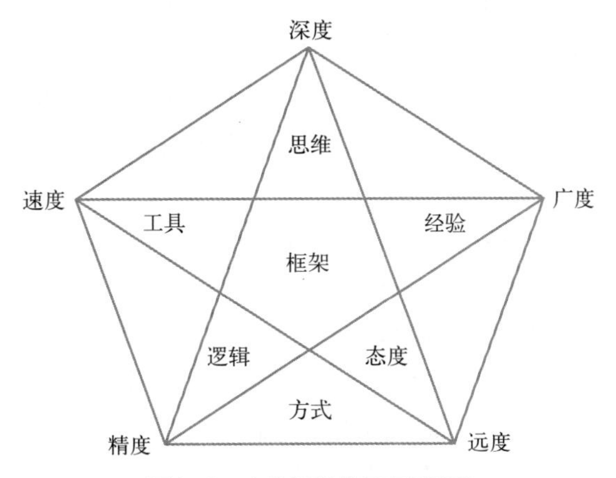

图6-3　全维思考的5度7要素

框架。是用来组织和处理信息的思维模型或概念框架。例如，SWOT分析（优势、劣势、机会、威胁分析）用于战略规划，“五力模型”用于行业分析，逻辑树用于问题解决等。这些框架可以帮助我们以结构化的方式进行思考。

工作和生活中的情景是复杂而微妙的，但是我们对各种场景的认知和思考是可以进行抽象标准化的，抽象标准化的好处是可以将思考复用，化繁为简。

将思考过程标准化的概念类比于面向对象编程中的对象和实例化。类：在这个情境中，类是指一个标准化的思考框架或模板。这个框架定义了解决问题或进行决策时应该遵循的一系列步骤和标准。例如，一个思考框架可能包括定义问题、生成假设、收集数据、分析信息和做出结论等步骤。这个思考框架就像是编程中的“类”，它定义了属性（如问题的各个方面）和方法（如分析和评估信息的逻辑）。

对象：在面向对象的思考过程中，一个对象是上述思考框架的具体实例。当你面对一个具体的问题或决策时，你会根据这个标准化的框架来构造你的思考过程。这个具体的思考过程继承了框架的所有步骤和标准，但它也具有自己的特定属性，如问题的特定细节、相关数据和特定环境因素。

实例化：实例化在这里指的是根据标准化的思考框架创建一个具体思考过程的行为。这个过程涉及将抽象的思考框架应用于具体情境的问题解决或决策过程中。通过实例化，可以将框架中定义的一般步骤和方法应用到特定问题的具体环境中，生成解决问题的具体策略和行动计划。

在思考过程的标准化中，类似地，“思考框架”（类）提供了一套标准化的思考和解决问题的方法，每次面对一个新问题时，创建的思考过程（对象）都是通过实例化这个思考框架（类）来形成的。这样不仅可以提高思考效率，还能确保解决问题的方法是全面和结构化的。通过这种方式，标准化思考框架的应用和实践，就像在软件开发中重用和应用代码一样，可以帮助提高解决问题和决策的质量和效率。

例如在个人发展的背景下，应用SWOT分析的过程可以类比于面向对象编辑中的“类”和“实例化”的概念。下面是如何将这两个概念应用于个人发展的SWOT分析的例子。

类——个人发展SWOT分析框架：这里的“类”是指个人发展SWOT分析的标准化框架。这个框架定义了进行个人评估时应遵循的一系列步骤和标准，具体包括识别个人的优势（strengths）、劣势（weaknesses）、机会（opportunities）和威胁（threats）。这个SWOT分析框架相当于一个全面的指导模板，旨在帮助个人从4个关键维度全面了解自己的当前状况和潜在发展路径。

对象——具体的个人SWOT分析实例：当一个人开始进行自我评估以制定个人发展计划时，会根据这个标准化的SWOT框架实例化一个具体的分析过程。这相当于创建了一个对象。例如，我想要晋升到更高级别的管理层，需要具体分析自己在当前工作中的优势（如团队合作和领导能力）、劣势（如缺乏某些技术技能）、面临的机会（如组织内部的管理培训项目）和威胁（如内部变化趋势、行业的自动化趋势）。

实例化——应用个人SWOT分析：实例化发生在这个人将抽象的SWOT框架应用到自己具体的职业目标和个人成长中。这包括将个人具体情况的细节填入4个SWOT部分，并根据这个框架中的指导思考如何利用优势、改善劣势、抓住机会和应对威胁。通过这个实例化的过程，个人能够根据自己的具体情况制定出一个有针对性的个人发展计划。通过这种方式，将个人发展中的SWOT分析视为面向对象编程中的“类”和“实例化”，可以帮助个人以更结构化和系统化的方法进行自我评估和规划，提高个人成长和职业发展的效率和效果。每次进行SWOT分析时，个人都在根据相同的分析框架创建一个新的“对象”，确保所有重要的个人属性和外部环境因素都被考虑到，并制定出最适合自己的发展策略。

例如，以下是个人发展和团队管理的部分思考框架（表6-2），平时可以收集思考框架并掌握，需要用的时候就进行调用。

表6-2 思考框架——个人发展和团队管理类

框架	描述
GROW模型	个人或团队的目标设定和问题解决
RACI矩阵	任务和责任分配清晰化
Tuckman团队发展模型	团队发展的各阶段
Myers-Briggs类型指标（MBTI）	个人性格类型分析

思维。这包括我们处理信息和解决问题的方法，如批判性思维、创造性思维、系统性思维等。每种思维方式都有其独特的特点和适用场景，帮助我们以不同的角度和深度进行思考。

思维在思考过程中充当着推动和创造的角色，它涉及信息的解析、想法的生成以及新解决方案的探索。思维启发我们提出问题、探索可能性以及构建新的知识和理解。它促使我们进行批判性的自我反思和创造性的探索，从而能够看到不同的视角和可能性。思维的活动不仅限于信息的逻辑处理，还包括了对信息的感知、解释和情感反应，这些都极大地丰富了我们的思考过程，使我们能够在复杂和不确定的情境中做出更加深刻和全面的理解（表6-3）。

表6-3　思维——问题分析类

思维	描述
重点少数（二八法则）	解释：大多数效果（约80%）由少数原因（约20%）产生 应用示例：我专注于改进数量占比只有20%却导致生产线80%故障的重点类型设备的维护保养，显著提升了整体效率
系统思维	解释：考虑事物之间的相互连接和相互作用 应用示例：实施新软件时，我考虑其对各部门工作流程的影响，确保整体协调
批判性思维	解释：客观分析和评估一个问题，以形成判断 应用示例：在选择新供应商时，我基于性能、成本和可靠性进行全面评估
设计思维	解释：解决复杂问题的方法，侧重于用户体验和迭代 应用示例：开发新产品时，我通过迭代原型和用户反馈来改善设计
逆向思维	解释：从结果反向思考问题 应用示例：为解决库存问题，我反向分析了库存积压的原因

逻辑。在思考过程中合理组织思想、推理和结论的过程。包括有效推理、批判性思考、问题解决、决策制定和论证建构。

逻辑是思考过程的基础，它提供了一种方法，使我们能够以有序和连贯的方式分析信息和问题。逻辑使我们能够识别关系和因果，辨别有效的论据与无效的论据，并从给定的前提推导出合理的结论。它是评估论证、制定判断并进行有效决策的关键工具。逻辑的运用确保了思考过程的清晰度和系统性，帮助我们避免了错误和偏差，从而使我们能够以更加理性和客观的方式理解世界和解决问题。常见逻辑问题案例如表6-4。

表6-4　常见逻辑问题案例

问题	案例
偷换概念	在论证中使用具有两种或多种含义的词语，从而使论证显得有效，但实际上是因为词义的变化。在讨论“效率”时，一方可能指的是生产速度的提升，而另一方可能理解为成本的降低，这导致了在不同的含义下讨论同一术语
稻草人谬误	曲解对方的论点，然后攻击这个更容易反驳的曲解版本。当你建议实施新的数字化流程以提高效率时，反对者可能会过度简化你的观点，称其为“机器将取代所有工人的工作”，这并非你的原始意图
滑坡谬误	假设一件小事发生后将导致一系列负面事件，而没有足够证据支持这种连锁反应。比如，一位员工可能会认为，引入自动化工具将导致他们的技能变得无用，最终导致失业，尽管实际上自动化往往旨在提高效率并支持员工的工作

工具。这指的是用于辅助思考的各种方法工具和实体工具，方法工具包括鱼骨图、

防错法等，需要通过学习和实践来掌握；实体工具例如计算机、网络资源、书籍、笔记本、“管我”APP，根据需求进行配备。这些工具能够帮助我们获取信息、记录想法、进行分析和组织思考。

经验。个人的经验和知识储备对思考过程也非常关键。它们为我们提供了参考点和背景信息，帮助我们更好地理解和分析新信息。经验的积累依靠时间和机会，有时候是难以复制的，稀缺宝贵的。

态度。思考不仅是一个理性的过程，我们的情绪和态度也对思考过程有着重要影响。例如，积极的态度可以激发创造力，而消极的情绪可能阻碍问题解决。

方式。指所采用的方法和样式。每个人都有自己的喜好，常见的方式包括冥想、阅读、“外脑”。

冥想：通过冥想可以减少干扰，提高集中注意力，从而提升思考质量。例如我喜欢早晨在公园跑步，不戴耳机不听音乐，专注思考。

阅读：阅读可以扩展知识和视野，为思考提供新的素材。

“外脑”：与他人的交流和合作也是思考过程的重要部分。通过讨论、反馈和协作，我们可以获得新的观点，加深理解，并更好地形成全面的思考。

思考的7个要素涵盖了思考的各个方面，具有不同的侧重点，根据理性与感性、显性与隐性进行分类，可得表6-5。

表6-5 思考7个要素“理感显隐”矩阵

特性 / 要素 / 特性	理性：涉及逻辑、分析和客观数据	感性：涉及情感、直觉和主观体验
显性：明确、可见、易于识别的元素	**逻辑**：代表着有序和基于事实的推理过程，是理性且显性的，因为它的规则和应用是明确可见的 **框架**：提供一个明确的结构来组织和分析信息，是基于理性的决策和思考的工具，同时因其应用的结构化特点而显性（如SWOT分析） **工具**：具体的辅助设备或软件，如计算机、图表和其他分析工具，都是基于理性并且易于识别和使用的	**态度**：如开放性、乐观或团队精神，虽然是基于个人情感和倾向，却在行为和交流中明显表现出来，对思考环境和结果有直接影响
隐性：不明显、隐藏、不易观察到的元素	**经验**：尽管基于过去的学习和逻辑推理，但个人的经验往往是内化的，形成个人隐性知识库，对外不一定可见 **方式**：特指如冥想、讨论等方法，虽然它们可以是系统化和有目的的（理性），但实践中的具体应用往往更个性化、隐性，尤其是冥想这类内在的活动	**思维**：包括创造性思考、直觉或个人的反思等，这些都是深受个人情感和主观体验影响的元素。虽然它们是思考过程的核心部分，但通常是不可见的，隐藏在个体的内心深处

通过此矩阵我们能够更细致地理解每个思考要素的性质及其在思考过程中的作用，同时揭示它们如何在不同的层面上互相影响和互补。

思考的5个维度与7个要素紧密相关。框架提供了思考的结构和指导，帮助整合深度、广度、远度、精度和速度。思维驱动创新和批判，是深度和广度的来源。逻辑则是精度和深度的基础，帮助我们构建合理的论证和判断。工具和经验增强思考的各个方面，提供必要的信息和方法，有助于提高思考的速度和远度。态度和方式影响思考过程的效率和效果，良好的态度促进深入和积极的思考，适当的方式则能够提高思考的广度和精度。总之，这7个要素相互作用，共同促进一个全面、深入、有效的思考过程。

例如对于某化工企业面临的生产制造成本优化问题，以下是一个应用思考5个维度和7个要素的全面解决方案概要。

应用5个维度：

深度。深入分析生产成本构成，识别主要成本驱动因素，如原材料、能源消耗、人工、设备折旧等。深挖成本上升的根本原因，包括浪费的识别、流程瓶颈的分析，以及效率低下的环节。

广度。从多角度审视成本问题，考虑各种成本控制和优化策略。这包括改进供应链管理、采用能源效率高的技术、提升员工技能、优化生产流程等。

远度。考虑长期影响，规划可持续的成本管理措施。包括建立稳定的供应商关系、投资于自动化和信息技术、发展新产品以减少对单一市场的依赖等。

精度。在实施成本控制措施时，注重数据和细节的精确性。确保采购、生产、销售等各环节的决策基于准确的数据分析，避免决策失误。

速度。使用一套预先定义的思考模板标准（可以采用思维导图等形式，便于复用思考过程），采用先进的技术和工具，比如数据分析软件、自动化工具等，来加快数据收集、分析和报告的过程，使思考更加迅速和准确。

运用7个要素：

框架。采用成本管理框架，如成本动因框架，为成本优化提供结构化的思考模式。

思维。运用批判性思维评估成本结构和优化方案，同时利用创造性思维探索新的成本控制方法。

逻辑。通过逻辑推理确保成本优化措施的合理性和有效性，避免基于错误假设的决策。

工具。利用成本分析和管理工具，如成本管理系统、数据分析软件等，辅助成本数据的收集、分析和监控。

经验。借鉴行业内外的成功案例和经验，通过案例学习找到适合自身情况的成本控制策略。

态度。保持积极主动的态度，鼓励团队持续寻找改进和创新的机会，建立持续改进的企业文化。

方式。通过内部思考、查询资料和向行业专家进行咨询相结合。

通过综合运用这些维度和要素，可以全面提升思考水平。全维思考强调从整体出发来分析和解决问题，它要求我们考虑到各种因素及其相互之间的关系。在职业规划、问题解决、人际关系管理、精力管理和生活平衡等自我管理方面，全维思考都发挥着重要作用。通过全面地分析情况，我们能够制定出更加合理和有效的解决方案，避免仅仅停留在问题的表面。

6.1.4　量化可视——看清目标、看准现状、看见未来

可：在古代，“可”字有多重含义，包括可以、允许、应该等，是一个表示许可或可

能性的词。这个字体现了一种可能性或许可性的状态，意指某事是被允许的或是可能的。视：古代的“视”主要表示观看或审视。它不仅涉及眼睛的物理活动，也包括心理层面的注意和理解。在古代文学和哲学文本中，“视”经常用来描述观察、观看或者对事物的注视和审视。随着时间的流逝，随着语言的发展和演变，这些古代的概念和表达方式逐渐融入更现代的语境和词汇之中，“可视”这样的词汇开始被广泛应用于现代汉语，用来描述事物的可见性或情况的可观察性。

受限于生存环境及医疗发展等因素，古人的寿命比较短，现在人的平均预期寿命已经接近80岁。我们或者年度进行体检，或者因为不舒服去医院进行各种检查，对症下药。还可以每天测量血压，根据测量表现安排治疗、运动，逐步恢复健康。自我的健康这么重要且要求严格的领域可以通过量化指标来进行管理，自我的其他方面也可以这样来管理。

自我管理的方法包括定性和定量。定性的方法侧重于非数值化的管理技巧和心理态度的调整，而定量的方法则侧重于通过具体的数字和数据来进行自我管理和进步的跟踪。将万丈雄心、豪言壮语落实于具体的数字，过程中就盯着数字的状态（正常还是异常）和趋势（变好还是变差），分析变动原因，制定调整措施，如此这般持续不断。

定性和定量在目标设定、进度追踪、成效评估、调整策略、动机与激励以及适用场景上的不同侧重点见表6-6。实际上，很多情况下结合使用这两种方法会更加有效，因为它们可以相互补充，提供更全面的自我管理框架。

表6-6 定性方法和定量方法的对比

方面	定性方法	定量方法
目标设定	基于个人的兴趣、价值观和情感来设定目标	通过具体、可量化的目标来设定，如每天阅读30分钟
进度追踪	通过日记、心情追踪或反思来记录进展，侧重于感受和体验的变化	使用数字或数据（如完成任务的数量、学习的小时数）来追踪进度
成效评估	通过个人的感受和满足度来评估成效，更加主观	通过具体的成果和结果（如测试分数、项目完成率）来评估成效，客观
调整策略	依据个人的感觉和经验来调整方法和策略，较为灵活	基于数据分析来调整策略，如通过统计结果找出效率低下的原因
动机与激励	通过内在动机，如成就感、满足感来激励自己	通过外在动机，如奖励系统、目标达成的可视化来激励自己
适用场景	更适合于个人成长、情绪管理等主观感受较为重要的领域	更适合于学习、工作等需要明确成果和效率评估的领域

例如：如何提高每一天的产出？（表6-7）

表6-7 如何提高每一天的产出——定性方法和定量方法

问题	定性要求	定量指标	定性要求	定量指标
如何提高每一天的产出？	要有一定时间的投入	开工率		日工作时间
	单位时间的产出要高	负荷率	过程要专注	日番茄钟时间
			过程要高效	日纪律遵守率
			结果要完成	日目标完成率
	错误要少	质量合格率		日错误次数

有了指标，我们就可以开始全面质量管理循环（PDCA）的过程。

· 今天的指标比昨天好吗？

· 结果不好，什么原因？如何纠正？结果好，怎么好的？如何固化？

而管理的要求也会围绕量化指标的表现来展开。

量化可视是将抽象的目标和进展转化为具体、可度量的数据，再通过可视化手段呈现这些数据。首先是量化，即将目标、行为或成果转换为可以度量和比较的数据。例如，如果目标是提高工作效率，可以通过跟踪每日完成的任务数量或每个任务的完成时间来量化这一目标。随后的可视化步骤，是将这些数据以图表、图形等形式直观展现出来。这种可视化有助于更清晰地理解数据，从而做出更合理的决策。

可视化的3种状态可形象地用图6-4来表示。

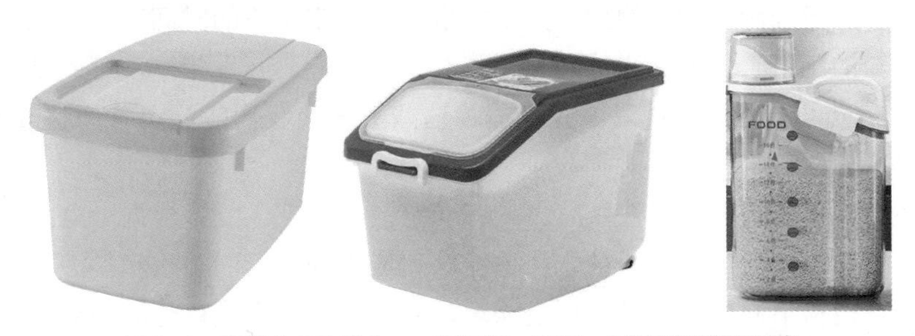

图6-4　可视化3种状态——不可视、可视、可视并可判断异常

1个米桶不透明，不知道有多少米；1个米桶透明没有刻度，知道有多少米；
1个米桶透明有刻度，到了一定刻度就清楚地知道需要提前买米了

在自我精益管理中，首先需要明确目标。这意味着需要知道自己想要达到的具体成果是什么。量化可视化在这里发挥着重要作用，它帮助将抽象的目标转换为具体可衡量的指标。例如，若目标是学习一门新语言，具体的量化目标可能是每天学习1小时或每周掌握一定数量的新单词。

量化可视化同样适用于当前状态的评估。这要求诚实地分析个人的能力、资源和限制因素。通过量化个人当前的行为和成果，可以更准确地了解自己的实际表现。例如，通过记录每日实际的学习时间和完成的学习任务，可以清楚地了解自己在实现目标方面的现状。

量化可视化还有助于预测和规划未来。通过对历史数据的分析，可以预见到可能遇到的挑战和机会，并据此制定应对策略。例如，发现特定时间段内学习效率较低，可以针对这一时段制定特定策略以提高效率。

量化可视有高下，高质量的量化可视化通常包括以下5个方面：

可追踪性。选择的量化指标应该容易追踪，这意味着能够定期收集相关数据，以便监控进度和趋势。量化指标的设计要能够长期持续提供有意义的数据，以支持持续的改进和决策。例如在我的精益咨询实践中，我推荐并实施了总体设备效率（OEE）的跟踪系统，用于量化生产装置的有效性。OEE指标综合了设备的可用性、性能效率和质量表现，这些数据通过自动化系统实时收集并显示在数据仪表板上，非常便于追踪。通过这种方法，我们不仅可以持续监控设备的运行状况，还能精确识别生产中的效率损失点，

并及时调整以优化生产流程和提高生产效率。

易懂性。量化可视化应确保信息的呈现方式是可理解和可接受的，不仅限于特定技术或数据分析背景的个人。这意味着无论他们的背景或经验如何，使用易于理解的图表和解释都可以确保个人能从数据中获得价值。例如在向非技术背景的客户展示软件项目进展时，我倾向于使用甘特图，因为它通过时间线清晰地展示了项目的各个阶段及其完成状态。这种图表使客户能够轻松理解项目的当前状态和未来计划，即使他们没有项目管理的经验。

可操作性。量化的数据应当是可操作的，意味着基于这些数据的洞察，个人能够采取具体的行动来改进或调整自己的行为和策略。这要求量化指标不仅仅是衡量结果，也要能够指导行动。在软件开发的项目中，我密切监控从需求分析到代码部署的每个阶段的时间消耗和质量控制指标。例如，如果发现代码复审阶段的时间异常增长，这通常是代码质量问题的预警。基于这样的观察，我会调整我们的开发策略，可能是增加对开发人员的培训，也可能是改进代码审查流程。这些数据使我们能够实时调整方法和流程，确保项目按时按质完成。

灵活性。高质量的量化可视化应当具有一定的灵活性，能够根据个人的进步和目标的变化进行调整。灵活性确保了量化体系能够适应不同阶段的需求和挑战，保持其相关性和有效性。根据不同软件项目的特定需求，我开发了一套模块化的跟踪系统，允许用户根据项目的特点选择不同的数据收集和报告方式。例如，对于快速迭代的项目，我们可能会选择更频繁的数据更新和更动态的监控方式，以保持项目管理的灵活性和响应性。

综合性。量化指标应当能够综合反映个人的多方面表现，而不仅仅聚焦于单一方面。这意味着结合使用不同类型的指标，例如同时测量输入指标（如努力的时间和资源）和输出指标（如完成的任务和达成的目标），来全面评估和促进个人成长和效率。在评估软件开发团队的绩效时，我不仅关注代码产出（如每日提交量），还同时考虑代码质量（如bug率和代码复用率）。这种综合性指标帮助我们全面理解团队的工作效能和质量，促进了团队在多个维度上的平衡发展。

这些标准要求旨在确保量化可视化方法，不仅提供实用和相关的数据，而且促进个人对自己行为和成果的深入理解，支持持续改进和发展。

另外，量化可视化缺失也会导致各种各样的问题。

例如，如果砍柴人不采用量化可视化的方法，他可能就没有一个明确的目标，不知道每天砍多少木柴。这样，他无法衡量自己的工作量和效率。由于缺乏对每天砍柴数量或花费时间的记录，他无法判断自己当前的效率水平。同样，缺乏数据支持，他无法预测在特定时间内能完成多少工作，也难以制定有效的计划来提高效率。

对于做培训来说，如果不进行量化可视化，可能无法准确评估和改进自己的培训课程。没有收集和分析课程反馈的具体数据，就难以了解参与者的满意度或学习成效。这样，就无法针对性地改进教学方法或调整课程内容，也难以预见和解决潜在的教学问题。

对于研发软件而言，不采用量化可视化可能导致项目管理不善。例如，不跟踪代码的质量指标或开发进度，可能无法准确评估项目的当前状态，也难以预测项目的完成时间。这种缺乏数据驱动的管理方式可能导致项目延期、超预算或质量不佳。

总的来说，无论是砍柴、咨询培训还是研发软件，不采用量化可视化的方法都会导致效率低下、目标不明确及难以预测和应对未来的挑战。这些说明了量化可视化在各个领域中的重要性，以及它对于提高个人和团队效率、实现目标的关键作用。

综上所述，量化可视化在自我精益管理中扮演了核心角色。它不仅有助于明确目标，准确评估现状，还能为预测未来提供数据支持。通过这种方法，可以更系统和效率地管理自己，从而更有效地实现个人目标。

6.1.5 标准执行——先清楚怎样做最好，然后做对

标：原意指插在地上用来标示方位或距离的长木，比喻为标记、标志或标杆。在古代，人们使用标杆作为衡量事物的工具或者作为引导方向的标志。在文学和官方文件中，也常用来比喻事物的典范或准则。

准：原意指用来校正仪器或武器瞄准的准线，后来引申为准确、符合标准或规范的意思。在古代，尤其在军事上，准确性是极其重要的，因此“准”字也被用来形容事物的准确度或合规性。将“标”和“准”组合起来，最初是用于描述物体或行为达到一定的规范或标准，即作为一个评判的基准或模型。随着社会的发展和管理的需要，“标准”这一概念被进一步抽象和推广，不仅用于物质测量，也用于道德、法律、文化等非物质领域，成为衡量和评价各类事物的共同尺度。在古代社会的长期发展中，标准化的思想逐渐深入人心，为后世的规范化和制度化打下了基础。

标准执行或者说标准化管理意味着建立规范的流程和方法，确保任务和活动能够以一种可预测和一致的方式执行。这包括了思考的标准操作、行动的标准操作。这不仅适用于工作中的任务执行，也适用于日常生活中的各种活动，如健康习惯的养成、学习计划的执行。通过标准执行，我们能够提高效率，减少错误，确保活动的质量和效果。

标准执行有高下，高质量标准执行的通常包括以下5个方面：

清晰可执行性。个人目标和计划必须具体明确，易于理解和执行。这意味着每个行动步骤都应该清楚地描述，没有模棱两可的地方，确保自己能够按照既定计划行事。例如在制定个人学习计划时，确保每天的学习内容和时间都有明确的指南。在尝试新的健康饮食习惯时，我创建了详细的餐食计划和购物清单，使自己能够轻松理解和执行相关操作。

可量化性。标准执行的成效应该能够通过具体的指标来衡量，例如学习进度、健康指标或个人财务状态等，以便于评估计划的效果。我通过应用和工具来追踪和分析自己的运动习惯和学习时间，量化改进措施的效果，并据此进行进一步的优化。

一致性与重复性。高质量的标准执行应当能够在不同的情况下重复执行，每次都能得到相同或相近的结果。这保证了习惯和计划的稳定性和可靠性。为确保习惯的可重复性，我制定了每日的例行程序。这意味着无论是工作日还是周末，我都遵循相同的健康习惯和工作、学习时间，从而保证了个人目标的一致性。

灵活性与适应性。虽然标准执行需要一致性，但同时也应具备一定的灵活性，以适应不同的环境和特殊情况。这意味着在必要时可以进行适当的调整，而不会影响整体的效果。虽然我坚持每日的学习和健康习惯，但也意识到在特殊情况下需要适当调整，例如在旅行或特殊事件期间调整日程，同时确保关键习惯保持不变。

持续改进可能性。高质量的标准执行应该可以根据实际执行的反馈和成果进行优化和改进。这种持续改进的机制确保了个人计划和习惯随着时间的推移而不断完善，适应新的要求和挑战。例如，我经常通过自我反省和记录收集数据来识别改进机会。通过定期审查自我管理计划，发现潜在的改进点并实施必要的调整，以提高整体生活质量和效率。

在自我管理中，不遵循标准执行可能会导致多种问题。首先，如果没有一套固定的操作流程，就可能会导致效率低下。这是因为缺乏标准化操作会引起重复的工作和时间浪费。通过实行标准操作流程，可以优化工作方法，从而提高个人的工作效率。其次，缺乏标准化流程也会导致工作质量的波动。标准化操作能够确保每次执行任务时都能达到预定的质量标准。此外，不遵循明确的步骤和规范可能会使实现目标变得困难。通过标准执行，可以清晰地定义目标并确保按计划推进。这些问题揭示了在自我管理中建立和坚持标准执行的重要性。

例如，如果砍柴人没有遵循标准执行工作，比如不定期磨刀或随意选择砍伐的树木，可能会导致效率低下和资源的浪费。按照标准磨刀可以提高工作效率，而按照标准选择适当的树木可以最大化利用资源。如果做培训不遵循教学或咨询的标准执行流程，比如随意更改课程内容或不事先准备，可能会导致教学质量下降，学员收获减少，甚至影响培训师的职业信誉。做软件开发如果不遵循编码标准和标准开发流程，不进行代码复审或忽视测试，可能会导致软件质量问题，增加bug和安全隐患，从而影响最终产品的稳定性和用户满意度。这些例子说明，不遵循标准执行管理可能导致效率降低、质量波动和资源浪费。在自我精益管理中标准执行不可或缺。

6.1.6 及时反省——不浪费任何一次发现问题的机会

反：在古代汉语中，“反”有回、还的意思，比如回到原处或回想过去。它也有反思、回头看的含义，指人在经历了某些事情后，对自己过去的行为或经历进行思考和回顾。

省：在古代的用法中，“省”有检查、审视的意思。在文献中，它经常与内心的审视和外部行为的检查相关联，表达一种自我检查和自我认识的过程。

将“反”和“省”结合起来，“反思自省”的理念便深深植根于中国古代哲学和文化之中。特别是在儒家思想中，自我反思和内省被视为提升个人德性和实现自我完善的重要途径。《论语》有“吾日三省吾身”（每天三次反思自己的行为），这就是一种“反省”的实践，强调个人应不断反思自己的言行，以达到自我改进和道德提升的目的。此外，道家和佛家等其他哲学体系也有类似的反省或内省的概念。例如，在道家思想中，强调顺应自然，反省个人欲望和行为，以达到和谐平衡的生活状态；在佛教中，内观和自省是修行和觉悟的重要组成部分。综上所述，反省所代表的思想和实践是深深植根于中国古代文化中的。这一概念随着时间的流逝，在语言和文化的发展中逐渐成熟，并最终形成了现代汉语中“反省”这一词汇。

问题是改进的机会，及时反省可以抓住每一个机会。

及时反省是一种深思熟虑和诚实地评估自己行为和思想的过程。它帮助我们回顾自己的行为、思考方式和情感反应，从而提高自我认识并做出积极的改变。

工作反省。在工作结束后，花时间回顾自己的工作表现，思考哪些地方做得好，哪些地方可以改进。我们能够识别出效率低下的环节并做出调整。如：这个数字化项目上线投用的过程有哪些需要改进的地方？

学习反省。在学习一个新知识或技能后，回顾学习过程，进行反思可以帮助我们总结有效的学习策略，摒弃那些无效的方法。如：怎么能够用更少的时间学会某个技能？

生活方式反省。思考自己的生活习惯和生活方式，是否符合自己的价值观和精力目标。如：和好友们相聚连续几天喝醉很高兴，但这样对不对？

人际关系反省。定期回顾自己在人际关系中的表现，思考如何更好地处理人际关系和解决冲突，有助于我们建立更加和谐的人际网络。如：最近我和这个客户的关系维护中有哪些需要改进的地方？

情绪管理反省。当经历强烈情绪波动时，反思自己的情绪反应，思考如何更好地管理自己的情绪，有助于我们建立更加健康、更加积极的生活态度。如：我昨天批评团队成员的时候是不是情绪没有完全控制好？

反省的主要方式主要包括TOP反省法和**标准反省法**。

TOP反省法就是针对一个反省的主体（时间期间如1天、1周、1月、1年或者1个目标、工作任务等）列出最差N条和最好N条（N通常不要超过5，通常我每天N为1，每周N为3，每月和每年为5，迄今15年不间断）（表6-8）。最差的要分析原因，制定后续纠错措施；最好的也要分析原因，制定后续巩固措施。

表6-8　TOP反省法案例

期间	粒度	类型	反省内容	原因	后续行动
20××-××-××	日	不足	今天在客户会议中，我没能清晰地传达我们的方案细节	我没有充分准备会议，特别是在预期问题和解决方案方面	计划针对未来的会议进行更详细的准备，包括提前准备好预期问题的回答
20××-××-××	日	进步	今天我成功地完成了一个复杂的软件功能开发，而且提前完成了	我事先做了很多准备工作，并合理安排了开发计划	继续提前规划和准备，以保持这种高效的工作状态
20××-××-周	周	不足	这周我发现自己在跟客户沟通时有点急躁了，特别是在解释技术问题时	我没有充分考虑到客户的技术背景	我得学会调整我的沟通方式，确保对方能明白我在说什么。下周我计划先了解客户的背景知识，然后再进行沟通
20××-××-周	周	进步	这周的一个亮点是，我终于克服了公开演讲的紧张感，在周三的会议上很成功地分享了我们的项目进展，获得了领导们的肯定	我事先准备了很多，甚至还面对镜子练习了几次	以后多抓住这样的机会，继续提升自己的演讲技能

续表

期间	粒度	类型	反省内容	原因	后续行动
20××-1-月	月	不足	这个月发现自己在团队协作方面有待提高，有时候沟通不够顺畅	缺乏有效的团队沟通技巧	读两本团队建设和沟通技巧的书并将其中的方法在工作中用起来
20××-1-月	月	进步	这个月我成功地将一个旧项目迁移到了新的技术栈上	我花了额外的时间学习新技术	继续关注最新技术趋势，保持自己的技能更新
20××年	年	不足	今年自己对行业趋势的关注不够，有时候感觉跟不上变化的脚步	我没有定期预留时间来研究和学习新的行业趋势	我打算设立每周和每月的学习目标，保持对行业动态的持续关注
20××年	年	进步	今年我在工作效率上取得了显著进步，尤其是在项目管理上	我开始使用自研的自动化工具来帮助管理项目	继续迭代新的工具和方法，以进一步提高我的工作效率

标准反省法就是根据评价标准进行反省（表6-9）。例如我完成一次培训后会使用培训效果评估表请培训学员进行评估，反馈收集汇总后我会进行反省，制定行动计划，经常会使用雷达图展示在各个评估标准中哪些是优势、哪些是短板并重点调整。

表6-9　标准反省法案例

项目	标准	学员A	学员B	学员C	……	平均分	学员建议汇总	自我反省	我的行动计划
课程内容	评估课程提供的知识和信息的深度和广度是否满足学员的学习需求，以及内容的实时更新和相关性	8	7	9	……	8.0	课程应该定期更新，包含更多与当前行业趋势相关的内容，并增加实际案例分析	是否充分反映了当前的行业趋势和实际需求？是否提供了足够的实践案例？	与行业专家合作更新课程内容，定期引入新的案例研究
授课方式	考察讲师的教学方法和技巧，包括课程组织、信息传达的清晰度以及能否吸引和维持学员的注意力	9	8	8	……	8.0	采用更多互动和参与式教学方法，如小组讨论，以提高学员参与度	教学方法是否足够互动和吸引人？是否能够有效提升学员的参与和兴趣？	引入更多的小组讨论、实时投票等互动式学习方法
互动性	评价课程中提供的互动机会，如小组讨论、案例研究、实时问答等，以及这些互动对学习体验的贡献	7	6	7	……	7.0	增加更多互动环节，鼓励学员之间及与讲师之间的交流和讨论	是否提供足够的机会让学员在学习过程中进行互动和交流？	在每节课程中设计互动环节，如实时问答、小组项目
实用性	衡量课程内容在实际工作或日常生活中的应用价值，包括学员能否将所学知识和技能运用到实际问题解决中	9	8	10	……	8.8	课程内容应更侧重实用性，确保学员能将所学知识应用于实际工作场景中	课程的实用性如何？是否能够帮助学员将知识应用于实际工作中？	增设更多实践指导、操作演示和案例研究，强化课程的实用性

续表

项目	标准	学员A	学员B	学员C	……	平均分	学员建议汇总	自我反省	我的行动计划
综合满意度	反映学员对课程整体的满意程度，综合考虑以上所有维度以及其他可能影响满意度的因素	8	7	9	……	8.0	定期收集学员反馈，根据反馈调整课程内容和教学方法，提高课程灵活性	是否定期收集和反馈学员的意见，以持续改进课程？	建立定期反馈机制，根据学员反馈调整课程设计

进行反省的质量有高下，高质量反省通常包括以下5个方面：

目标导向。反省应该围绕具体的个人或职业目标进行，明确反省的目的是提升哪方面的能力或解决哪些问题。例如我定下了今年将我们的生产流程数字化的目标。在我的反省中，我专注于评估这个目标的进展，思考哪些策略有效，哪些需要调整，以确保我们能够按时高效地完成这一转型。

客观性。保持客观，不被个人偏见或情感影响。诚实地评估自己的强项和需要改进的地方。在最近一个项目中，我发现团队对新引入的数字化工具应用效果反馈不佳。我客观地分析了自己在沟通和培训上的不足，而不是归咎于团队的抗拒或工具本身的问题。

深度思考。不仅仅停留在表面问题，而是深入分析行为背后的动机、信念和思考模式。我深入思考了为什么在推行精益管理时遇到了阻力。我意识到，这不仅仅是流程的问题，更多是文化和心态的问题。我开始探索如何更有效地在组织中推广精益文化。

行动导向。反省后应产生具体的行动计划。明确如何将反省转化为实际行动，以达到进步的目的。例如在反省数字化过程中，我发现数据分析的实用性没有达到预期效果。因此，我决定实施一个新的数据管理系统，并安排培训，以提高团队的数据利用能力。

持续性和定期性。高质量的反省是一个持续的过程，而不是偶尔进行的活动。定期进行反省，以确保持续的自我提升和目标实现。 例如我每年进行一次职业生涯的反省，评估自己在推动精益和数字化方面的进展。这帮助我保持对行业动态的敏感性，并不断调整自己的策略和方法，以应对快速变化的市场环境。

不实行自我精益管理中的及时反省可能会带来诸多问题。首先，可能会错过关键的改进机会，因为没有定期评估和反思工作流程，优化和改进的可能性就被忽略了。其次，效率可能会更低，因为效率低下的工作方法延续而未得到改进。此外，缺乏持续的自我检查和改进会导致工作质量下降。在适应性方面，不及时反映市场或技术变化，缺乏灵活调整策略的能力，可能导致在快速变化的环境中处于不利地位。同时，缺少自我评估和改进过程会降低个人的动力和参与度。最后，这些因素共同作用，可能会导致整体竞争力的减弱。

例如，如果砍柴人没有定期检查和维护他的工具，他可能无法意识到斧头变钝了，这直接影响了他砍木头的效率。由于缺乏反省，他错过了发现问题并采取措施提高工作效率的机会。做咨询培训若不定期反思和评估自己的教学方法和内容，可能无法发现哪些部分最有效，哪些需要改进。这种缺乏自我评估的做法可能导致他们错过提升课程吸引力和教学效果的机会。软件开发者如果不进行代码审查和性能评估，可能错过发现潜在的编程错误或优化点的机会。这不仅影响软件质量，还可能导致在解决问题方面的重大延误。

在所有这些情况中，缺乏自我精益管理和及时反省导致了无法及时发现和解决问题的机会，这可能会导致工作效率下降、质量问题和市场竞争力减弱。因此，不断地自我检查和改进是实现持续发展和维持竞争力的关键。

6.1.7 持续改善——每次努力进步一点点

改：在中国古代，这个字表示变更、修改或改正。它可以指改变原来的状态、行为、意见等，常见于古文中与改正错误或变更旧事相关的情境。例如，在《诗经》《左传》等书中，就有很多关于改变旧有风俗、习惯或政策的记载。

善：这个字在中国古代有好、美好、优良的意思，它不仅用来形容人的道德品质，也用来描述事物的良好状态。在儒家思想中，“善”被视为人类行为的理想状态，是个人修养和社会治理的重要目标。“改善”这一概念虽未直接出现在古代文献中，但其背后的思想即变更和提升是与古代中国的文化、哲学及社会实践紧密相关的。随着时间的推移，“改善”一词在现代汉语中获得了更为广泛和具体的应用，涵盖了工作业务、生活条件、环境质量、人际关系等多个方面。

持续改善源自精益生产和持续改进的理念，其核心在于不断寻找提高个人效率和效果的方法。在自我管理中，这意味着持续审视和调整自己的行为、习惯和思维方式，以提高生产力、减少浪费和提升个人成就感。

改善是一个持续的过程，它鼓励我们不断对自己的技能、效率和生活习惯进行评估和提升。通过积极学习和实践，我们能够在职场上保持竞争力，不断提升自己的专业能力。在效率方面，通过改进工作方法和时间管理，我们能够完成更多的任务，提高工作和生活的质量。改变不良的生活习惯，如规律作息和均衡饮食，对于维护好身体和心理健康至关重要。此外，调整自己的思维模式，培养积极向上的心态，能够帮助我们更好地应对生活中的挑战和压力。最终，通过对自己的目标和计划进行定期的评估和调整，我们能够确保自己始终走在正确的道路上，朝着自己的梦想和目标前进。

持续改善缺失可能会引发一系列问题。首先，效率低下会成为显著问题，因为缺乏对工作流程和习惯的优化，导致时间和资源的浪费。此外，个人的适应性会降低，在快速变化的环境中难以应对新挑战。长期来看，不追求持续改善会导致个人技能和知识的停滞，影响职业发展和个人成长。缺少定期的目标设定和反思还可能导致目标的错失和方向的偏离。忽视个人健康和福祉会降低生活质量，引发健康问题和工作生活失衡。同时，缺乏持续改善的习惯会减弱个人在面对困难和挑战时的抵抗力和应变能力。最后，创新能力也可能因为缺少持续学习和自我调整的动力而减弱，难以产生新的思想和解决方案。

例如，要是砍柴人不把斧头磨利，他就会发现砍起柴来越来越费劲，做同样多的活儿得花更多力气和时间。如果他对学习新的砍柴技巧或者尝试新工具不感兴趣，那他可能就会被行业里其他人甩在后面。做咨询培训不持续更新知识和技能，可能导致培训内容过时，不再符合市场需求，影响其职业竞争力和客户满意度，缺乏对教学方法的持续改进，可能导致教学效果不佳，难以吸引和保留客户。如果不进行自我反思和接受客户反馈，就难以识别和改正教学中的问题，会限制个人成长和职业发展。做软件开发不追求新技术和编程语言的学习，可能导致开发者在技术进步面前变得过时，无法应对新的项目需求。如果不持续优化代码和工作流程，可能导致编程效率低下，错误增多，影响项目进度和质量。忽视与同行的交流和合作，可能错过学习新方法和共享最佳实践的机会，限制创新能力和解决问题的能力。不论哪行哪业不遵循持续改善的原则都会导致效率下降、竞争力减弱、职业发展受限，以及个人健康和幸福感有所损害。因此，无论何种职业，持续改善都是实现长期成功和满足的关键。持续改善不仅是提高效率和满足感的关键，也是确保个人和职业生活成功的重要因素。

7项原则之间有着密切的关系。专注价值和目标引领之间存在着密切的内在联系。通过深入了解和清晰地认识到自己真正追求的价值，我们可以设定具有引导作用的目标。这种自我认知过程使我们能够明确哪些方面对我们最为重要，进而将这些价值转化为具体且可操作的目标。随着我们设定并追求这些目标，目标本身反过来又帮助我们更加清晰地认识到自己所追求的价值，形成了一种互相促进、相辅相成的模式。

目标引领与全维思考也是紧密相关的。保持对最终目标的集中关注，同时运用全维思考，意味着我们需要考虑到实现目标所必须经过的整个过程和所有相关环节。这种从整体上审视问题的能力有助于我们更全面地理解不同部分如何相互作用，如何影响最终结果，从而帮助我们制定出更周密和高效的行动计划。

量化可视与全维思考同样存在天然的连接。通过将复杂的过程和系统量化，转化为直观的图表或模型，我们能够更为清晰地把握整个系统的运作情况，更容易地发现潜在问题和改进的机会。这些量化的数据为我们提供了一种客观的评价标准，帮助我们更准确地评估自己的表现，并基于数据做出更科学的决策。

标准执行与及时反省也有着密不可分的联系。通过建立并坚持执行一套明确的操作标准，我们确保自己的行动是稳定和高效的。与此同时，通过定期的反思和内省，我们能够发现标准执行过程中的潜在疏漏或不足，及时进行调整和优化。

持续改善和及时反省共同驱动着我们的个人发展和进步。及时反省让我们清晰地认识到自己的不足和潜在的改进领域，而改善是我们将这些认识转化为实际行动的过程。通过不断自我反思和持续改进，我们能够不断提升自己的能力和效能，更好地实现个人目标，体验到成长和超越自我的满足感。

总的来看，这7项原则彼此相辅相成，形成了一个完整的自我管理框架，帮助我们在快节奏、竞争激烈的现代社会中保持竞争力，实现持续的个人和职业发展。通过学习和实践这些原则，我们能够更有效地管理自己的时间等资源，提高工作和生活的效率，实现更高水平的成就和满足感。

6.2 自我精益10个核心工具

自我精益10个核心工具——浪报树问指、效标单检志［10大浪费、A3报告、树图、5个为什么、数字化指标、总效率（OPE）、标准操作规程（SOP）、可视清单、检查表、行思日志］是从使用的频次、重要性方面综合评估最核心的工具。前6个强调问题识别和分析，后4个关注执行、监控和反思。

10大浪费：识别在个人或组织流程中可能出现的浪费类型。这是诊断和改进的起点。

A3报告：一种结构化的问题解决和持续改进的工具，具有计划管理、问题解决等多种用途。

树图：又称系统图，用于可视化流程、系统或问题的工具，有助于识别流程中的关键要素和潜在问题。

5个为什么：一种根本原因分析方法，通过反复问“为什么”来探索问题的深层原因。

数字化指标：用于衡量和追踪改进的进度和效果。

总效率（OPE）：衡量自我产出，强调输出与投入的比率。

标准操作规程（SOP）：明确和标准化流程的步骤，确保一致性和效率。

可视清单：专注于记录、查询、核对关键信息。

检查表：用于追踪纪律、习惯、任务和活动，确保重要事项得到关注和完成。

行思日志：用于记录日常活动、想法等内容。

这10个核心工具共同构成了一个全面的精益管理系统，它们相互支持和补充。例如，先识别出10大浪费，再使用A3报告、树图和5个为什么进行深入分析；标准化操作规程、可视清单和检查表有助于实现和维持改进；而数字化指标和总效率提供了衡量成功的标准；行思日志则更多地关注于个人的行动和反思，帮助持续个人成长。

核心工具支撑各个自我管理领域的水平提升。例如A3用于计划管理、改善管理；树图用于目标管理（目标分解）、知能管理（知识技能点分解）；总效率作为总体结果监控指标，用于衡量时间管理、计划管理、工作管理、知能管理、精力管理、习惯管理、纪律管理、错误管理的表现；检查表用于习惯管理、纪律管理、错误管理；标准操作规程SOP用于工作管理、沟通管理；可视清单、行思日志用于各个领域。

除了这个10个核心工具之外，还有SWOT、鱼骨图等20个重要工具在不同领域进行应用。另外自我精益也吸收借鉴了自我管理主流实践如GTD、番茄钟的思想和做法、质量管理、安全管理、供应链管理等方面的工具，以后也会继续吸收新的工具，只要有助于消除浪费、创造增值、提升能力。在本书的各个自我管理领域中会对这些工具的使用继续进行介绍。

6.2.1 10大浪费——发现机会

浪费是没有善用资源的现象。这些现象从一个角度看是浪费，但换个角度则也是机会。我在考一个全英文职业认证的时候，每天利用各种碎片时间背术语，在班车上背，在餐厅排队时背，甚至在坐电梯时也背，把这些平时浪费的碎片时间都利用上了。而在我进行自我精益管理之前，我并没有这个习惯，很多碎片时间都浪费了。

精益生产中的8大浪费是一个生产制造环境的浪费识别工具，归纳总结了8大常见的浪费类型，包括返工、生产过剩、搬运、操作动作、等待、库存、过度加工、员工创造力，制造业现场的关键要素是人、机、料、法、环、测，8大浪费是基于制造业现场的浪费类型进行归纳而得的，因为其简单易学且又能覆盖到大部分的浪费情形而广为流传。当我们把观察的对象从制造业转换到自我时，浪费类型可概括为以下10大浪费。

目标设定与决策方面：

模糊。目标或计划不明确，导致执行方向和决策基础不稳固。

错失。未能抓住机会利用现有资源或条件，错过提升自我或实现目标的机会。

滥用。不恰当或无效率的资源使用，包括时间资源、物质资源、人力资源等。

心态管理与情绪管理方面：

分心。由于外部干扰或内心杂念，无法保持专注。

焦虑。对未来结果的过度担忧和不确定性，影响决策和执行。

忽视。对重要信息或反馈的漠视，未能采取行动进行改进或调整。

工作方法与效率方面：

拖延。推迟任务的开始或完成，影响项目进度和个人效率。

过度。在任务或决策中做得超过必要的程度，浪费资源。

返工。由于初次执行不当或不符合要求，需要重新进行任务。没有做到一次就做对。

波动。工作质量和生产力的不一致性，导致输出波动。

通过这种分类，可以更清楚地识别出自我管理中存在的问题，并针对性改进。每种浪费的产生过程和应对之道各不相同，表6-10是各种浪费类型的原因和解决措施。

表6-10 10大浪费

浪费类型	原因	解决措施	可能浪费的资源	例子
模糊	目标设置不明确、规划不周全、缺乏自我了解、外部干扰	制定SMART目标（具体、可衡量、可实现、相关联、时间限定）并记录下来；定期评估和调整目标；自我反思	时间、信任、关系	在数字化项目中没有清晰的数字化战略或目标，导致项目方向不明确。对改进目标不够明确，导致团队方向混乱
错失	决策恐惧、信息不足、过度分析、缺乏自信	积极寻求学习和发展机会；培养成长思维模式；打破自我限制的信念；利用可用资源	机会、关系、时间	未能及时采纳新的数字化趋势或工具，错过提升效率的机会
滥用	缺乏预算管理、计划不周、冲动消费、效率低下	制定预算和财务计划；提高时间管理和效率；控制冲动消费；定期评估资源使用情况	健康、时间、财富、关系	在不必要的会议或低效活动上花费过多时间。在不必要的技术或软件上投资过多，导致资源浪费
分心	环境干扰、多任务处理、缺乏兴趣或动力、手机或网络干扰	创建有利于专注的环境；单一任务处理；设定专注时间；限制干扰源，如关闭手机通知	脑力、时间、关系	在多个数字项目间分散精力，而未能集中在优先级最高的项目上

续表

浪费类型	原因	解决措施	可能浪费的资源	例子
焦虑	对自我技术能力的不信任、对失败后果的过度担忧、缺乏有效的时间管理策略，以及对职业发展方向的不确定性	通过设定实际可达的短期目标建立自信，采取时间管理工具和技巧改善任务规划，参与技能提升培训增强能力感，以及进行职业规划咨询以减少对未来的不确定性焦虑	心力、时间、健康	在面临紧迫的软件开发项目截止日期时，因担心代码不够完美或无法按时完成所有功能而焦虑，影响了睡眠质量和日常工作效率
忽视	工作压力、时间管理不善、优先级设置错误	重新评估和设置个人和工作生活的优先级；定期自我反思；工作与生活平衡；增强健康意识	关系、时间、健康	在忙于工作流程改进时忽略自身健康和休息，长期可能影响效能
拖延	缺乏动力、恐惧失败、过于完美主义、任务过于庞大或不明确	设定小目标，采用分步骤方法；时间管理技巧，如番茄工作法；提高任务的具体性；自我激励和奖励机制	时间、机会、信任	推迟更新软件或系统，导致技术效率不佳
过度	没有准确识别客户价值，完美主义倾向、不确定性恐惧、过高自我要求、缺乏清晰边界	实际评估任务需求；设定明确的完成标准；不要“镀金”，学会“好就够了”；时间限制	时间、脑力、心力	过度分析数据而未能及时实施改进措施，造成决策迟缓
返工	人员技能不足、工作能力不完善	提升人员技能、优化工作流程和检查标准	时间、机会、信任	没有确认好客户需求就写报告，导致不符合客户要求而返工
波动	生产力的波动主要由于未能持续遵循最佳实践	制定并遵守标准工作流程，投资于持续学习和技能提升，以保持工作效率一致性	财富、机会、关系	作为软件开发者，发现自己有一段时间在开发新功能时的速度波动很大：有时能够迅速完成高质量的代码，有时则因各种问题延期

在生活中，这些浪费并非孤立存在，它们之间可能相互交织、相互引发，存在着复杂而细密的因果联系。模糊的目标或规划常常会导致错失重要机会，因为缺乏明确的方向使我们难以识别或追求机会。同时，这种不清晰的状态也容易让我们分心，由于没有清晰的目标，我们可能会陷入无法集中注意力的境地。此外，模糊还可能导致我们推迟任务，因为我们不确定从何处开始或如何前进。

资源的滥用是另一个常见问题，它通常会导致必须返工以修正由于不当使用资源而造成的问题，这又会浪费资源。滥用也可能引起生活或工作中的效率波动，因为资源没有得到有效利用。

分心也是一个重要问题，它经常导致我们远离主要任务和目标，进而导致我们忽视重要事项。这种忽视最终可能需要我们投入更多时间和精力来补救未完成或错误完成的任务。同时，分心还可能导致拖延，因为我们无法专注于必须完成的任务。

焦虑可以导致我们无法集中注意力，进而导致拖延。这种拖延不仅使任务堆积，还可能增加我们的焦虑，因为未完成的任务列表变得越来越长。此外，焦虑也可能使我们的决策变得模糊，进一步影响我们的效率和效果。

忽视重要事项通常会导致更多的返工，因为必须花费额外的时间和资源来解决那些未被及时关注的问题。此外，拖延常常会导致我们错过重要的机会，因为我们无法在关键时刻采取行动，也可能导致在最后一刻需要匆忙完成任务，通常这会降低工作的质量。

过度努力或资源消耗可能导致资源耗尽和健康问题，引起生活或工作的波动。这种过度行为可能是我们试图弥补之前的错误或错失的机会的结果，但这本身就可能成为一种资源浪费。而返工不仅是对时间和资源的浪费，还可能导致工作质量的不稳定，因为重复的努力可能无法始终保持高水平。最后，工作的波动可能会导致我们无法有效规划和利用资源，同时增加我们的焦虑和不确定性，因为我们无法依赖稳定的工作流程或结果。

10大浪费的关联图如图6-5所示。

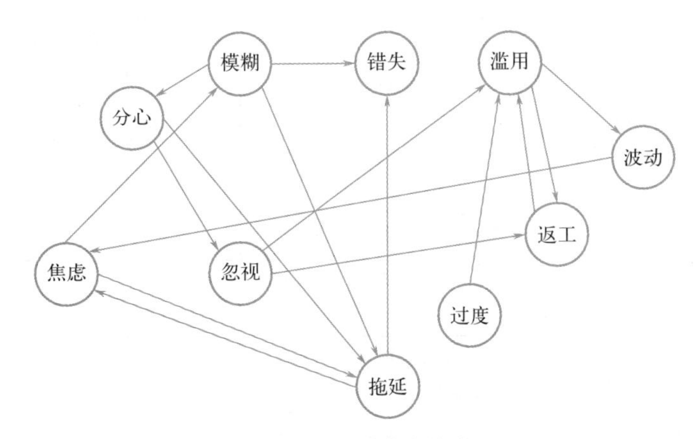

图6-5　10大浪费的关联图

消除自我的各种浪费需要个人在认知、行为和环境方面采取一系列有效的措施，包括明确目标、合理规划、提高注意力和集中力、有效应对焦虑、重视问题、克服拖延、合理管理资源、提高工作质量和稳定工作环境等。只有综合考虑和实施这些措施，才能有效地消除浪费，提高工作效率和生产力。表6-11是消除或减少了浪费的理想情况。

表6-11　消除或减少了浪费的理想情况

浪费类型	理想情况	说明
模糊	明确	目标或计划清晰、具体，易于理解和执行
错失	把握	快速做出决策并采取行动，以充分利用出现的机遇推动个人发展
滥用	节约	资源得到合理利用，无浪费，提高效率和价值
分心	专注	注意力高度集中于当前任务或目标，减少干扰，提升效率
焦虑	镇定	面对挑战和压力时保持冷静，有效管理情绪和反应
忽视	关注	对重要信息、细节和反馈给予足够重视，确保质量和效果
拖延	迅速	及时开始并完成任务，有效管理时间，避免不必要的延误
过度	适度	行为和努力与实际需求相匹配，避免过多或过少
返工	精准	一次就做对，避免重做，保证工作质量和效率
波动	稳定	保持工作和产出的一致性，避免质量和效率的大起大落

要成功地减少浪费，打破惯性思维至关重要。很多时候，某些浪费因为长时间存在而被我们忽视，或者我们认为它们是不可避免的。通过主动识别和挑战这些既定的想法，我们可以开辟新的提高效率和效果的途径。花高价买的爱车，每天使用的时间可能不超过1小时；花一晚上去健身房锻炼，可能真正出汗的时间不超过20分钟；开了一下午会，自己的增值收获写不满一张便利贴。很多事物都值得我们从浪费的角度去再思考，有了思考就会有新的改善。

此外，准备一些专门类型的浪费检查表也是一个高效的策略（表6-12）。这些检查表可以帮助我们快速识别常见的浪费点，并为每个点提供改善建议。通过定期使用这些检查表，我们可以更系统地评估自己的自我管理效率，并持续地寻找改进的机会。

表6-12 浪费检查表

浪费类型	检查内容	是否存在	浪费情况描述	改善对策
模糊	是否有不明确的目标或计划？是否因目标不清晰而导致工作方向混乱？	□		
错失	是否因犹豫不决或信息不足而失去重要机遇？ 是否错过了采用新技术或方法的机会？	□		
滥用	是否在不必要的事务上浪费时间、精力或金钱？	□		
分心	是否经常在不重要的事务上分散注意力？是否容易被环境干扰或数字设备打断？	□		
焦虑	是否经常感到不安或担忧未来会发生的事情，即使这些事情可能并不会立即发生或无法控制？	□		
忽视	是否在忙碌中忽略了个人健康或休息？是否因工作压力而忽视了生活中的重要事务？	□		
拖延	是否经常延迟开始或完成重要任务？是否因恐惧失败或完美主义而犹豫不决？	□		
过度	是否在次要的任务或细节上过度投入时间和精力？是否过度依赖数字工具而忽视直观判断？	□		
返工	是否因缺乏准备或了解不充分而需要重做任务？是否因技能不足而导致工作效率低下？	□		
波动	是否产出不稳定？	□		

总而言之，通过识别和减少各领域的浪费，我们可以更有效地利用资源，创造更多增值。这需要我们采取有针对性的行动，打破惯性思维，并利用工具和策略不断优化我们的自我管理体系。

练习：应用10大浪费识别浪费，制定改善对策（表6-13），后续采取行动消除浪费。

表6-13 浪费及改善对策

序号	浪费类型	浪费情况描述	改善对策

6.2.2 A3报告——PDCA

A3：全称为A3报告，是一种由丰田公司开创的方法，通常用图形把问题、分析、改正措施以及执行计划等内容凝练在一张A3纸上。在丰田公司A3报告已经成为一个标准方法，用来总结解决问题的方案，进行状态报告。其意义在于以简单且明确的沟通方式让所有人都能了解整个过程；通过领导和团队的讨论和帮助有助于仔细且全面分析问题，真正找到根本的解决办法。

PDCA是A3报告落地的一种绝佳形式。PDCA循环是美国质量管理专家休哈特博士首先提出的，由戴明采纳、宣传、推广普及，所以又称戴明环。全面质量管理的思想基础和方法依据就是PDCA循环。这一工作方法是质量管理的基本方法，也是企业管理各项工作的一般规律。

PDCA由英语单词Plan（计划）、Do（执行）、Check（检查）和Act（行动）的首字母组成（图6-6）。

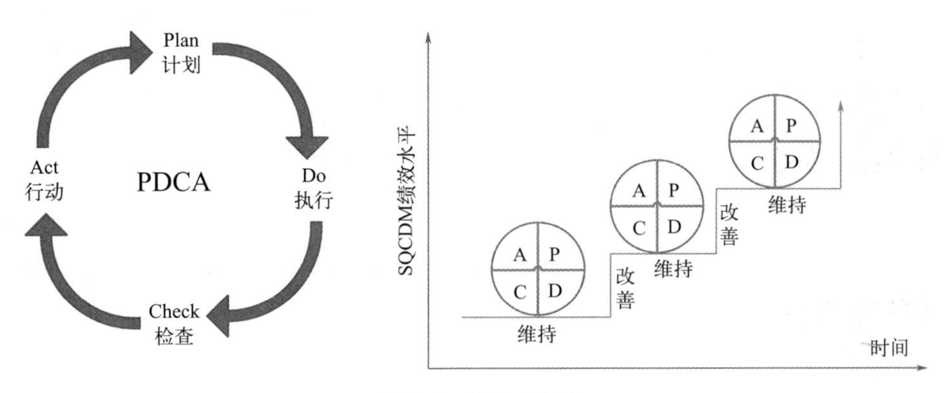

图6-6　PDCA循环

以上4个过程不是运行一次就结束，而是周而复始进行，一个循环完了，解决一些问题，未解决的问题进入下一个循环，如此这般阶梯式上升。PDCA要有效实施，关键在于充分发挥“计划（Plan）”阶段的作用。良好的计划建立在经验和数据的积累上，这是制定科学计划的基础。此外，需要投入适当资源来增强“检查（Check）”环节的质量，以客观分析并有效改进“行动（Act）”。PDCA的真正威力源自它的持续循环过程，采取小步骤快速行动，通过不断试错来持续前进。PDCA比较容易理解，但不同人做起来差异比较大，实践中每个步骤都要努力朝着卓越标准做到位，做到位了就会有实效，做不到位就会变成形式（表6-14）。

表6-14　PDCA的不同档次

维度/档次	初级（1）	基础（2）	中等（3）	良好（4）	卓越（5）
计划（Plan）	个人很少制定明确的目标或计划，计划通常是模糊的，缺乏详细性	个人能够制定一些基本目标，但计划仍然缺乏细节和实际操作步骤	个人能够制定明确的目标和计划，包括一些实际的步骤和时间安排，但可能还不够全面或适应性	个人能够制定详细、全面的计划，包括明确的目标、步骤、时间表和预备方案	个人的计划不仅详细和全面，还能够灵活调整以适应变化，同时考虑到潜在的风险和应对策略

续表

维度/档次	初级（1）	基础（2）	中等（3）	良好（4）	卓越（5）
执行（Do）	个人很少按照计划行动，常常拖延或忽略计划	个人有时按计划行动，但经常出现偏离或放弃	个人通常按照计划行动，但执行过程中可能会遇到一些困难或延误	个人能够稳定地按照计划行动，及时解决执行中的问题，并保持进度	个人不仅稳定高效地执行计划，还能够主动寻求提升效率的方法，优化执行过程
检查（Check）	个人很少回顾或评估自己的表现，缺乏自我反省	个人偶尔回顾自己的表现，但通常是表面性的，缺乏深入分析	个人定期回顾和评估自己的表现，能够识别一些问题，但可能缺乏深度或未能完全解决	个人能够深入且客观地回顾和评估自己的表现，识别问题并提出改进措施	个人不仅能深入分析自己的表现，还能够从中学习并整合反馈，持续提升自我
行动（Act）	个人很少根据反馈采取行动进行改进	个人偶尔根据反馈做出改变，但通常是小的或短期的	个人根据反馈采取行动，进行一定的改进，但改进程度可能有限	个人能够根据反馈采取明确的行动，实现显著的改进，并能够持续维持	个人不仅根据反馈采取行动实现显著改进，还能够创新和优化策略，引导长期的成长和发展

A3报告的类型可能会根据应用场景不同而有所不同，但通常包括以下几种：

（1）问题解决报告

最常见的A3报告类型，用于识别、分析并解决特定问题（图6-7）。通常包括8个步骤：**背景、现状、问题分析、目标、改善对策和执行计划、评估结果和过程、标准固化和水平展开**。

主题：	作者：　　日期：	
①背景	④目标	
说明背景情况	设定目标	
②现状	⑤改善对策和执行计划	
对问题进行定性和定量描述	提出改善对策、制定执行计划并实施	
③问题分析	⑥评估结果和过程	⑦标准固化
通过系统化的分析找到问题根源	评估目标的完成结果和过程中的实施情况	解决方法标准化
		⑧水平展开
		成果推广

图6-7　问题解决型A3报告

① **背景。**说明改善项目开展的背景情况。这个步骤通常要回答一个问题：现在有那么多工作要做，为什么现在要做这个改善项目？背景步骤要明确改善的必要性和优先级，明确改善项目成功可以带来的价值。改善项目的来源要清晰，要来自内外部客户需求或个人的战略规划、KPI指标的分解落实，而不能来自偶然的想法。自我的时间也是宝贵，机会成本也是宝贵的，只有价值较高的项目才值得分配时间去做，可做可不做的项目可以放入项目池作为备选课题。而一旦去做，就要全力以赴去做好，努力提高项目成功率。

② **现状。**对问题进行定性和定量描述。这个步骤要确保对问题有准确、客观的认识。问题的定性要贯彻现场、现物、现实的三现主义，到"现场"去，亲眼确认"现物"，认真探究"现实"，不应依赖他人的描述。问题的定量要对量化进行说明，使问题直观化。很多情况下当问题的现状被清晰定性、有效量化，问题就解决一多了。怕就怕现状都没有搞清楚，就开始投入各种措施，一顿操作猛如虎，仔细一看原地杵。

③ **问题分析。**通过系统分析找到问题根源。这个步骤要确保按照系统分析方法，规范进行调查研究，完整收集问题相关的信息数据，熟练应用5个为什么、鱼骨图等工具追根究底地分析问题。

④ **目标。**设定符合SMART原则的目标。这个步骤要明确何时应达到怎样的水平或标准。SMART原则（具体、可衡量、可实现、相关联和时间限定）是一个经典的目标设定法则，容易理解但完全做到并不那么简单。

⑤ **改善对策和执行计划。**针对问题根源提出潜在的解决办法。在这个步骤要提出改善对策、制定执行计划并实施。改善对策和执行计划要落实为便于管理、可监控的具体步骤，要明确5W1H：

- 为什么制定该措施（Why）？
- 达到什么目标（What）？
- 在何处执行（Where）？
- 由谁负责完成（Who）？
- 什么时间完成（When）？
- 如何完成（How）？

⑥ **评估结果和过程：**评估目标的完成结果和过程中的实施情况。这个步骤包括对前面目标步骤提出的目标的回顾和对过程实施情况的回顾。目标评估要看是否完全达成目标，是否产生预期效果，有无不良影响。过程实施要看是否有需要改进的不足和需要保持的优点。

⑦ **标准固化。**新解决方法标准化。这个步骤要建立控制机制，保证持续使用新的标准化的方法、新的标准工作程序。要通过定期的监控确保新解决方法持续有效实施，确保改善成果得以保持，出现偏差要及时进行调整改善。

⑧ **水平展开。**经验推广。这个步骤要在改善项目本身完成后将具备推广性的思路、工具方法应用、措施在适用的范围进行推广。推广的范围越广，则改善项目的价值越大。

在改善管理领域中，点改善经常使用"5个为什么"等工具，A3改善各步骤使用的工具如表6-15所示。

表6-15 问题解决A3各步骤使用的工具

阶段	步骤	直方图	排列图	散点图	分层法	鱼骨图	检查表	控制图	PDPC法	箭条图	矩阵图	数据矩阵	关联图	系统图	亲和图	可视化	防错	标准操规	头脑风暴
P	现状	○	●	○	●		●	○											○
	问题分析	○		●	○	●	○	○			○		●	●	○				○
	目标				○		○												
D	改善对策和执行计划	○			○	○			●		○	○		●		○	○		○
C	评估结果和过程	○	○	○	○		○	○								○			
A	标准固化						○	○			●			○		○		○	
	水平展开				○			○										○	○

注：“●”表示经常使用，“○”表示有时使用。

（2）计划报告

用于以清晰和结构化的方式概述接下来一个时间周期（1年或1月、1周、1日）的目标、战略、重点项目、资源分配、关键绩效指标以及风险管理措施。计划报告的目的是确保所有相关方都对年度目标有清晰的理解，并且能够看到实现这些目标的具体路径。计划报告旨以结构化的方式管理和实现其一定时间周期的目标。这种报告的设计不仅仅是为了记录信息，更是作为一种促进深入思考、沟通和问题解决的手段。下面是对计划报告的各个部分进行更详细的说明。

① 绩效、差距、目标

当前状况分析。首先要详细描述当前的绩效状态。这可能包括效率等方面的关键绩效指标。要通过数据和实际的结果来说明，确保有一个清晰的基线。

差距分析。在明确了当前的绩效水平后，接下来要确定与个人的战略目标或理想绩效之间的差距。这涉及要比较当前状态与目标状态，并识别出两者之间的具体差异。差距分析有助于突出优先改进的领域。

目标设定。基于差距分析的结果，制定具体、明确、可测量、相关性强、时限明确的目标。这些目标应该直接支持个人的长期战略愿景，并且是通过努力可以实际达成的。

② 上一轮的反馈结果

经验回顾。分析上一个周期内实施的改进措施和战略活动的成果。哪些措施是成功的，哪些没有达到预期的效果，存在哪些问题和挑战，从这些经历中学到了什么？

③ 现在的调整

策略调整。根据上一周期的反馈和当前的战略需求，提出必要的调整策略。这可能包括过程改进、资源再配置或优先级的重新排序等。

④ 行动计划

实施步骤。开发一个详尽的行动计划，包括为达到目标所采取的具体步骤、完成的时间表以及所需资源等。每个行动项都应该有一个截止日期，以便跟踪进展和确保执行。

⑤ 待解决问题

障碍识别与解决方案。识别在执行行动计划过程中可能遇到的挑战、障碍或尚未解决的问题，并提出相应的解决方案或缓解措施。这有助于预先规划如何应对可能的困难，保证行动计划的顺利进行。

（3）状态报告

用于定期更新项目或任务的进展情况。它可以包括关键绩效指标、当前进度、遇到的问题及其解决方案等。

（4）提案报告

用于提出新的想法或改进措施。这种类型的报告会详细说明提案的理由、预期效果、所需资源和实施计划。

（5）标准化报告

用于记录和传达标准操作规程或流程的改进。这种类型的报告有助于确保最佳实践的一致性和复制性。

在自我管理领域，不同类型的A3报告同样发挥着独特而互补的作用，为个人提供了一个全面的自我评估、规划和执行框架。问题解决报告和提案报告在这个框架中，帮助个人从两个不同的维度促进自我改进和成长。问题解决报告专注于识别和解决个人在学习、工作或生活中遇到的具体问题，通过分析问题的原因提出具体的改善措施，帮助个人改进现状和提高效率。而提案报告则鼓励个人提出新的想法或改进策略，这些想法可能基于对个人目标的深入思考或对未来机遇的预见，重点在于通过创新和优化策略来实现个人发展和目标达成。

计划报告与状态报告为个人提供了一种执行和监控个人发展计划的方法。通过计划报告，个人可以清晰地规划自己在一定时间周期内的学习目标、发展战略、关键任务和资源分配，确保有明确的行动方向和优先级。状态报告则允许个人定期检视自己的进展情况，包括学习成果、目标达成度和任何遇到的挑战及解决方案，有助于个人及时调整策略，保持发展计划的适应性和灵活性。标准化报告在个人自我管理中的作用体现在通过记录和分享个人的最佳实践和成功经验，帮助个人形成有效的行为模式和习惯，从而在不同情境下复制成功经验，提高个人效率和效果。

总之，这些A3报告为个人提供了一个强大的自我管理工具集，通过明确的问题识别、创新的策略提案、具体的发展计划制定、进度的定期监控以及成功经验的标准化，帮助个人更有效地实现自我提升和目标达成，促进个人的持续成长和发展。每种类型的A3报告都旨在通过结构化的思考和清晰的呈现方式来解决问题和改进流程。在实际应用中，根据特定需求或情况，可能会对这些基本类型进行调整或合并。

本书在7.3计划管理和8.7改善管理中具体介绍计划A3报告和问题解决A3报告的应用。

6.2.3 树图——拆解到点

我在长期进行的精益数字化培训过程中，有机会指导了众多国内外的学员，他们在教育背景、年龄以及工作经验方面各不相同。经过观察，我注意到一些学员思维格外清晰，而另一些则相对混乱。思维清晰的学员往往在沟通交流方面更为得心应手。一个显著的区别是，他们在沟通和讨论时能更加有效地进行展开，而不会让人感到逻辑混乱。这样的洞察让我认识到，我们需要工具来帮助我们理顺思维。管理的关键在于“理”——一旦理清楚了，管就变得简单多了。

树图又称系统图，就是把要实现的目的与需要采取的措施或手段系统地展开，并绘制成图，以明确问题的重点，寻找解决问题的最佳手段或措施。包括对策展开型和构成要素型。

· 对策展开型树图（如图6-8）主要用于解决复杂问题，通过分析问题构成的不同要素及其相互之间的关系，进一步展开，以便找到最佳解决方案。

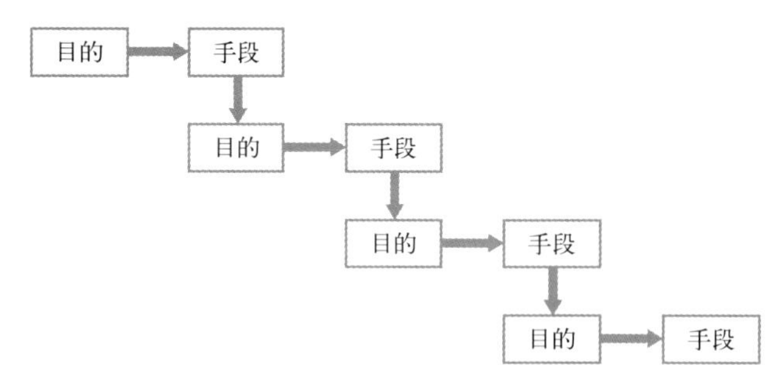

图6-8 对策展开型树图

· 构成要素型树图（图6-9）则侧重于目标的实现，通过明确设定的目标，识别出达成该目标所需的关键要素和步骤，系统地将这些要素和步骤展开，形成一张清晰的路径图。

树图适用于目标、方针、行动计划的展开以及问题分析的展开。自我精益管理各领域都广泛应用（表6-16）。

表6-16 各个领域的树图

领域	树图应用	领域	树图应用
目标管理	目标分解树	知能管理	知识点树
计划管理	计划分解树	改善管理	原因分析树
工作管理	工作内容分解树	关系管理	关系树

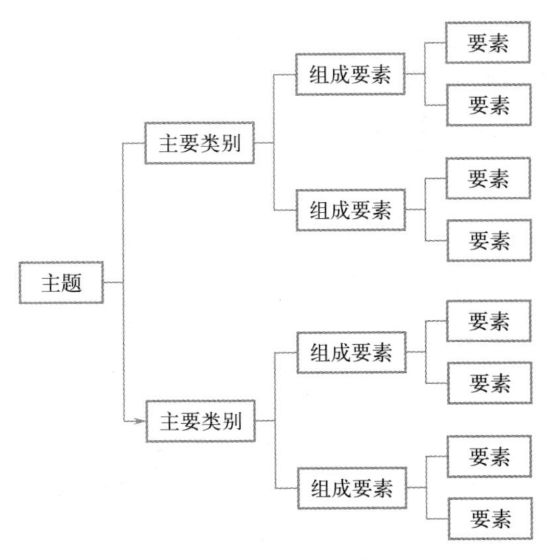

图6-9　构成要素型树图

对策展开型树图和构成要素型树图的应用步骤如表6-17。

表6-17　对策展开型和构成要素型树图的应用步骤

步骤编号	对策展开型树图应用步骤	构成要素型树图应用步骤
1	**明确问题。**首先明确你想要解决的问题或达成的目标。这是树图的出发点	**设定目标。**清晰地定义要实现的最终目标。这是构成要素型树图的核心
2	**识别要素。**确定问题或目标的构成要素。包括所有可能的影响因素、相关条件和前提	**识别关键要素。**确定实现目标所需的关键要素，包括所有必要的条件、资源、能力和对策
3	**展开对策。**系统地展开对策和手段，使每一个上级手段或对策被细分成具体的行动目的或手段	**系统展开。**详细列出每个要素下的子要素或具体手段，帮助清晰地识别出达成目标的所有步骤和方法
4	**构建树图。**绘制出树图，展示不同层级的手段和对策，确保上级目标通过下级手段得以实现	**绘制树图。**描绘目标、关键要素及具体手段的结构图，清晰显示实现目标的路径
5	**分析与评估。**对树图中的路径和手段进行可行性、成本效益分析，选择最优方案	**执行与调整。**按树图执行，实施过程中根据反馈调整手段和方法
6	**制定实施计划。**根据分析结果，规划行动步骤、责任人和时间线	**持续监控。**实施过程中持续检查进度和效果，确保按计划进行

在构建树图这一步骤，两种类型的树图都要求绘制出清晰、有层次的结构图。对策展开型树图强调的是问题解决的逻辑性和系统性，而构成要素型树图则侧重于目标实现的过程和方法。分析与评估、执行与调整步骤反映了两种树图在实施过程中的不同侧重点：对策展开型树图在于通过细致的分析和评估选择最佳的解决方案，而构成要素型树图更侧重于在实施过程中的灵活调整和适应，以确保目标能够被有效实现。制定实施计划与持续监控步骤则体现了从策略到行动的转化过程，对策展开型树图需要详细的计划和分配，以确保每一步骤都有明确的负责人和执行时间线；而构成要素型树图则需要在执行过程中不断地监控进展和调整策略，以应对可能出现的各种情况。

示例

成为精益专家的要求树图如图6-10。

成为精益专家有各方面的要求，通过树图进行拆解，后续通过具体的项目和工作，逐步达到这些要求。

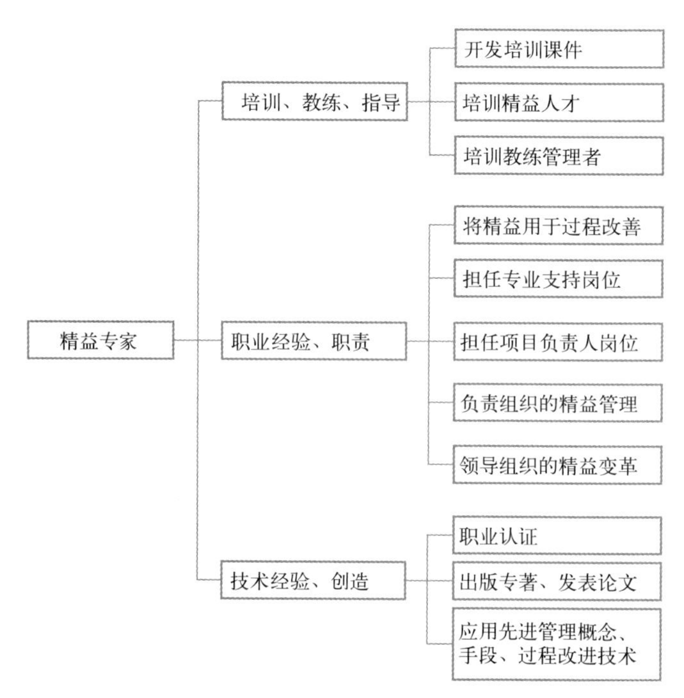

图6-10 成为精益专家的要求树图

6.2.4 5个为什么——追根究底

当我们还是孩童的时候，天性驱使我们对周围的世界充满了好奇心。像一张白纸，渴望被新知识、新观点涂上丰富的色彩。我们对每一个看似简单的现象都提出“为什么”，从太阳为何从东方升起，到人为何会感到饥饿，每一个问题都是我们探索世界的开始。这种不断询问的习惯是我们认知成长的重要推动力，它激发我们的思考，引领我们步入知识的殿堂，逐渐构建起对世界的基本理解。

然而，随着年龄的增长，这种习惯性的好奇和探索似乎渐渐被遗忘。成年后，我们往往因为日常生活的忙碌、社会角色的压力或是对已知的过分自信，而忽视了那种源于好奇心的深入思考。我们开始接受现实，少了对“为什么”深入追问的热情，也就少了从根本上理解世界的机会。这种变化不仅影响了我们对知识的追求，也在某种程度上限制了我们对生活的感知和对世界的全面理解。

重拾孩童时期的好奇心和探索欲，意味着重新点燃对世界的热情，勇于提问，勇于探索未知。这不仅可以丰富我们的知识和经验，还能增强我们解决问题的能力，拓宽我们的视野。在这个快速变化的时代，保持一颗好奇而求知的心，是我们不断学习、适应甚至引领变化的关键。因此，即便成长为成人，我们也应该努力保持那份纯真的好奇心，让它成为我们终身学习和成长的动力。

“5个为什么”就是一个简单而好用的工具（图6-11）。这是对一个问题连续追问“5个为什么”找到根本原因的问题分析方法，实际应用中不限定为5次，而是以找到问题根源为目标持续不断地追问，打破砂锅问到底。适用于根源问题分析，使用中注意要追根究底，不要满足于表面的答案，而是要找到问题的根源。

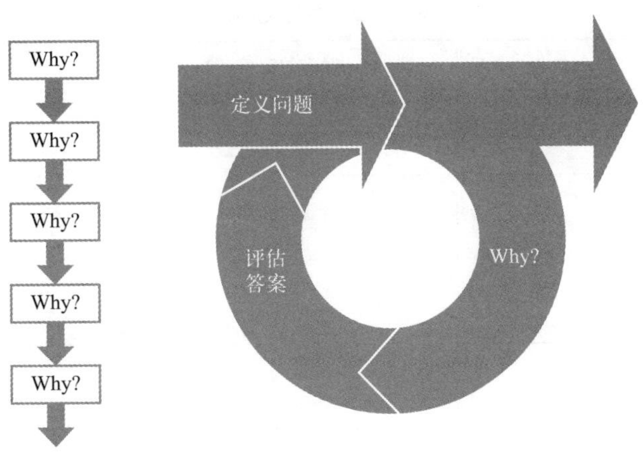

图6-11　5个为什么

示例

为什么我每天晚上都还有好多工作没有完成（表6-18）？

表6-18　5个为什么示例

为什么	对应的回答	对应的措施
➢**为什么**我每天晚上都还有好多工作没有完成？	因为我在白天结束时还有未完成的任务	明天白天多努力
➢**为什么**白天结束时还有未完成的任务？	因为我在一天中分散了太多注意力，无法专注于最重要的任务	集中注意力
➢**为什么**我会在一天中分散太多注意力？	因为我经常被各种即时消息打扰	减少即时消息
➢**为什么**我会被即时消息经常打扰？	因为我没有设定特定的时间来处理这些事务	划分特定时间处理
➢**为什么**我没有设定特定的时间来处理电子邮件和即时消息？	因为我没有有效的日程安排和时间管理方法	明确制定日程安排和时间管理方法

通过这个过程，我们发现问题的根本原因是缺乏有效的日程安排和时间管理方法，而不仅仅是日常工作量大。这样，我们就可以更精确地解决问题，例如通过设定固定时

间处理即时消息，从而提高工作效率和个人时间管理。如果我们停留在最初环节而不进行追问，那么我们就可能找不到问题的根源，就无法采取有效的措施来进行改善。如果我们没有养成多问的习惯，那么我们对于事物的认知就会浮于表面。认知不全面，对策就不会是最佳。

练习：使用5个为什么对一个自我管理领域的问题进行分析（表6-19）。

表6-19　问题及措施

为什么	对应的回答	对应的措施
➢为什么……		
➢为什么……		
➢为什么……		
➢为什么……		
➢为什么……		

6.2.5　数字化指标——量化自我

当下短视频平台是一个极具吸引力的空间，它让我能够接触到形形色色的有趣内容，同时也提供了一个平台让我进行个人宣传和互动，这真是太棒了！然而，我也意识到，如果我不加以控制，很容易就会在这些平台上花费太多的时间，影响到我的日常生活和工作。为了有效地管理我的时间，我决定设定一个具体的量化指标来控制我每天观看短视频的时间，不超过50分钟。

每次我观看短视频结束时，我会花几秒钟在手机“管我”APP上更新“日短视频时间”指标，就像买了东西结账一样，钱不容易赚，时间也很宝贵，都要算一下。我会在我的日终总结中回顾和检查，看看这个指标是否超标，如果超标了就要进行反省，想想我为什么有这个指标要求。这个方法不仅让我能够满足合理的需求，观看我喜欢的内容，同时也帮助我避免了过度沉迷于短视频。通过这样的自我管理，我发现自己能更加自律，既享受了短视频带来的乐趣，也保证了我的时间不会被过度消耗掉。

数字化指标就是这样的作用，围绕要管的事情，建立测量指标，及时更新指标，回顾指标，确保把要管的事情管好。持续下来就会建立一种清晰的界限感，明确正常还是异常，就像开车不能超速一样。

在量化自我的过程中，可能涉及不同测量尺度的指标。测量尺度，也称度量水平、度量类别，是统计学和定量研究中对不同种类的数据依据其尺度水平所划分的类别，这些尺度水平分别为定类、定序、等距、等比（表6-20）。其中定类尺度和定序尺度是定性的，而等距尺度和等比尺度是定量的。

表6-20　测量尺度

<table>
<tr><th>名称</th><th>又称</th><th>可用的逻辑与数学运算方式</th><th>举例</th><th>中间趋势的计算</th><th>离散趋势的计算</th><th>定性或定量</th></tr>
<tr><td rowspan="2">定类</td><td rowspan="2">名目、名义、类别</td><td rowspan="2">等于、不等于</td><td>二元：性别（男、女）</td><td rowspan="2">众数</td><td rowspan="2">无</td><td rowspan="2">定性</td></tr>
<tr><td>多元：年龄阶段（少年、青年、中年、老年等）</td></tr>
<tr><td rowspan="2">定序</td><td rowspan="2">次序、顺序、序列、等级</td><td>等于、不等于</td><td rowspan="2">多元：考试成绩（优、良、中、差等）</td><td rowspan="2">众数、中位数</td><td rowspan="2">分位数</td><td rowspan="2">定性</td></tr>
<tr><td>大于、小于</td></tr>
<tr><td rowspan="3">等距</td><td rowspan="3">间隔、间距、区间</td><td>等于、不等于</td><td rowspan="3">温度、年份等</td><td rowspan="3">众数、中位数、算术平均数</td><td rowspan="3">分位数、全距</td><td rowspan="3">定量</td></tr>
<tr><td>大于、小于</td></tr>
<tr><td>加、减</td></tr>
<tr><td rowspan="4">等比</td><td rowspan="4">比率、比例</td><td>等于、不等于</td><td rowspan="4">价格、高度等</td><td rowspan="4">众数、中位数、算术平均数、几何平均数、调和平均数等</td><td rowspan="4">分位数、全距、标准差、变异系数等</td><td rowspan="4">定量</td></tr>
<tr><td>大于、小于</td></tr>
<tr><td>加、减</td></tr>
<tr><td>乘、除</td></tr>
</table>

表6-20中自上而下测量尺度越来越高级，测量的精度越来越高，困难程度越来越大，数据所含的信息也越来越丰富。自我管理的量化过程中要根据测量的目的和测量的成本选择合适的方式进行量化，有了数据的积累，可以利用电子表格和APP手动或自动进行各种统计分析、数据挖掘和预测。

数字化指标的应用步骤如下：

① **识别关键领域**。首先需要深入思考并确定在个人自我管理中最需要改进的领域。这些领域可能包括目标管理、时间管理、财务管理、健康和健身、学习和个人发展等。识别这些关键领域的过程要求我们对自己的生活方式进行诚实的反思和评估，了解哪些方面是我们达到更高生活质量所必须优化的。

② **选择合适的指标**。在确定了需要改进的关键领域后，下一步是选择与这些领域相关的适当指标。不同的领域会有不同的关键指标，例如，在时间管理中，一个重要的指标可能是“工作小时数”，而在健康管理中，则可能是“每日步数”或“每周锻炼次数”。选择哪些指标取决于个人的具体情况和目标，这是一个需要通过实践摸索和个性化调整的过程。每个人会有比较大的不同。找到符合自己情况的关键指标是一个需要摸索的过程。每个人都会慢慢积累一个自我管理指标库。指标很多，可以涵盖各领域、各个层面、各个维度，关键得少且精，一般不超过10个关键指标（例如BMI指数、单位小时收入数、幸福感评分等）就能反映人生全局，从关键指标到非关键指标，是逐渐展开的过程。我的部分数字化指标示例如表6-21所示。

表6-21 我的部分数字化指标示例

管理领域|统计粒度	日	周	月	年	考核类型
目标管理	日目标完成率	周目标完成率	月目标完成率	年目标完成率	望大
工作管理	日OPE（总效率）	周OPE	月OPE		望大
工作管理	日O值（观察值）	周O值	月O值		望大
工作管理	日负荷率	周日均负荷率	月日均负荷率		望大
时间管理	日总工作小时	周总工作小时	月总工作小时		望大
时间管理	日番茄钟时间	周日均番茄钟时间	月日均番茄钟时间		望大
精力管理		周运动锻炼次数	月运动锻炼次数		望目
精力管理	日非工作上网时间	周日均非工作上网时间	月日均非工作上网时间		望目
错误管理		周错误次数	月错误次数		望小
关系管理		周高价值社交次数	月高价值社交次数		望目

注：望大是越大越好，望小是越小越好，望目是期望在一个区间范围

③ **数据收集和分析**。一旦选择了合适的指标，接下来就是收集与这些指标相关的数据，并进行分析以确定当前的表现水平。这可能涉及记录和跟踪日常活动，使用应用程序或工具来帮助收集数据。通过对数据的分析，我们可以获得对自己在特定领域表现的深入理解，识别出哪些方面需要改进。常见数据收集方法主要包括直接测量法（例如记录时间、记录血压、记录错误）和评估法（按照评估标准或经验进行评估，例如每日的精力水平评估）。

④ **设定目标**。基于对数据的分析，接下来要做的是设定符合SMART原则的改进目标。譬如每周锻炼5次。设定目标是激励自己改进的重要步骤，它为我们提供了一个明确的方向和终点。

⑤ **实施改进措施**。有了明确的目标之后，下一步是制定并实施具体的改进措施。这可能包括调整日常习惯、采用新的工作方法或者引入新的工具和资源。实施改进措施的关键是持续性和一致性，同时也需要有适当的灵活性来适应过程中可能出现的挑战和变化。

⑥ **监控和调整**。最后，重要的是要定期监控自己的进度，并根据实际情况进行必要的调整。这可能意味着重新评估目标、调整指标或改变改进措施。监控和调整是一个持续的循环过程，它确保我们能够保持在正确的轨道上，不断向我们的目标前进。

练习：请列出3个自己需要的量化指标

______________________、______________________、______________________

6.2.6 总效率——稳定高产

OEE是overall equipment effectiveness（总体设备效率）的缩写，它汇总了设备因为可用性、表现性以及质量问题所带来的损失，通过对OEE模型中各子要素的分析，我们可

以更加准确清楚地衡量设备效率，定位各项损失，从而发现机会，实施改善项目。长期使用OEE工具，企业可以轻松找到影响生产效率的瓶颈并进行改进和跟踪，达到提高生产效率，“安稳长满优”的目的。

OPE是overall personal effectiveness（总体个人效率，简称总效率）的缩写，是一个非常重要的自我管理数字化指标。OPE在自我管理中的重要性可类比于工厂中的OEE。通过量化自我的产出找出损失原因并及时纠正，保持稳定高产。在化工行业有黄金批次的概念，在批次生产的化工流程中先通过测量确认哪一批的质量、成本等指标最好，然后识别具体的操作参数和方法，最后标准固化下来。自我管理有黄金日，就是产出最高的一天。思考为什么这一天输出最高？做对了什么？要以此为标杆，努力每天都做到自己的极限值，如果我们每天的产出都能接近我们的最高水平，持续积累下来会有很大的输出价值提升，会极大减少波动的浪费。

（1）OPE指标计算

OPE的提升对于每个人都尤为关键。这涉及3个关键指标：开工率（实际工作时间与计划工作时间之比）、负荷率（实际产出与潜在产出之比）和质量合格率（合格产出与总产出之比）。

- 开工率=实际工作时间/计划工作时间，用来衡量工作时间损失带来的损失。

计划工作时间可以采用设定录入或者根据过去情况估计，实际工作时间采用录入（备选做法为估算）的方式。计划工作时间是一个生活和工作平衡点设定值（少部分生活工作完全融合的情况除外，如周游各地四处写生的画家；一部分人是部分融合，比较喜欢自己的工作；还有一部分人是完全分离，工作是工作，生活是生活，这些都有平衡点设定的问题），设置多少和行业、地域、年龄、岗位都有关系。我对自己的要求是在计划工作时间内追求极限产出，此外好好享受生活，消灭两者之间的第三种状态。

关于实际工作时间数据，默认采用实际的时间记录，但如果没有进行详细时间记录，可以退而求其次采取估算方法。

- 负荷率=实际产出/潜在产出，用来衡量工作中未达到最高效率带来的产量损失。

采用评估法。关键在于通过评估来识别趋势是改善还是恶化。保持一致的评估标准至关重要，以确保得出的结论符合实际情况。需要注意的是，不同人员之间的比较价值不大，可作为参考。OPE最重要的研究是如何在每一天都接近自己的最高水平，复现自己的标杆表现。负荷率评估标准如表6-22。

表6-22　负荷率评估标准

等级	负荷率范围	描述
极低	≤40%	极低的工作效率，远未达到潜在产出的一半
低	＞40%～60%	效率较低，有一定产出，但与潜在能力相比还有较大差距
中等	＞60%～80%	工作效率处于中等水平，产出可观，但仍有提升空间
高	＞80%～95%	高效率工作表现，接近最大潜在产出
极高	＞95%	极高的工作效率，几乎完全达到或达到了潜在产出，效率管理典范

· 质量合格率=合格产出/总产出，用来衡量因错误导致产出不合格所带来的产出。默认为1，如有质量合格率问题发生，可以根据严重情况给出相应的评估值，如0.9、0.8。

· OPE=开工率×负荷率×质量合格率。OPE损失桥如图6-12所示。某一天OPE及相关指标的计算示例如表6-23所示。

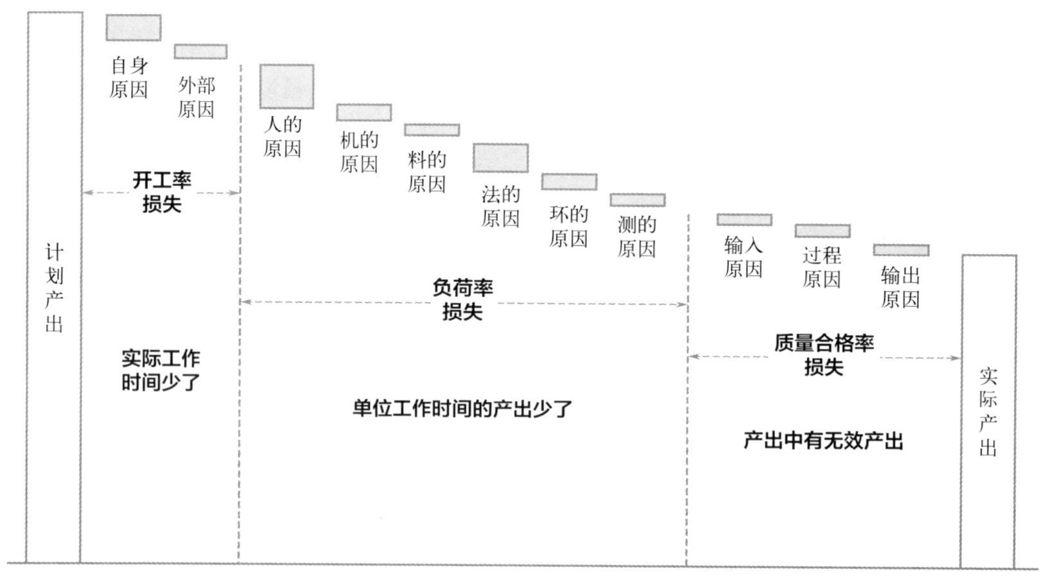

图6-12 OPE损失桥

表6-23 某一天OPE及相关指标的计算示例

名称	描述	具体值	计算过程
计划工作时间	生活和工作平衡点设定值，与行业、地域、年龄、岗位有关	8小时	N/A
实际工作时间	一天中实际的工作时间，通过时间记录录入统计（备选方式为估算）	7小时	N/A
开工率	实际工作时间占计划工作时间的比率	87.5%	开工率=实际工作时间/计划工作时间=7/8=0.875
质量合格率	评估值	100%	N/A
负荷率	根据负荷率评估标准评估	80%	N/A
OPE	总效率，取决于开工率、负荷率和质量合格率	70%	OPE=开工率×负荷率×质量合格率=0.875×0.8×1=0.7
取得O值	反映一天的产出值	5.6	取得O值=实际工时×负荷率=7×0.8=5.6
损失O值	反映一天损失的产出值	2.4	损失O值=计划工时×满负荷-（实际工时×负荷率）=8×1－5.6=2.4

取得O值反映了一天的产出值。如果波动比较大，每天累积下来。就会展现巨大的波动差异。损失O值反映了一天损失的产出值。人对损失的反应通常要强于对等量收益的反应，这一现象在行为经济学中被称为“损失厌恶”。这意味着，相对于获得的快乐，

人们对于损失的痛苦感受更加剧烈，设置这个指标可以增强资源意识。如果某一天我们没有达到计划工时和最高负荷或者有质量损失，那么这一天我们会有产出损失，这是非常可惜的，“千金散尽还复来”，而时光不可倒流。在每日A3计划中可以反省如何消除前一天的产出损失，日复一日这样的过程迄今我已进行了15年。取得O值和损失O值趋势图如图6-13。

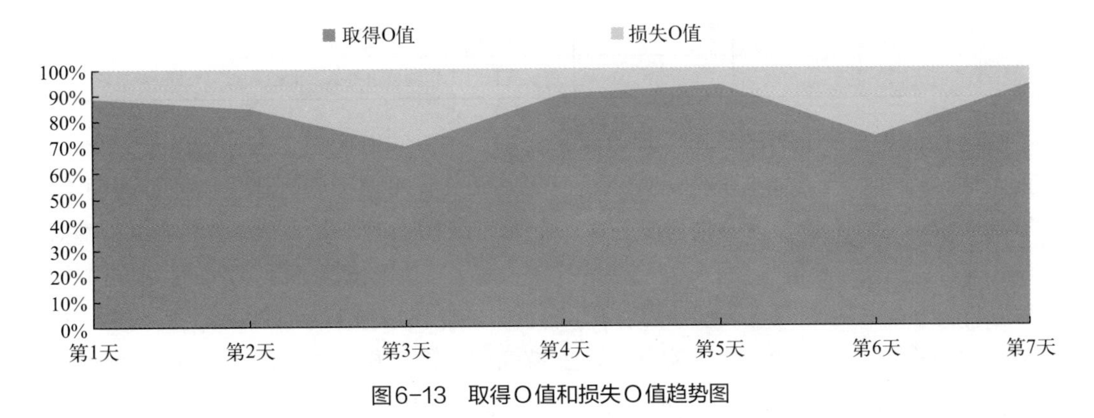

图6-13　取得O值和损失O值趋势图

（2）OPE损失分析与改进

OPE损失分析聚焦于个人开工率、负荷率和质量合格率的具体分析，通过分析常见的损失源并提出相应改进对策，以助于降低O值损失，趋近自我的最高产出水平。详见表6-24总结。

表6-24　OPE损失分析与改进

序号	设备	个人	损失原因类别	个人损失来源例	需改善的领域
开工率	实际运转时间/计划运作时间	实际工作时间/计划工作时间	自身	·身体不适请假休息 ·请假处理个人和家庭事务	精力管理 工作管理
			外部	·恶劣天气无法上班工作（例如台风） ·航班取消无法及时赶到工作地点	
负荷率	实际运转负荷/最大负荷	实际产出/潜在产出	人	·身体不适坚持工作但效率下降 ·熬夜导致第二天疲劳 ·情绪波动 ·午饭吃太撑 ·肚子比较饿	精力管理 工作管理 知能管理 习惯管理 纪律管理 关系管理
			机	·电脑故障导致使用困难	
			料	·等待工作所需的信息、材料	
			法	·工作安排不合理 ·非必要的切换工作	
			环	·工作地点的温度太高或太低 ·工作地点噪声	
			测	·缺乏工作进度监控导致拖拉	

续表

序号	设备	个人	损失原因类别	个人损失来源例	需改善的领域
质量合格率	合格产品/总产品	合格产出/总产出	输入	·未能正确理解把握客户需求 ·工作相关的模板、源信息、源数据错误	错误管理 精力管理 工作管理
			过程	·处理工作的方式错误 ·过于劳累而出错 ·没有必需的工作防错措施	
			输出	·没有对工作输出进行必要的检查	

在进行OPE损失分析改进时，注意保持平衡。这意味着应避免过分侧重于某个特定方面，例如通过加班来提高工作运作率，而忽略了其他重要因素。让我们通过两种不同的情况来说明这一点：在第一种情况中，一个人工作10小时，其负荷率保持在0.8，从而产生了8的输出值（O值）。而在第二种情况中，尽管工作时间延长到12小时，但由于负荷率下降到0.6，O值实际上降低到了7.2。这表明，仅仅增加工作时间而不保持高效的负荷率，并不会导致更高的产出。实际上，保持高效率的工作比单纯增加工作时间更为重要。这强调了保持工作与休息之间平衡的必要性，以确保最终的工作成果。不能出工不出力。

（3）OPE的应用步骤

① **OPE指标计算。**根据OPE公式计算OPE以及相关指标。通常在每日的A3计划过程中进行，如有困难可以适当放宽至每周进行一次。

② **损失分析与改进。**根据OPE和O值结果，使用“5个为什么”等方法在开工率、负荷率、质量合格率各方面有损失的地方查找原因并制定改进措施，好的地方持续保持。

练习：回顾并列出你过去一个月中个人负荷率损失的3条主要原因并制定纠正措施（表6-25）。

表6-25 原因及措施

序号	损失原因	纠正措施

6.2.7 标准操作规程——执行到位

标准操作规程又称标准作业程序，常简称为标准操规（standard operating procedure，SOP），指将某一作业的标准操作步骤和要求以统一的格式描述出来，用于指导和规范日常的工作。

标准操规3问——有没有？执行否？要改吗？

理解标准操规中的3问需要从其核心目的出发：确保工作流程的一致性、效率和持续改进。

① **是否有SOP？** 这一步涉及确认是否存在明确的指导方针或程序来规范某项工作。标准的存在对于确保任务执行的一致性和质量至关重要。做咨询培训可以遵循特定的教学方法、课程设计标准和与客户沟通的准则。但在企业中有很多时候是先有问题，再有标准化。企业的运营中任何一个环节都有可能出问题。1个非防爆的灯在检修的时候被带入了危化品罐，1个操作指令听错了，1个操作参数违规修改了，都有可能造成问题甚至事故。规模大、管理成熟、运营经验多的企业会积累这种经验，提前建立完备的SOP，覆盖重要操作和一般操作情景。对于自我管理，当我们进行反省、进行错误分析的时候，可能会发现有必要制定相关情景的SOP，例如发生了一次重要培训中设备故障导致影响培训进行的事件，进行反省就发现有必要制定培训前设备设施确认SOP。

② **SOP是否得到执行？** 仅仅制定标准并不足以确保高效的工作流程。例如交通规则的制定和颁布只是第一步，还需配合培训和教育，管理和技术手段齐抓共管才能确保在每一次都得到遵守。这一步检查这些标准是否被实际遵循和执行。未能执行标准要求可能导致原本已考虑的管理措施失效而出现问题。例如合同收款SOP的操作中没有按照要求认真执行核对发票类型的操作步骤，导致发票开错重开，进而导致付款延迟，影响资金计划。

③ **SOP是否需要修订？** 随着外部环境的变化和新信息的出现，即使是最好的标准也可能过时。因此，定期审查和更新标准是必要的，以保持其相关性和有效性。例如随着新的教学理论和技术的发展，原有的培训课程设计SOP可能需要调整，以适应新的学习环境和需求。

个人使用SOP比企业使用SOP更加灵活，数量的多少根据需要，标准执行的思想是最重要的，在各种情境中，有步骤的适用于SOP，没有步骤的适用于原则。我们不能把太多的结果归结于偶然、不小心，而是尽全力事前想清楚，文件化，然后做对。自我精益各领域常见的SOP如表6-26所示：

表6-26　自我精益各领域常见SOP

领域	SOP名称	领域	SOP名称
目标管理	制定年度个人目标SOP	工作管理	报告编写与提交规程SOP
	月度目标回顾与评估SOP		工作评估与反馈SOP
	周度目标设定与跟踪SOP	时间管理	日常时间记录与分析SOP
	日目标设定与跟踪SOP		工作时间优化策略SOP
计划管理	制定个人周计划SOP		避免时间浪费SOP
	月度个人计划流程SOP		个人时间审计与调整SOP
	紧急任务处理与调整计划SOP	精力管理	日常压力管理与缓解SOP
工作管理	日常工作任务分配与优先级设置SOP		情绪调节与控制SOP
	风险评估SOP		能量管理与恢复SOP

续表

领域	SOP名称	领域	SOP名称
精力管理	积极情绪培养流程SOP	改善管理	改善活动的评估与反馈SOP
错误管理	错误识别与报告SOP		长期改善策略的制定与执行SOP
	错误原因分析与记录SOP	关系管理	建立和维护专业网络SOP
	从错误中学习的步骤SOP		有效处理工作冲突SOP
	错误修正与跟踪SOP		建立信任与合作伙伴关系SOP
知能管理	个人知识资料整理与存储SOP		个人品牌与关系维护SOP
	专业技能更新与提升SOP	沟通管理	组织会议SOP
习惯管理	积极习惯的培养与维持SOP		邮件编制SOP
	消极习惯的识别与改变SOP		非正式交流的准则SOP
	日常习惯的跟踪与评估SOP		跨文化沟通策略SOP
	习惯性任务的优化与自动化SOP	品牌管理	品牌合作与伙伴关系建立SOP
纪律管理	个人纪律的设定与监督SOP		个人品牌定位与发展SOP
	违反纪律的自我惩罚机制SOP		社交媒体管理与内容策略SOP
	日常纪律的检查与评价SOP		公众演讲个人形象SOP
改善管理	持续改进的步骤与方法SOP		
	产出监控与改善计划SOP		

以上涉及从工作管理到沟通管理、精力管理等自我管理各领域，通过建立这些SOP可以更好地掌握个人发展和职业成长的关键要素。

SOP的应用步骤如下：

（1）识别编制需求

识别自我管理领域中需要编制的标准操作规程。

（2）编制标准操作规程

编制中尽可能地将相关操作步骤进行细化、量化和优化。可以写在本子上、录入电子表格中或“管我”APP。通过编制SOP弄清楚一个操作最优的方式是什么，先做到**“清”**——清楚所有控制要点。这个过程可以通过自身的操作实践总结，也可以通过对标学习他人的做法。

（3）按照标准操作规程进行作业

根据操作的重要性有两种方式：

① **查**：普通的操作在需要的时候查阅，做之前先熟悉一下各操作步骤的操作方法和注意事项。

② **对**：重要的操作按照每个步骤逐一进行操作并核对确认。

普通还是重要的判定根据操作总体的出错发生概率和影响大小。在操作过程中要及时自我纠正不符合操作标准要求的情况。

（4）定期修订标准操作规程，持续改进

以上做好清、查、对，就可以切实用好SOP。

例：困难应对SOP如表6-27所示。

表6-27　困难应对SOP

序号	操作步骤	操作方法	注意事项
1	识别和定义问题	明确困难的本质和细节	避免主观偏见，确保全面理解问题的各个方面
2	收集相关信息	搜集所有与问题相关的信息和数据	确保信息来源的可靠性和信息的完整性
3	分析问题	分析问题的原因和可能的影响	使用逻辑和客观的方法来分析，避免情绪化
4	寻求解决方案	根据分析结果，探索多种可能的解决方案	考虑创新和创造性的方法，同时也考虑实际的可执行性
5	决策	根据可行性、成本效益和影响，选择最佳解决方案	考虑所有利益相关者的意见和影响，做出平衡的决策
6	实施解决方案	执行选定的解决方案，并确保所有相关方都了解执行计划	监控实施过程，确保沟通畅通，及时解决执行过程中的问题
7	监控和评估	持续监控解决方案的效果，并在需要时进行调整	定期评估结果，灵活调整策略以应对变化
8	记录和学习	记录整个过程和学到的教训，为将来遇到类似问题时提供参考	保持文档的完整性，鼓励团队学习

6.2.8　可视清单——列、排、展、核

多年前在我为CPIM做准备的过程中，发现使用清单来组织和复习各种供应链和生产管理的知识点极其有效。这种方法不仅帮助我系统化地熟悉复杂的概念，还使我能够深入理解每个知识点的应用和影响。以运输方式为例，首先列出运输的5种主要方式（表6-28），然后逐一分析它们的优势和劣势，通过这种对比分析法，我能更容易地掌握每种运输方式的特点及其适用情境。

表6-28　运输的5种方式清单

序号	运输方式	优劣势特点
1	海运	作为国际贸易中最常见的运输方式，它的优势在于成本较低，尤其是对于大宗货物的运输。然而，劣势也很明显，包括速度较慢，受天气和海况的影响较大
2	空运	空运的最大优势在于速度快，适合紧急或时效性要求高的货物。然而，空运的成本相对较高，且对货物的体积和重量有较严格的限制
3	铁路	铁路运输在成本和速度之间提供了一个平衡点，尤其适合于跨大陆的大宗货物运输。其劣势包括路线固定，灵活性较低，且可能需要与其他运输方式结合使用以达到最终目的地
4	公路	公路运输提供了高度的灵活性和较好的门到门服务，特别适用于短途或国内运输。但是，它受到路况和交通状况的影响较大，且成本随距离增加而上升
5	管道	管道运输是一种特殊运输方式，它主要用于输送液体和气体。优势在于成本低，连续性强，对环境影响小；但是，管道的建设成本高，且不适用于所有类型的货物

通过这样的列举和比较，我不仅能够快速回顾每种运输方式的关键特点，还能深入理解它们在不同供应链策略中的应用和选择依据。这种方法使我在准备CPIM的过程中，对供应链管理的各个方面有了更全面和深入的理解，极大地提高了我的学习效率和效果。而当后续在工作中有人问我相关的运输方式选择问题时，我就会基于这种结构化的知识结合实际情况给出全面系统的回答。一个CPIM可能有数百个清单，各个知识领域无数个清单就构成了细化的知识树。

清单使用场景非常丰富，除了知识清单，自我精益在每个管理领域都可以使用（表6-29～表6-32）。

表6-29 各个管理领域的清单

领域	清单	领域	清单
价值管理	价值清单	精力管理	爱好清单、食物清单
目标管理	愿望清单、奖励清单、惩罚清单	知能管理	知识清单
时间管理	屏蔽清单	改善管理	难题清单

表6-30 人生愿望清单例

类别	愿望	计划奋斗时间	状态
个人成长	出版3本专著	5年	
职业发展	通过精益数字化服务赋能100家优秀企业	10年	
职业发展	拓展业务到国际市场，至少3个国家	3年	
公益目标	走遍全球推广自我精益管理学，帮助更多人提升自我	10年	
生活目标	买一套梦幻湖景别墅，和家人一起住	5年	

表6-31 自我奖罚清单

奖励清单	惩罚清单
奖励自己购物，比如买新潮电子产品	额外的锻炼，多跑个5公里
享受一次特别的美食体验，去自己喜欢的餐厅享用一顿美味	限制休闲，减少观看短视频、玩电子游戏或其他娱乐活动的时间
安排一次短途旅行，到附近的城镇或自然景点放松一下	写作反思，写反思录来记录自己的行为和改进的方法

表6-32 信息屏蔽清单例

屏蔽内容	说明
产品广告	与兴趣无关的产品广告
低价值动态信息	与个人无关的行业动态
过时技术信息	不再相关的技术新闻
娱乐杂志头条	轻浮的娱乐新闻

清单使用非常灵活，可以列举、排序、展开、核对（列、排、展、核）。

➢列举：可以录入，例如对运输方式这个知识点的认知。

➢排序：排序清单，例如我一周需要做的任务按照价值重要性排序。

➢ 展开：每个清单的内容可以根据需要展开。例如上述运输方式的内容可以继续扩充。

➢ 核对：可以按照清单进行核对，譬如出差需要带的物品东西。

此外多个清单可以聚合演化为思维导图。从点到线，从线到网，从网到体。

清单在使用中应当持续更新，以反映对相关主题更深入的认知和思考。

6.2.9　检查表——核对确认

刚开始在W公司参加工作的时候，我在质检中心工作，其中一项工作是取分析样品。在取硝酸样品的时候，要穿戴好劳保用品，走到很远的铁路去，爬上指定的火车罐车开始取样，当我用铜扳手拧开硝酸罐车的罐盖时，一股黄烟冒出来，我把取样桶放下去，按照规范要求取硝酸样品，然后取出瓶子来，清理好之后放到取样桶里，拿回分析室。每一个操作步骤都要进行检查核对，以防疏漏，其中的要求都是行业多年的经验和教训换来的。有一次我操作的时候没有确认好，不小心将少量硝酸弄到身上，幸亏按照预案及时处理，不然就很危险了。

在上面这个案例中，我就应用检查表开展检查核对工作。

检查表又称调查表、统计分析表等。以简单的数据，用容易理解的方式，制成图形或表格，必要时记上检查记号，并加以统计整理，作为即时反省和进一步分析或核对检查之用。适用于自我精益管理各领域，常用的有固定检查项的纪律检查表、习惯养成检查表，不固定检查项的错误检查表、反省检查表、时间记录检查表（表6-33）。

表6-33　各个领域的检查表

领域	检查表	领域	检查表
目标管理	目标进度检查表	纪律管理	纪律检查表
计划管理	计划进度检查表	习惯管理	习惯检查表
时间管理	时间记录检查表	工作管理	反省检查表

检查表适用步骤：

① 确定需要收集的数据，如每条自我的纪律是否执行。

② 确定采集数据的地点、频次、采集方法、数据记录表格。

③ 进行数据采集，即时反省并用于后续分析。

在使用中要注意编制的检查表必须涵盖要点，易于操作。

示例

· 咨询培训师培训前检查表如表6-34所示。

表6-34　咨询培训师培训前检查表

序号	检查项	是否准备好	备注
1	核对课程大纲与客户需求一致性	□	
2	审查所有教学材料和演示幻灯片	□	
3	检查互动环节准备情况	□	

续表

序号	检查项	是否准备好	备注
4	确认技术设备（如投影仪、麦克风）工作正常	□	
5	预习课程内容，确保熟练掌握	□	
6	准备课程相关问题和讨论话题	□	
7	检查网络连接（如进行线上培训）	□	
8	准备培训学员反馈和评估表格	□	

6.2.10 行思日志——记录人生

在我读初中和高中时，我通过写日记来练习写作，这对我的学习帮助很大，我的作文经常作为范文被老师在课堂上朗读。中断之后，我在自我精益管理中以行思日志的形式继续了这个习惯。从完整的文章到零散的记忆，从纸质载体到电子文件，从单纯记录到深入反思，形式虽变，但内容更加丰富。生活的点点滴滴都在这里得以保存，关键的决策和情感的波动都可以在此找到印记。人生就像一趟旅程，每一刻都是珍贵的回忆，很多都值得我们回味和留恋。一路走来，无论是成功还是失败，都是生命的见证。可惜的是，有些记忆我已经渐渐遗忘。为了捕捉这些瞬间，行思日志发挥了重要作用。我会定期回顾它们，而且每次回顾都会让我感受到这一习惯的深远意义。

行思日志的适用情景广泛，有8种记录，包括行、学、思、决、创、标、情、备，有效地记录了信息，并促进了深入思考。

行动记录。行动之后要及时记录关键信息。无论是在思考的过程中还是行动完成之后，都要记录下来。这样有助于更好地理解行动的效果和思考过程中的洞见。

学习记录。在学习过程中详细记录所学内容，并特别关注提炼出的关键概念和理论。这有助于加深理解并在未来需要时快速回顾。

思考记录。在思考过程中和思考结束后记录关键信息。我经常在早上跑步时进行深入思考，跑步结束后，我会立即使用手机上的“管我”APP通过语音输入法录入我的想法。

决策记录。记录每次做出决策的思考过程。工作和生活中的每一个决策都是独特且宝贵的经验。我会记录下来关键的决策过程，以便在未来遇到类似情境时参考，这样有助于提高决策的效率和效果。

创意记录。记录思考过程中出现的任何创意。有时候脑海中会突然冒出许多好点子，记录下来能够帮助将这些创意转化为具体的工作项目。每一个即使再小的点子都可能非常有价值。早上醒来的时候、夜深人静的时候、跑步结束的时候、看书思考的时候，都是我的创意迸发的时刻。

标杆记录。记录身边人的优秀做法和成功经验。学习组织内外的优秀实践，特别是在身边人成功和失败的时候，挖掘关键因素，这样可以通过标杆学习更好地理解过程中的变化。学习他人的做法，对个人成长非常有帮助。

情绪记录。记录不同情绪状态下的感受和思考。无论是积极还是消极，我都会在日常记录中详细记下我的感受和思考。这种情绪记录不仅有助于更好地了解自己，也是一种有效的情绪管理方式。人在某些时刻总会有想要倾诉的冲动，不管是对家人、朋友，还是对自己，倾诉本身往往比结果更加重要。在感到寂寞、保持积极或面对消极情绪的时刻，我都会记录下自己的思考和感受。

在孤独寂寞的时刻，我会给自己打气。

- 加油！为了××目标的实现！
- 努力奋斗，为了××目标！

在积极的时刻，我会自我鼓励，庆祝自己的成就，不管大小。

- 今天是第一次用英语无翻译独立授课。
- 今天是人生第一次有人花钱买我写的书。

在消极的时候，我也会自我打气或者想些美好的事情。

- 没关系，下次再来。
- 先分析原因，看如何去改进。
- 今天的天空这么漂亮。

备忘记录。我会随时记录备忘事项，并不定期进行回顾。对于特别重要的事情，我会加上标签，以便于后续查找和参考。备忘和任务收集的区别是任务收集是一个可以执行的有特定完成期限的。

行思日志的应用步骤如下：

① **录入记录。**如果是笔记本就将纸张分为两个部分。一部分作为记录区，一部分作为思考区（可以用笔画一下，也可以买专门的活页笔记本内页）。如果是电子表格就分为记录和思考两列，APP则直接使用。随时随地地在记录区记载各种内容的主要信息，可以使用笔纸记录，也可以使用手机、电脑进行记录，现在的输入法的语音输入都比较成熟，输入速度很快。而且我会允许记录得不完全准确，只要后续能看懂就可以，速度重于质量，不要丢失任何一丝思想的触动。

② **撰写思考。**在思考区录入与记录区内容相关的问题、关键词、思考或总结，在第一时间留存。

③ **查询复用。**在有需要的时候，翻阅笔记本或者查询复用内容，譬如在做一个决策的时候，我会通过模糊查询，看一下以前发生过的类似情况。在写作本书的过程中，我翻阅查询了过去十多年的几万条日志记录，其中合适的素材都经过整理改写，在本书的相关章节进行完善呈现。而现在每天行思日志仍在持续增加，未来部分会成为新书的素材。

行思日志的核心是培养及时思考的习惯和定期进行回顾的实践。这种方法鼓励我们在日常生活或学习中遇到新信息和观点时，立即进行深入的思考和分析。通过这样的即时反思，促进了深入思考，我们能够更好地理解和吸收这些信息，同时发现潜在的联系和含义。此外，定期回顾过去的记录和思考不仅帮助巩固记忆，还能促进个人对过去经验的深层次理解和评估。通过这一过程，行思日志不仅成为了记录日常思考的工具，也成为了一个促进个人成长和自我提升的有力手段。

“浪报树问指、效标单检志”——掌握这10个自我精益核心工具，当我们需要的时候想得到、用得对，可以让我们如虎添翼，事半功倍。

10个核心工具从PDCA方面的总结见表6-35。

表6-35 10个核心工具

阶段	工具
P	10大浪费、A3报告、树图、5个为什么、数字化指标、总效率（OPE）
D	标准操规（SOP）、可视清单
C	检查表
A	行思日志

6.3 自我精益3形式——纸、表、软

6.3.1 3种形式各有所长

自我精益可以使用纸（纸笔）、表（电子表格）和软件（“管我”APP）3种形式。纸笔犹如木剑、电子表格犹如铁剑、APP犹如宝剑，每种都可以用。对于顶尖高手，剑的差别不大；对于即将成为顶尖高手的人，宝剑更好。

3种方式的操作如表6-36，有所区别。

表6-36 纸、表、软三者的比较

项目	纸	表	软
使用方式	➢输入：手动书写信息、目标、计划 ➢处理：手动处理和整理，依赖手工操作 ➢输出：纸质文档，手绘图表	➢输入：键盘输入数据如目标、计划 ➢处理：使用公式，函数半自动化处理数据 ➢输出：电子文档、图表、报表，可以模糊查询	➢输入：键盘/触摸屏/语音输入信息，可拍照上传 ➢处理：自动化计算、提醒、协作，具有多功能性 ➢输出：电子文档、报告、图表、消息通知等，可以模糊查询
优势	➢可以定制和个性化管理工具，以适应个人需求 ➢无需电池或互联网连接，始终可用。可以增强注意力和记忆力	➢提供了结构化的数据和图表，便于分析和跟踪进度 ➢可以轻松进行数据备份	➢提供了广泛的功能，包括提醒、自动化、协作和云同步 ➢可以轻松生成报告和图表，帮助分析和改进管理效果
劣势	➢难以进行实时同步和备份，容易丢失数据 ➢不便于生成报告和分析数据 ➢难以管理大量信息和任务	➢缺乏一些高级功能，如提醒、自动化和协作 ➢对于复杂的管理需求，可能需要花费较多时间来设置电子表格	➢使用手机有可能会导致数字干扰和分心，需要谨慎使用 ➢有一定的学习曲线，可能需要时间适应应用程序界面

3种方式各有优劣。电子表格也是数字化，数字化应用是更好的数字化方式。在使用电子表格的时候，每周、每月都要做一些手工的汇总计算，这些工作从精益的角色是现阶段存在且必要的浪费，这和很多年前工厂人员手画直方图一样，但是为了自我管理的需要，这些工作我都做了。现在的数字化应用将这个过程自动化了，越来越方便智能。

总的来说，纸笔方式依赖于手动操作，更适合一些人喜欢物理书写和特定情境下的情况（例如有的工作地点和场景不允许使用手机和个人电脑）。电子表格提供了一定的数据处理和分析功能，数字化应用程序则为多种管理需求提供了全面解决方案，具备自动化和协作功能。最终的选择取决于读者的需求、偏好和技能（电子表格方式需要一定的技能）。也可以根据具体情况，混合使用不同方式以实现最佳自我管理效果。

6.3.2 “管我”APP——自我管理数字化

当今个人的健康管理已经很大程度数字化了，个人管理的其他方面也可以数字化。早期除了使用电子表格做自我管理，我也尝试过一些自我管理类的软件，不过没有太多合适的。

但是，我是数字化专家、全栈开发者，可以1个人开发MES（生产执行系统）、LIMS（实验室信息化管理系统），已经有16个软件著作权了。我的特长就是既懂管理，又懂数字化，可以跨界思考，全包交付。就比如我是一个设计师，但是我也会做泥工、木工、电工、油漆工的活，可以领导团队分工做，也可以自己动手独立完成。2017年我就利用业余时间自己开发了“管我”APP并投用，将我的自我精益管理的相关操作从电子表格切换到这个APP，每天使用，一直到现在，这些年不断地根据需要进行迭代完善。现在已经成为自我管理的外挂大脑。

这个数字化应用的特点分为以下4个方面：**领域化管理、组件化功能、整合化平台、智能化赋能**。

领域化管理——按需选用。领域化管理是个性化自我管理的基石。用户可以根据自己独特的需求和目标，灵活选择和组合不同的管理领域模块。例如，一个用户可能需要强化时间管理能力，从而选择时间管理领域模块来优化日程和提升任务执行效率；另一个用户可能更注重目标追踪，因此选择目标管理领域模块来设定、监控和调整个人职业目标。这种按需选择的灵活性使每个用户都能构建出最适合自己的管理工具组合。

组件化功能——多维关联。进一步增强了这种个性化体验。系统中的每个功能都被设计为独立的组件，如日志记录、反思和指标跟踪等。这样的设计不仅让用户能够针对特定的工单项目或任务灵活调用所需功能，而且帮助用户在不同工单项目之间有效迁移和复用工具。例如，在进行工单项目管理时，用户可以利用日志组件记录详细的活动和事件，反省组件帮助分析成功和失败的经验，而指标跟踪组件则用于监测关键绩效指标，从而确保所有活动都能够朝着设定的目标前进。组件化形成了多维的关联结构（表6-37）。例如一个工单可能包含日志、决策、反省等不同的信息，可以按照时间链进行回顾。从一段时间的角度看，期间进行的各种工单的反省都会汇集在一起，反映一段时间内总体的情况。

表6-37　主体和组件关系

领域	主体/组件	日志	反省	思考	决策	问题	风控	错误	清单	材料	工单	任务	沟通	指标
目标管理	1个目标	☑	☑	☑	☑	☑	☑	☑	☑	☑	☑	☑		☑
计划管理	1个日周月年时间段	☑	☑	☑	☑	☑		☑			☑	☑	☑	☑
工作管理	1个工单	☑	☑	☑	☑	☑	☑	☑	☑	☑	☑	☑	☑	☑
	1个任务	☑	☑	☑	☑	☑	☑	☑	☑	☑		☑	☑	☑
知能管理	1个材料	☑	☑	☑	☑	☑			☑	☑				
关系管理	1个关系人	☑	☑	☑	☑	☑	☑	☑				☑	☑	

整合化平台——中枢大脑。将所有这些模块和功能集中在一个易于使用的应用程序中，为用户提供一站式的信息查看和管理体验。这种集成解决方案不仅使得信息和数据的管理更为集中和清晰，还可以显著提高用户操作的便捷性和效率。通过整合平台，用户可以在单一界面上查看所有相关的管理信息，如日程、任务进度、目标状态以及任何需要关注的数字化指标。“管我”APP可以发挥自我管理中枢大脑的作用，和其他专业软件配合使用，互有信息的进出（图6-14）。

➢ 思维导图类软件。用于可视化思维和规划。树图、PDPC等图形可以用纸笔画、白板画，也可以用思维导图类软件画。

➢ 办公类软件。用于办公文档、图表编辑查阅。

➢ 网盘类软件。用于收集和存储资料。

➢ 社交类软件。用于分享交流、关系维护。

➢ 短视频类软件。用于分享交流、关系维护、品牌创建。

➢ 笔记类软件。用于收集和存储资料，记录思想、灵感和笔记，手绘图形。

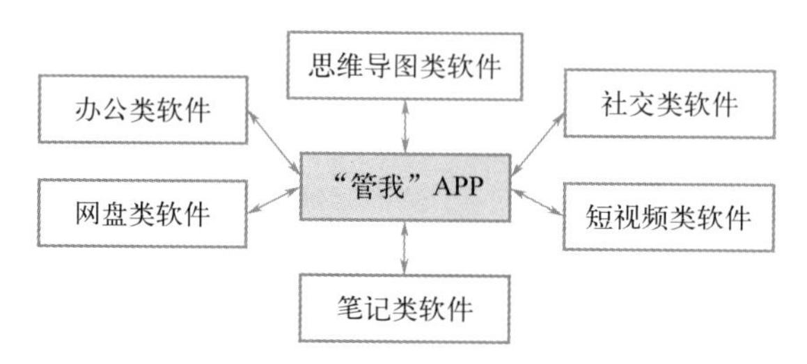

图6-14 “管我”APP和专业其他软件配合

智能化赋能——贴身教练。通过应用最新的智能算法，根据用户的行为模式和历史数据提供个性化的建议和提醒。这不仅帮助用户更有效地管理时间和资源，还能预测并提醒潜在的问题和风险（例如错误指数图），帮助用户在繁忙的日程中找到最优时间段进行工作和休息。此外，智能辅助功能还可以分析用户的管理效果，提出优化建议，使用户的自我管理策略不断进化和完善。随着人工智能技术的发展，“管我”APP也会围绕自我管理的核心需求不断吸收新技术持续迭代发展。

第7章

如何应用自我精益？
——价值创造领域的实践

自我精益管理14个领域（图7-1）覆盖了价值创造和能力提升的各个方面。每个领域都有其独特的焦点，但它们之间相互联系、相互支持，形成了一个协同增效的系统。通过在这些领域中进行自我审视和实施改进措施，个人可以在多个维度上实现成长，更好地实现自己的目标。

	战略		执行		
价值创造	价值	目标	计划	工作	增值
能力提升 内	时间	精力	错误		
能力提升 内	知能	习惯	纪律	改善	
能力提升 外	关系	沟通	品牌		

图7-1　自我精益管理14个领域

本章和第8章对每个领域进行介绍，每个领域的内容均包括：

简介：对该领域的核心概念、重要性、与其他领域的关系进行阐述。

原则：每个领域都有5个核心原则，这些原则指导个人在该领域内进行决策和行动。原则是实践该领域的基石，帮助个人在面对不确定性和变化时，能够保持一致性和目标导向。

过程：完成特定任务所需的步骤或一系列动作。在过程中会体现原则的要求。

工具：提供支持实施流程和原则的具体工具、技巧和方法，帮助个人更有效地在该领域进行实践。限于篇幅，只列出了比较常用的工具。

案例：分享我在该领域实践的案例和故事，展示在该领域内应用自我精益原则和过程后，个人如何实现显著的改进和成果，帮助大家理解这些方法。这些案例主要基于我在精益咨询培训和数字化软件开发这2项性质不同的工作中的经验。

练习：大家可以自行练习，通过实践加深理解。

每个领域都绘制了乌龟图（质量管理中常用的一种过程管理和改进工具），用于展示领域的输入、输出、如何做、如何测量、所需资源等信息。

7.1 价值管理

在一个宁静的村庄里，有个砍柴人夏师傅，他的价值观不仅驱使他提升工作效率，更重要的是，他关注于满足村里人的需求。具体来说，夏师傅的价值观可以这样描述：

➢货真价实。他深知，提供上乘木柴是他的根本职责。这不仅关乎木柴的实用性，也关乎其安全性和耐用性。

➢天天向上。他总是在寻找提升工作干法的方法，旨在减少浪费、提升效率。这种不断进步的心态，让他能够适应环境变化，更好地服务村里。

➢以客为尊。他深知顾客满意度至关重要。他通过与村民交流，了解他们的具体需求，并提供个性化的服务。

➢生意永续。在砍伐树木时，他也特别注意环境保护。因此，他采取各种措施，确保工作活动的可持续性，尽量减少对自然环境的影响。

➢诚实守信。在所有交易和沟通中，他始终坚持诚实和透明的原则。他相信，这是建立和维护长期客户关系的基石。

通过这些价值观，夏师傅不仅在村庄中树立了良好的声誉，也成为了村里不可或缺的一部分。他的故事告诉我们，个人的价值观如何影响其工作方式和与他人的互动，以及如何通过这些价值观产生积极的社会影响。

价值在不同的语境下含义有所不同，本章节的价值管理指的是自我价值观的管理。价值观是个人或组织的核心信念，指导着他们的行为和决策。它们是判断对错、好坏的基准，反映了个人的道德和伦理标准。价值观在自我管理中起着关键作用，它们影响着人们如何实现自己的使命和愿景，是一切其他管理的原点。

使命是个人或组织存在的根本原因，是他们的核心目标和动力。在自我管理中，使命是个人行动和决策的出发点，代表着个人的主要目标和生活目的。使命提供了一个明确的方向，引导个人朝着特定的目标努力。例如我的使命是化工行业精益管理和数字化管理专家、自我精益管理专家。

愿景是个人对未来理想状态的描绘，是一个长远的、理想化的目标。它是一个具体的、可望达到的目标，描述了一个人希望自己的未来是什么样子。愿景是驱动力和灵感的源泉，它激励着个人向设定的理想目标前进。例如我的愿景是成为化工行业全球最好的精益管理和数字化管理专家，推广自我精益管理，帮助更多人取得成功。

这三者之间的关系可以这样理解：使命是回答了“你是做什么的”，愿景回答了“你要做到什么程度”，而价值观则回答了“你如何做事”。 换句话说，使命定义了个人的目标和目的，愿景提供了一个清晰的未来图景，而价值观则指导了实现这一切的行为方式和决策过程。

在有效的自我管理中，这三者必须相互协调一致。使命和愿景提供方向和动力，而价值观确保在追求这些目标的过程中保持个人的道德和信念不偏离。只有当使命、愿景和价值观相互支持和增强时，个人才能有效地管理自己，实现真正的个人成长和成功。

价值管理是指明确和坚持个人或组织的核心价值观，确保所有的活动和决策都与这些价值观保持一致。通常每年进行回顾，有需要进行调整。对应的精益管理主题是客户价值。

组织的价值观：

➢W 公司：核心价值观包括“务实创新，追求卓越，客户导向，责任关怀，感恩奉献，团队致胜”。W 公司致力于技术创新，同时强调客户需求和团队合作。

个人的价值观：

➢思想家孔子：核心价值观为仁义礼智信。孔子的教导强调人与人之间的仁慈和通过礼仪维护社会和谐。

➢航天员杨利伟：持续展现出的价值观为勇敢探索。作为中国第一位太空人，杨利伟的成就体现了人类对太空探索的勇气和好奇心。

➢科学家屠呦呦：持续展现出的价值观为科学探索。作为诺贝尔奖得主，屠呦呦的工作体现了对科学研究的深刻执着。

总的来说，人的价值观还是非常多样的，随着一个人在马斯洛需求层次上的提升，他们的价值观也可能发生变化，反映出更高层次的需求和追求。个人的价值观不仅受到他们当前需求层次的影响，也会随着他们需求的满足和个人成长而发展。勤劳努力，通过砍柴让一家人吃饱穿暖和献身野生动物保护事业都是很好的价值观。

价值管理对于个人成长和自我实现至关重要。它帮助我们明确人生的方向，做出符合内心信念的决定，并在复杂多变的环境中保持稳定。

价值管理对于个体的成长和发展具有重大意义。它不仅指导我们做出正确的选择，还提升了我们的生活质量和心理健康水平。

如果价值管理做得不好，可能会出现的典型症状有：

“价值模糊症”。未能清晰界定个人价值观，常导致行为和决策方向偏离自我期望。

“价值迷失症”。在外界压力或诱惑面前丢失原有价值取向，容易导致内心冲突和人生方向的迷茫。

“价值冲突症”。个人价值与所处环境或他人价值观产生冲突时，难以做出满足各方的决策。

“价值混乱症”。难以区分哪些事情最重要，导致重要事务被忽视，常常处理次要事务。

“价值僵化症”。当环境发生了巨大变化，但个人价值没有合理的顺应调整时，导致冲突。

应对这些问题需要深入探索个人信念和价值，明确澄清，并努力将这些价值观融入日常决策和行为中。

自我管理是一个涉及多个领域的复杂过程，其中价值管理是核心部分，因为个人价值观对于其他管理领域都有重要影响，是一切的原点。每一个领域都与价值管理息息相关，因为价值观是驱动我们行为和决策的基础。通过理解这些关系，我们可以更好地进行自我管理，从而实现个人目标。

价值管理总图如图 7-2。

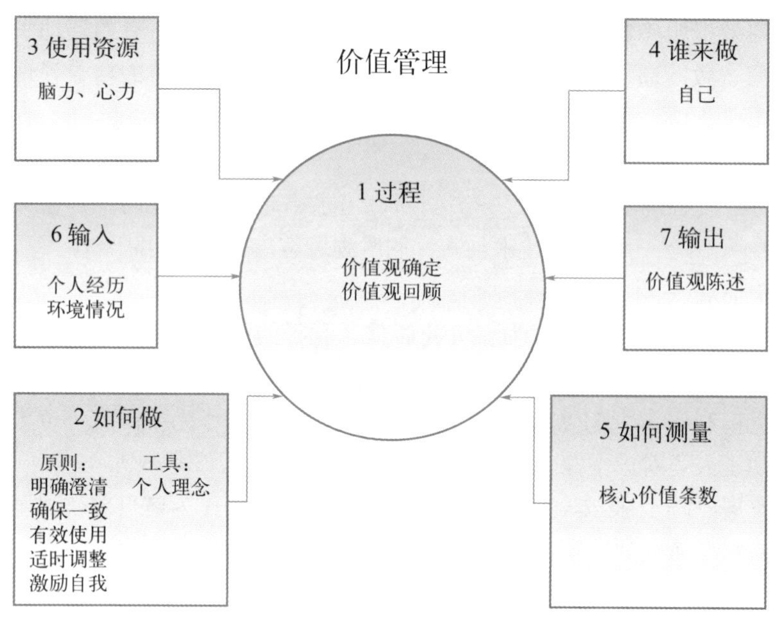

图7-2 价值管理总图

7.1.1 原则：明确澄清、确保一致、有效使用、适时调整、激励自我

价值管理蕴含着5个原则：明确澄清、确保一致、有效使用、适时调整和激励自我。首先，通过明确澄清，定义并记录下自己的核心价值观；其次，确保一致性，使自己的日常行动和决策与这些价值观相吻合；接着，在面对重大决策时依据这些价值观做出选择；然后，定期评估和适时调整价值观的重要性；最后，通过价值观激发自我内在动力。这些原则不仅帮助维护个人和职业生活中的价值一致性，还能帮助我们在自我管理各领域中做出更有意义和影响力的决策。

（1）明确澄清

明确并清楚地定义了我的核心价值观，并将其记录下来。作为一个精益专家，我特别重视效率、创新和持续改进；作为数字化专家，我注重技术先进性、用户体验和数据驱动的决策，追求技术领先。我把这些价值观写下来，列入我的自我管理电子表格或APP中，每天都会快速回顾，时刻提醒自己坚持如一。选择意味着放弃，也意味着承诺，不管多苦多累。想清楚，写下来，不纠结，担结果。

（2）确保一致

确保日常层面的行动和决策与个人的价值观保持一致。作为一名坚信“效率至上”的精益咨询顾问，我深刻认识到有效的自我管理对于提高工作效率和生活质量的重要性。这种信念激励我开发了一款自我管理软件，旨在识别和消除效率低下的根源，同时促进更有组织、更专注的工作和生活方式，这款软件是利用周末等假期时间开发的，经过多年的迭代，已经系统成熟。可以使用这款软件来管理日常工作和个人生活。通过定期审视软件提供的效率报告和建议，我能够不断优化自我管理策略，更有效地平衡工作和休息，显著提高了我的生产力。这款软件不仅成为了自我管理的得力助手，也帮助我在实践中体现和加强了我的核心价值观——“效率至上”。

（3）有效使用

在面临重大决策时，使用我的价值观作为重要的参考。例如在我的职业生涯中，我始终坚持让个人价值观指导我的重大决策。这种做法在多个关键时刻帮助我做出了正确的选择，例如，曾有几次我面临着是否接受职位更高但与我个人价值观不符的内部招聘岗位的决定。在这些情况下，我选择了婉拒。我清楚地记得，第一次面对这样的选择时，我内心经历了一番挣扎。这个岗位不仅提供了更高的职位，还伴随着更丰厚的薪酬和更广阔的职业发展空间。然而，它所涉及的工作内容与我个人的价值观——追求热爱的事业、重视工作与个人价值的一致性——存在明显的冲突。在深思熟虑后，我决定婉拒这个机会。我相信，只有做自己真正热爱和认同的工作，我才能发挥出最大的潜力，实现个人和职业生活的和谐统一。这种基于价值观的决策方式不止一次发挥了作用。在随后的职业生涯中，我又遇到了两次类似的情况，每次我都坚定地根据我的价值观做出了选择。虽然这意味着短期内我放弃了一些看似诱人的机会，但长远来看，这些决策帮助我保持了职业满意度和个人价值的完整性。值得一提的是，我的这些选择得到了我当时领导的理解和尊重，这让我非常感激。这不仅证明了我的决策是正确的，还反映出了一个健康组织文化的重要性——一个重视员工个人价值观和职业发展愿望的文化。通过这些经历，我深刻认识到，虽然基于价值观的决策可能会让人面临短期的困难和挑战，但最终，它能带来更深远的职业满足感和个人成长。这种决策方式让我在职业道路上保持了清晰的方向和坚定的步伐，确保我在追求成功的同时，也能够忠于自我，实现个人价值的最大化。

（4）适时调整

定期评估价值观，如有需要适时调整，通常数年调整一次。在我的个人发展和职业规划中，适时调整和定期评估价值观占据了核心地位。我深信，为了与不断变化的环境相适应，及时更新和调整价值观是必不可少的。因此，我采取了一个系统的方法来进行这样的反思和评估，即通过年度A3战略计划制定过程。每年，我都会专门抽出时间，通常是在年末或年初的某个静谧时刻，开车到郊外，找一个能够让我远离日常喧嚣、与大自然亲近的地方，来进行深度的思考和反省。这样的环境为我提供了一个理想的背景，让我能够毫无干扰地审视过去一年的经历、挑战和成就，以及思考未来的方向。在绿水青山的陪伴下，我会问自己几个关键问题：我的价值观是否还与我当前的职业路径和个人目标相一致？是否有新的价值观出现，需要去接纳并使之融入我的生活中？随着时间的推移，我是否需要重新优先考虑某些价值观，以更好地反映我的成长和变化？例如，随着年龄的增长和生活阶段的变化，我逐渐认识到生活平衡的重要性，并将其作为我的核心价值观之一。这个新的价值观帮助我在繁忙的工作和个人生活之间找到了一个更健康、更和谐的平衡点。它提醒我，在追求职业成功的同时，也要照顾好自己的身心健康，享受与家人和朋友的宝贵时光。

（5）激励自我

用价值观激发内在动力和行动。发挥价值管理的作用。当我面临困难，感到枯燥、寂寞、无助的时候，我就会回顾我的价值观，每次都能从中攫取力量。在我开发实验室信息化管理系统（LIMS）的过程中，我的核心价值观“努力进取”显得尤为重要。面对这个庞大且复杂、价值数百万元的项目，我深知需要投入巨大的努力，同时也需要克服一系列技术上的挑战。每当我遇到技术障碍时，都会深入研究和实践，直到找到解决方案。这种对挑战的坚持和解决问题的决心，正是我“努力进取”价值观的具体体现。在整个开发过程中，我自我激励，不断尝试新技术和新方法，经过9个月的连续加班奋战，最终我成功地完成了LIMS系统的开发，为我个人带来了巨大的满足感和成就感，我刚毕业就在质检中心工作，多年后能够亲手将这个业务系统数字化是一个很大的成就。这个过程中，我深刻体会到了“努力进取”的价值，它不仅是我的个人信条，也是推动我不断前进和克服困难的动力源泉。我的这段经历证明了，只要有决心和不懈努力，即使是一个人，也能够完成看似不可能的任务，在正确的道路上吃苦是福。

以上5个原则帮助我们做好价值管理，内心坚定。

7.1.2 过程：确定、回顾

（1）价值观确定

价值观制定过程涉及识别和确定，是自我认知与个人成长中的一个重要环节。通过深入的自我反思，个人探索那些过去经历中特别引起自豪感、满足感或强烈情感反应的时刻，这有助于揭示那些在关键时刻塑造决策和行为的内在价值观。此过程允许个体深挖自己的经历，识别出那些在生活各个方面起着核心作用的信念和原则。

自我反思之后，编制价值观清单成为将这些深层次信念具体化的一种方式。在这一步骤中，可能会列出一系列的价值观，比如诚实、尊重、创新等，这些价值观反映了个体对于什么是重要的深刻理解。这个清单作为一个工具，帮助个体从广泛的价值观中识别出哪些是对自己来说最为关键的。

确定了可能的价值观后，进行优先级排序是必要的，它要求从前面列出的清单中选择对个人最为重要的价值观。这个过程不仅反映了个体对于不同价值观的偏好，也指明了在个人生活和决策中哪些价值观占据了更为重要的位置。通过这样的排序，个体能够更清晰地看到自己的价值体系，为未来的行为和决策提供指导。这个过程强调了个人价值观的独特性和个性化，鼓励个体按照自己的内在信念生活和做出决策。

个人价值观和马斯洛需求层次理论之间存在着紧密的联系。自我的需求在很大程度上影响和塑造个人的价值观。

理论的最高层是自我实现，这是实现个人潜能和追求个人成长的过程。马斯洛认为，只有在满足了其他更基本需求之后，个人才能真正追求和实现自我。这个理论对于理解人类行为和动机非常有影响。描述人类需求的著作非常多，但这个简单易记的理论可以解释绝大多数人的行为和动机。常见的价值观如表 7-1。

表 7-1　常见的价值观

诚实守信：始终保持诚实，对自己和他人做出的承诺负责	自强不息：不断提升自我，追求更高的成就
责任担当：对自己的行为负责，承认错误并从中学习	多元包容：接受并尊重不同的文化和观点
坚持不懈：对目标和信念持之以恒，不轻易放弃	稳健发展：追求稳定和可持续的发展
独立自主：能够独立思考和行动，不依赖他人	冒险尝试：敢于尝试新事物，不畏失败
团结协作：与他人协同工作，共同实现目标	简约生活：追求简单、不过度消费的生活方式
创新求变：追求新思想，不断寻求改进和变革	忠诚信仰：对人、原则或信念保持忠诚
公平正义：在所有情况下都力求公平和公正	自尊自爱：尊重自己，维护个人尊严
谦虚谨慎：保持谦逊态度，慎重行事	积极乐观：对生活持有积极和乐观的态度
感恩之心：对所获得的帮助和机会心存感激，并回馈于他人	爱心奉献：对他人表示关怀和爱意
宽容大度：对他人的错误和缺点持宽容态度	健康生活：重视身体和精神健康，追求健康的生活方式
持续学习：终身学习，不断提升自我	家庭至上：将家庭放在首位，维护家庭的和谐与幸福
环保意识：关心环境保护，采取行动减少对环境的影响	职业精神：在工作中展现专业性和敬业精神

（2）价值观回顾

价值观回顾是一个深刻的自我反思过程，目的在于确保个人的行为、决策及面对重要时刻的选择与其核心价值观相一致。此过程不仅涉及将价值观融入生活的各个方面，更重要的是通过持续的自我审视，实现这些价值观的真正实践和体现。

行为一致性检验要求个人仔细审视自己的日常行为，尤其在做出决策和面对重要生活时刻时，评估这些行为是否反映了其内在的价值观。这一检验有助于发现个人行为与价值观之间不一致之处，提供了调整和改善的依据。

实践和反思环节鼓励个人在生活中积极实践这些价值观，并定期反思价值观在日常生活中的体现。通过这种方式，个人可以加深对自己价值观的理解，并审视及改进那些与价值观不一致的行为模式。

随着个人的成长和生活经历的积累，定期评估和调整价值观变得必不可少。这意味着随时间的推移，个人需要重新审视自己的价值观，确保它们反映当前的自我认知、生活状况及未来目标。在必要时，根据个人的成长和新认识，对价值观进行相应调整，确保这些价值观继续引导其行为和决策。

通过行为一致性检验、实践与反思、定期评估和调整这些步骤，个人不仅能够清晰地识别和确定自己的价值观，还能确保这些价值观在生活中得到有效实践和体现。这一过程帮助个人在维护自身价值观和实现个人成长之间找到平衡，确保在生活的变化中，个人的行为和决策始终受到核心价值观的引导和支持。

本领域的常见数字化指标：

核心价值条数：当前的核心价值条数，通常是个位数。

7.1.3 工具：个人理念

在我做安全管理工作的过程中，有一个非常有用的工具——安全理念，基于这个工具衍生出个人理念。个人理念是指个人在管理自己的生活、时间、资源和决策时所遵循的一套原则和信念。它通常反映了个人的价值观、目标和优先级，并指导着个人如何有效地组织和控制自己的行为和活动。

在自我管理中，价值观是个人认为很重要的原则和标准，而个人理念则是指导行为和决策的具体原则或信条。在理解个人价值观和个人理念的区别时，我们可以将其视为内在信念与实际行为应用的不同层面。个人价值观是深层次的内在信仰和原则，反映了一个人认为重要和有价值的事物。这些价值观通常来源于个人的成长背景、文化、教育和生活经验，它们是稳定的，并影响着一个人的思想、情感及整体生活方式。

相比之下，个人理念则更多关注于日常生活和工作中的具体实践。个人理念具有较强的实践导向和灵活性，通常围绕着实现具体目标而设计，并根据个人目标和环境的变化而适应性调整。

总的来说，个人价值观和个人理念虽然紧密相关，但本质上不同。价值观是关于“为什么”的问题，涉及信仰和原则；而个人理念则是关于“怎么做”的问题，专注于具体的行为和操作。价值观是稳定的，影响一个人的整体生活和态度；个人理念则更具灵活性，主要影响个人的行为和执行方式。理解这两者的区别有助于更好地进行自我管理和个人发展。

理念适用于目标管理、时间管理、工作管理等各领域，应用步骤如下：

① **理念确认**。在自我管理在各领域管理的实践中提出理念并思考理念。

② **理念回顾**。确认后的理念进行可视化（写在本子上或者录入管我APP）并经常进行回顾。

③ **理念调整**。根据情况调整修订理念。

理念的使用要点在于一致性和灵活性。一致性确保个人理念与个人的价值观和目标保持一致，而灵活性则意味着随着环境和个人情况的变化，应适时调整理念。

我的个人理念如表7-2。

表7-2 我的个人理念

序号	个人理念	管理领域	重点
1	自我精益是实现我目标的唯一方式		自我精益管理的重要性
2	每一次在目标确定之前不要开始工作	目标管理	要有目标
3	每天回顾我的目标并反思我每天的行为对于目标的贡献程度	目标管理	以目标为导向
4	在每一天挑战我自己的极限	目标管理	对目标的承诺
5	从克服困难中寻找乐趣，没有付出没有收获	工作管理	对待困难
6	在每一项工作中追求完美，单纯完成工作的价值是零	工作管理	追求完美
7	每天先做最重要的三件事，同一时间只做一件事	时间管理	效率法则

续表

序号	个人理念	管理领域	重点
8	消灭在工作和休息之间的第三种状态	精力管理	效率法则
9	犯了错误先找自己的原因	错误管理	对待错误
10	倾听他人，换位思考	沟通管理	对待他人

7.1.4　案例：我的价值观陈述

我是一名精益专家、数字化专家和自我精益管理专家，我坚定地保持着我的价值观：**珍惜所有，努力进取，效率至上，技术领先，生活平衡**。这些价值观指引着我在职业和个人生活中的每一步，帮助我向着成为世界上最好的精益专家和数字化专家而持续奋斗。

珍惜所有。我在工作和生活中都力求珍惜每一次机会和经历。例如，在处理复杂的项目时，我会深入分析每一项数据和反馈，以确保不错过任何改善和创新的机会。我相信，即使是小的进步和改变也值得被珍视和利用。

努力进取。面对挑战，我总是积极主动。我不断地提升自己的技能，无论是通过专业培训、参加行业会议还是阅读最新的研究报告。我知道，只有不断学习和适应，我才能在这个快速变化的领域保持领先。

效率至上。在我的工作中，我始终追求提高效率和生产力。我运用各种精益管理工具和方法来优化流程和减少浪费。我的目标是最大化资源利用效率，确保以最少的投入获得最佳的产出。

技术领先。作为一个热衷于技术的专业人士，我不断探索和实践最新的数字化工具和技术。我密切关注行业趋势，如人工智能、大数据分析和云计算，确保我所在的组织能够有效地利用这些技术来提升业务效能和市场竞争力。

生活平衡。尽管我致力于成为领域内的顶尖专家，但我也意识到生活平衡的重要性。我努力在繁忙的工作和充实的个人生活之间找到平衡点。例如，我会在紧张的工作之余，花时间进行户外运动或与家人朋友相聚，以保持身心健康和活力。

这些价值观不仅是我的职业导航，也是我个人成长的基石，不仅塑造了我作为一个专业人士的身份，也指导着我如何与他人交往、如何管理时间和资源，以及如何在追求职业卓越的同时，保持个人的幸福和满足。通过坚持这些价值观，我相信我能够实现成为行业内最好的精益专家和数字化专家的愿景。

7.1.5　练习：思考并写下你的价值观

____

____

____

____

7.2 目标管理

砍柴人夏师傅打算用目标管理的办法来提高自己砍柴的手艺和对乡亲们的服务，夏师傅的做法如下。

砍柴人先给自己定了一些能够量化、能够看得见摸得着的近期目标。比如说，他想着“这三个月里，我得把每天砍的木头量提高两成”，或者“半年之内，让咱们村的人对我的砍柴服务满意度达到九成”。

为了实现这些目标，夏师傅列了一份详细的计划。这包括提升自己的砍柴技巧、买一些更好用的工具或者弄个新的顾客服务流程。

砍柴人必须合理利用自己手头的资源，并且对完成目标负责。这就意味着他需要安排好自己的时间，也可能需要投资买些新工具或者去学习新技术。

砍柴人定期检查自己干活的进展，确保目标是按部就班在实现的。他可能会记下每天砍的木头量，或者定时向顾客收集意见。

依照检查的结果，砍柴人可能需要调整他的计划，以利于目标更好实现。如果发现原来的打算没那么容易实现，他会试试新的办法或者策略。

通过这样一个目标管理的过程，砍柴人的工作就更有条理、更系统，可以一步一步地实现自己的生意目标。目标管理让他能专心致志地去追求具体、可行的目标，这样不仅提高了他砍柴的效率，乡亲们对他的满意度也上去了，他成了大家都需要的人。

目标管理涉及设定具体、量化、可实现、相关联、时间限定的个人目标，并规划必要的步骤以实现这些目标。自我精益管理的目标包括工作管理、知识技能领域、精力管理等各领域的目标，一生、三年、年度、月度、周度、日度、小时各时间粒度的目标。对应的精益管理主题是方针目标管理。

目标管理对于实现个人的成长和成功至关重要，是自我精益管理的核心。

通过设定清晰的目标，并制定实现这些目标的策略和计划，个人能够更加有目的地工作，提高效率和效果，实现长远发展。

如果目标管理做得不好，可能会出现的典型症状：

“目标混乱症”。设定的目标多而杂，相互之间缺乏优先级，导致执行时效率低下。

“目标过载症”。同时设定太多目标，导致难以集中精力，进而无法有效实现。

“目标恐惧症”。害怕设定目标，担心未能实现而面临失败和批评。

“目标停滞症”。在实现一定目标后，失去动力继续前进，可能导致个人发展停滞不前。

“目标依赖症”。过分依赖明确且刚性的目标，缺乏灵活性，面对变化时易产生焦虑。

这些症状反映了在设定和实现个人目标过程中的困难，包括目标模糊、目标过载等。克服这些问题需要清晰地定义目标，合理规划实现步骤，并保持对长远目标的专注。

目标管理是自我管理的重要组成部分，它与其他领域的关系紧密相连。

目标管理通过这些不同的领域串联起整个自我管理的过程，帮助我们更加高效地实现个人目标。

目标管理总图如图7-3。

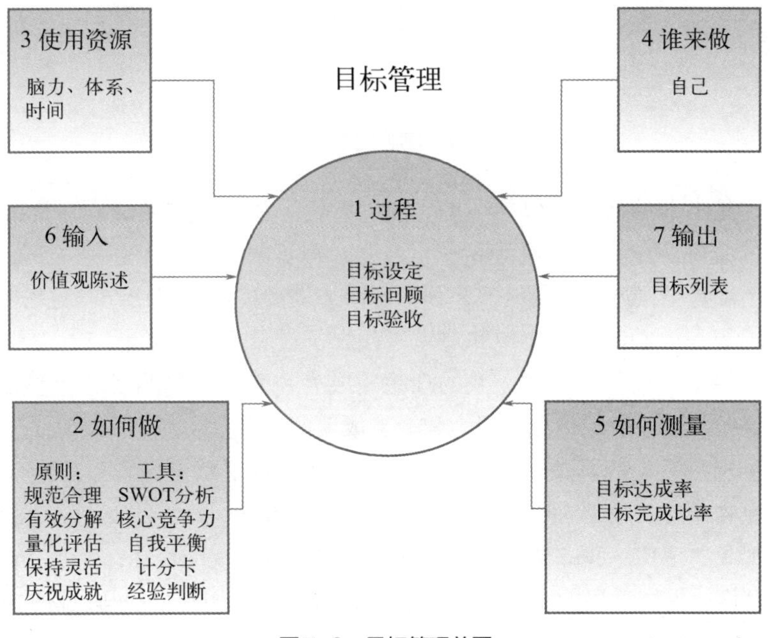

图7-3　目标管理总图

7.2.1　原则：规范合理、有效分解、量化评估、保持灵活、庆祝成就

目标管理蕴含着5个原则：规范合理、有效分解、量化评估、保持灵活和庆祝成就。这包括运用SMART原则设定规范的目标，将大目标分解为易于管理的小步骤，定期评估进度并适时调整，保持目标管理的灵活性以适应变化，以及在目标达成后庆祝成就并反思学习。

（1）规范合理

是否规范合理可以用SMART目标设立原则来检验。

S——必须是具体的（specific）。宽泛的目标难以聚焦，难以控制。

M——必须是可以衡量的（measurable）。目标的完成情况可以衡量才能进行PDCA循环。

A——必须是可以达到的（attainable）。好的目标需要跳起来，但要够得着。

R——必须要与其他目标具有一定的相关性（relevant）。

T——必须具有明确的截止期限（time-bound）。

例如，在一个精益改善项目中，我不会模糊地设定目标为"提高生产效率"，而是"在接下来的三个月内，通过实施精益生产方法，提高生产线效率10%"。这种目标设定使得进度跟踪和成果评估变得更为简单直接。这样的实践有助于持续优化工作流程，确保项目按计划推进，同时也促进了团队的明确聚焦和高效协作。

在目标设定中要理解现状、目标和理想之间的关系（图7-4）。

图7-4 现状、目标、理想

现状：这是当前的状态，包括环境、能力、资源和面临的挑战。它是出发点的实际描述。以我的爱好跑步为例。现状我是一名业余跑步爱好者，能够跑完5公里或10公里的距离，但还没有尝试过更长的距离。体力和耐力需要提高，以应对马拉松的挑战。

理想：理想是内心深处的愿望和追求，代表了最希望达到的状态。理想通常更加抽象，是一种心灵上的向往和追求。我的理想是成为一名马拉松跑者，能够完成42.195公里的全程马拉松。这代表了体能、毅力和个人成就的巅峰。

目标：目标是设定的具体、可衡量的里程碑，是从现状走向理想的具体步骤。它们是更实际、更具体的，通常有明确的时间框架和实现方法。

为了实现我的理想，我需要设定一系列具体的、可实现的目标：

➢ 短期目标：提高每周的跑步里程，逐渐从10公里增加到半程马拉松的距离。

➢ 中期目标：参加并完成一次半程马拉松（21.1公里）。

➢ 长期目标：系统训练，增强体能和耐力，准备并最终参加完一场全程马拉松。

理想提供了方向和动力，目标则是实现理想的具体路径。现状是评估和规划这个过程的起点。理想和目标之间的关系是动态的——随着现状的变化和目标的实现，理想可能会调整，目标也会相应地更新。现状是起点，理想是终极追求，而目标则是连接现状和理想的桥梁，是具体的步骤和计划，帮助个人逐步实现理想。理解这三者之间的关系有助于更好地规划和实现个人发展。

（2）有效分解

将大目标分解为小步骤，便于管理和执行。比如，要实现生产效率提升的大目标，我会将其拆解为几个更小且可操作的子目标，如“优化供应链管理”“减少机器故障时间”和“提高员工技能培训效率”。每个小目标都针对提高生产效率的不同方面，使得整个目标变得更加明确和可执行。例如，优化供应链管理可能涉及改进物料采购流程、缩短供应商响应时间或者减少库存成本；减少机器故障时间则需要进行定期维护、改善设备管理或提高故障诊断效率；而提高员工技能培训效率则可能涉及重新设计培训课程、引入更有效的学习工具或者改进反馈机制。通过这样的细分，我不仅能够为团队提供一个清晰的行动指南，还能够确保每个小目标都紧密地贡献于总体目标的实现，从而有效地推动项目向前发展。

（3）量化评估

通过量化的方式定期检查目标完成进度，并根据需要进行调整。我会根据过程评估的需要定期（例如每天、每周）回顾目标的完成情况，确保目标按计划推进。例如，我会对机器故障时间进行日常追踪，以便及时识别和分析任何异常波动的原因，这可能包括设备的维护疏忽、操作员的错误或供应链的问题。通过这样的持续监控和分析，可以快速识别出潜在的问题领域，并采取针对性的措施来解决这些问题。这种系统性的量化过程评估不仅帮助我保持项目进展的透明度，还确保了我能够在遇到挑战时迅速做出反应，有效推动项目向预定目标前进。

（4）保持灵活

在面对变化时，保持目标管理的灵活性，经过评估确有必要的情况下适时变更调整。例如，如果市场需求的变化导致生产能力的上限受到影响，我会立即重新评估当前的生产效率提升目标。我不仅会考虑调整目标值，还可能会修改达成目标的方法和策略，以确保这些目标仍然既相关又可实现。通过这种方式，可确保目标管理过程的灵活性和响应性，使得整个项目能够在变化的环境中保持进展，并最终实现既定的成果。这种灵活和动态的管理方式对于保持项目的相关性和成功至关重要，特别是在快速变化的市场和技术环境中。

（5）庆祝成就

及时庆祝成就是目标达成过程中不可或缺的一环。这不仅是对已完成工作的认可，也是为了鼓励自己和团队继续前进的重要手段，要做得有仪式感。这个生产效率提升项目顺利完成后，我组织了一次聚会，让大家可以在轻松愉快的氛围中共享成果、享用美食、开怀畅饮。这样的庆祝活动不仅仅是一种放松，更是一个交流和反思的好机会，这种实践帮助我记录下每一次的成功，同时也为我提供了持续的动力和成就感。每完成一个目标，我总是急切地开始规划下一个，因为这一连串的目标不仅标志着个人和团队的成长，也见证了从平凡走向卓越的历程。这样的庆祝和反思，构建了一个正向循环，不断激励自我追求更高的目标。

以上5个原则帮助我们做好目标管理，持续成功，

7.2.2　过程：设定、回顾、验收

（1）目标设定

在目标设定阶段，个人应该明确具体想要达成的目标，按照SMART原则进行核对确保规范合理（表7-3）。

表7-3　年度目标例（部分）

序号	我的20××年度目标	领域
1	负责组织实施公司精益项目，全年降低公司生产成本××××万元	工作管理
2	1季度完成绿带、黑带和倡导者教材的修订与编制，3季度前完成3期绿带培训班，学员满意度超过95%，认证率达到90%以上	工作管理
3	全年完成2门CPIM课程的学习并通过考试	知能管理
4	锻炼身体，每周至少运动5次	精力管理

（2）目标回顾

目标回顾阶段是个人目标设定过程中至关重要的一环，它要求个人定期回顾并评估自己的目标进展情况。这个阶段的核心目的在于确保目标的实现路径与初衷保持一致，同时也为个人提供了学习和成长的机会。进行目标回顾时，首先要评估已达成目标的情况，分析成功的关键因素，识别出哪些策略或行动最为有效。对于那些未能达成的目标，重要的是深入探究背后的原因——是因为目标设定不够实际，还是执行过程中遇到了预料之外的障碍。无论结果如何，每一个目标的追求过程都充满了宝贵的学习经验，这些经验对于个人的成长至关重要。反思这些经验，区分哪些策略是有效的，哪些需要改进或调整，可以极大地提高未来目标设定和实现的效率。

根据目标回顾的结果，个人可能需要调整现有的目标，或者为接下来的时间段设定新的目标。这一步骤涉及对目标的细节进行重新规划，包括制订更具体的行动计划，明确实施的时间表，以及确定所需的资源。明确这些细节不仅有助于提高目标实现的可能性，而且也能增强个人对于目标的承诺感。此外，保持对目标进展的持续记录是十分重要的，这不仅可以帮助个人更清晰地看到自己的进步，还能及时发现并调整偏离预期的行为。最后，设定下一次目标回顾的具体时间是保持持续进步的关键，它确保了目标管理过程的连续性和动态调整能力。

（3）目标验收

在目标验收阶段，个人将对最终成果进行全面评估，这不仅包括是否达成了设定的目标，还涉及整个过程的有效性和效率。在这个阶段，自我反思尤为关键，需要个人深入思考在追求目标的过程中遇到的各种挑战，以及从中学到的教训。无论最终结果如何，都应该对自己的努力和取得的进步表示庆祝。这种正向的认可不仅能够增强个人的自信心和满足感，还能激励个人在未来面对挑战时保持坚持和努力。基于过程中的学习和反思，个人应该设定新的目标，这些目标应该反映出个人的成长和新的理解。

通过不断设定、回顾、验收目标，个人能够在持续的奋斗、自我完善和成长中逐步实现职业发展和个人理想。这个循环过程不仅关注于达成具体的目标，更重要的是，它促进了个人的持续成长和自我提升，使个人能够以更加成熟和全面的方式实现自己的潜能。

本领域的常见数字化指标：

目标达成率：目标达成数/全部目标数。

目标完成比率：目标实际完成值/目标设定值。

7.2.3　工具：SWOT分析、核心竞争力、自我平衡计分卡、经验判断

自我目标管理是个人发展和职业成长的核心部分，涉及设定和实现个人目标的过程。为了有效地进行自我管理目标，可以采用多种工具和方法，每种都在目标设定和实现过程中扮演独特的角色。

SWOT分析（优势、劣势、机会、威胁）帮助个体识别内部优势和劣势，以及外部的机会和威胁。通过分析这四个维度，个人能够更好地理解自己在职业或个人生活中的定位，从而设定更加实际和有针对性的目标。识别个人的核心竞争力有助于明确个人在职业市场中的独特价值和优势。这一过程促使个体专注于发展和增强自己最擅长和最能为其带来优势的领域，为设定长期职业目标提供方向。个人平衡计分卡帮助个体全面考虑各个方面的目标，并保持这些方面之间的平衡。经验判断的使用让个人的经验和直觉在目标管理中也占有一席之地。经验判断有助于在面对不确定性和复杂决策时，做出更加合理的选择。

综合使用这些工具，个体不仅能够更有效地设定和优化目标，还能提高实现目标的可能性。重要的是，这些工具和方法的选择和应用应根据个人的具体情况和偏好来定制，以实现最佳的自我目标管理策略。

7.2.3.1　SWOT分析——把握大势

SWOT是一种能够较客观而准确地分析和研究一个单位现实情况的方法。SWOT的4个字母分别代表：优势（strengths）、劣势（weaknesses）、机会（opportunities）、威胁（threats）。SWOT分析通过对优势、劣势、机会和威胁等加以综合评估与分析得出结论，然后再调整资源及策略，以达成目标，适用于分析战略形势（表7-4）。

表7-4　SWOT

内部 / 战略 / 外部	· 内部优势（S） 1.…… 2.…… 3.……	· 内部劣势（W） 1.…… 2.…… 3.……
· 外部机会（O） 1.…… 2.…… 3.……	· SO战略 依靠内部优势 利用外部机会	· WO战略 利用外部机会 克服内部劣势
· 外部威胁（T） 1.…… 2.…… 3.……	· ST战略 依靠内部优势 回避外部威胁	· WT战略 减少内部劣势 回避外部威胁

主要应用步骤如下。

（1）分析环境因素

运用各种调查研究方法，分析出自我所处的环境因素，即外部环境因素和内部环境因素。外部环境因素包括机会因素和威胁因素，它们是外部环境对自我发展有直接影响的有利和不利因素，属于客观因素；内部环境因素包括优势因素和劣势因素，它们是在其发展中自身存在的积极和消极因素，属主观因素。在调查分析这些因素时，不仅要考虑到历史与现状，而且更要考虑未来发展问题。

（2）构造SWOT矩阵

将调查得出的各种因素根据轻重缓急或影响程度等排序方式，构造SWOT矩阵。在此过程中将那些对自我发展有直接的、重要的、大量的、迫切的、久远的影响因素优先排列出来，而将那些间接的、次要的、少许的、不急的、短暂的影响因素排列在后面。

（3）制订行动计划

在完成环境因素分析和SWOT矩阵的构造后，便可以制订出相应的行动计划。制订计划要发挥优势因素，克服劣势因素，利用机会因素，化解威胁因素；考虑过去，立足当前，着眼未来，运用系统分析的综合分析方法，将排列与考虑的各种环境因素相互匹配起来加以组合，得出一系列未来发展的可选择对策。

在应用SWOT分析时，关键在于必须客观地认识到自我的优势与劣势。这不仅涉及对当前状况的准确评估，也意味着随着外部环境的不断变化，需要定期进行SWOT分析来更新这些认识，通常每年或每半年进行1次。个人年度SWOT分析如表7-5。

表7-5 个人年度SWOT分析

内部 / 战略 / 外部	优势S	劣势W
	◆拥有自我精益管理体系（PM）	◆目前还没有高级管理岗位经历
	◆化工行业精益六西格玛全套知识和经验，W公司精益第一人	◆还没有取得MBB
	◆在行业内有一定影响力	◆学历竞争力不高
	◆已取得BB/PMP/NCSE职业认证	◆沟通能力需要提升
	◆欧美工作和受训经历，英语有优势	◆智力不出众
机会O ● 公司对精益的需求增大，带来潜在机会 ● 公司从精益生产拓展到精益管理	SO战略 ①20××年继续围绕公司对精益工作的要求，参考MBB的职业模型（包括管理、沟通、项目、培训、辅导各方面）努力奋斗，希望早日成为业内资深专家 ②出版一本专著及完成附加资源（包含5个1：1本书、1套课程、1套流程、1套表单、1套软件），拓展自己在国内和国际精益六西格玛行业内的影响力 ③根据公司战略需求，将精益生产拓展到精益管理（供应链、财务），完成至少2个项目	WO战略 ①20××年将重点项目作为首要的任务指标，逐步达到MBB的要求 ② 通过在公司组织开展精益工作提升人际沟通能力
威胁T ● 业内标杆专家年龄成本低，学历高 ● 业内标杆专家有很好的知识库来源 ● 自己与业内标杆专家比，人脉不是很丰富	ST战略 ①将自我精益作为成功的唯一方式，反省改进 ②努力取得MBB和CPIM，弥补学历差距	WT战略 ①身体提升（每周运动5次） ②树立强烈的紧迫感，每年制定明确的挑战性目标并为之奋斗 ③完善自我精益管理中的关系管理，持续利用社交平台，保持信息知识同步，拓展人脉

注：SO：内部强项和外部机会充分利用，不断扩大；ST：未来使外部威胁最小，把内部强项扩大，紧密关注；WO：利用外部机会把内部弱点转换为强项，实施改进；WT：内部弱点和外部威胁减少，尽量消除。

7.2.3.2　核心竞争力——培育专长

在长期目标的设定中要考虑打造自己的核心竞争力，通过持续的努力拥有自己的核心竞争力就会让自己变得愈加被人需要。

核心竞争力理论是一种战略管理理念，由C.K.Prahalad和Gary Hamel在20世纪90年代初期提出。这个理论强调，企业成功的关键在于识别和培养其独特的核心竞争力。核心竞争力可以定义为以下几个关键要素：

➢独特的资源和技能。核心竞争力基于企业拥有的独特资源和技能。这些资源和技能应该是企业可以有效利用的并能够提供竞争优势的。

➢为顾客创造增值。核心竞争力应该能够显著地为顾客创造增值。这意味着企业提供的产品或服务能满足甚至超越顾客的期望和需求。

➢难以模仿。一个真正的核心竞争力是难以被竞争对手复制或模仿的。这可能是由于知识产权保护、独特的企业文化、专业知识或复杂的工艺流程。

➢可扩展性和适用性。核心竞争力应该可以应用于企业的多个产品和市场。这种能力使企业能够在不同的市场和产品线中利用其核心优势。

➢持续发展。持续投资于核心竞争力的发展和改进是至关重要的。这包括通过研发、员工培训和技术创新等方式不断提升和维持竞争优势。

核心竞争力理论促使企业专注于那些能够为其带来独特优势的关键领域，而不是在所有方面都与竞争对手相抗衡。通过识别和培养这些竞争力，企业可以更有效地配置资源，创造差异化的价值主张，并在竞争中保持领先。

W公司的核心竞争力是技术创新、卓越运营、企业文化，确立后多年不曾动摇，因为这种长期的基于战略的考虑取得了巨大的成功，这种思考也影响了我。

将核心竞争力的概念应用于个人发展领域，涉及识别和培养个人独特的技能、知识和能力，这些能力使个人在职业发展中脱颖而出。通过识别和发展这些核心竞争力，个人可以在职业生涯中找到独特的定位，提高自己的市场价值，从而在竞争激烈的职场环境中获得成功。

例如：我的三个核心竞争力——精益化工、数字化工和自我精益。

经过多年的发展，我先后确立了自己的三个核心竞争力，它们之间的关系非常紧密且互补。

精益化工与数字化工的关系：在这两个领域的专长可以相辅相成。精益化工注重流程优化和效率提升，而数字化工则提供了实现这些目标的技术和工具。数字化工的技能可以有助于更有效地应用精益原则，通过数据分析、自动化和其他数字工具来优化化工流程。

精益化工与自我精益的关系：精益化工需要不断地改进和创新。自我精益能力意味着能不断学习新的方法和技术，以持续改进化工流程。这种持续学习的态度和能力对于保持在精益化工领域的领先地位至关重要。

数字化工与自我精益的关系：数字化工领域不断发展，涌现出新的技术和工具。自我精益能力能够有助于跟上这些变化，不断更新知识库和技能集，以在数字化工领域保持竞争力。

综上所述，这三个核心竞争力共同构成了一个强大的组合，使我在化工行业及流程行业中具有独特的优势。能力在持续改进流程、应用最新技术和不断学习新技能方面相辅相成，从而在职业生涯中创造了显著的价值。

自我核心竞争力的构建首先来自组织和社会的需求，没有需求再好的能力也无用武之地。其次来自自我的心声，做自己真正热爱的事情，很多时候在别人眼里的苦自己都察觉不到，无数个夜晚为开发实现新的软件功能而不断尝试，无数个周末为准备培训而持续备课，费心劳苦而甘之如饴。最后在于长期坚持不动摇，围绕自我核心竞争力的构建，我每年都会制定相关目标并分解制订相关的工作和学习计划，并将其列为高优先级，保证实施完成，年复一年不曾间断。职场的热点变幻不停，机会层出不穷，如果要在某些领域有所专长，必须方向明确、有所舍弃。

我的核心竞争力培育历程如图7-5所示。

数字化工

2016 自学软件开发

2017 开发软件投用

2020 软件公司创业

自我精益

2009 自我精益创立

2017 “管我”APP投用

2024 《自我精益》出版

精益化工

2003 参加工作

2005 公派留学 精益信息化

2009 精益工作第一人

2020 《精益化工：精益管理在化工行业的实践》出版

图7-5 我的核心竞争力培育历程

7.2.3.3 自我平衡计分卡——平衡目标

BSC（the balanced score card）意为平衡计分卡，是绩效管理中的一种方法，适用于对部门的考核。平衡计分卡的核心思想就是通过财务、客户、内部流程及学习与发展四个方面（长短结合，内外兼顾）的指标之间的相互驱动展现组织的战略轨迹，是实现绩效考核、绩效改进以及战略实施、战略修正的战略目标过程。它把绩效考核的地位上升到组织的战略层面，使之成为组织战略的实施工具。平衡计分卡是快速且全面的。之所以称之为“平衡”计分卡，是因为它能阻止由于在某些方面进行改进而损害了其他方面的情况。例如一家航空公司如只考核航班的成本指标，整个旅途机长为了省一点油而关闭了空调，这样一来客户满意的指标就会出现问题，不再平衡，得不偿失。

这种思想应用于自我管理就形成了自我平衡计分卡（personal balanced score card，PBSC），这是绩效管理方法的一种个人化应用，适用于个人目标的设定与实现。自我平衡计分卡的核心思想在通过工作、健康、家庭等多个领域的指标平衡及其因果链条，规划个人的生涯及职业成长路径。这不仅是一种评估个人表现、促进自我进步和实现职业和生活目标的策略过程，还是将个人绩效考核提升至战略高度，将其转化为推动个人成长战略的有效工具。

在追求事业成功的道路上，很多人忽视了生活的其他方面，包括健康和家庭。一些人为了事业的发展，常常废寝忘食，牺牲健康，直到健康问题浮现才意识到身体的重要性，开始寻求修复。同样，有人全身心投入工作，四处奔波，却忽略了家庭的需要，等到家庭关系紧张时，才匆匆回头试图修补。还有些人完全专注于家庭生活，却未能充分规划事业发展，当家庭需要经济支持时，这种缺乏准备会让他们处于非常被动的境地。为了避免这些极端情况，采用自我平衡的策略至关重要。自我平衡计分卡可以帮助个人提前考虑并设定多维度的平衡目标，促进个人整体的成功。幸福人生，始于平衡。

应用自我平衡计分卡的步骤可以概括如下。

（1）确定个人平衡计分卡的维度

以个人的使命、愿景为基础，识别出生活中最重要的方面，即那些值得一生追寻的事情。这些维度可以根据个人的具体情况进行选择，常见维度包括但不限于事业、健康、家庭、学习、财务、社交、公益、爱好、健身、创新和时间等。经过深入思考我最终确定的维度是家庭、事业、健康、时间。

（2）提出各维度的人生目标和中期目标（例如三年目标）

对每个维度提出长远的、高远的人生目标，以及具体的中期目标。这些目标应该是可量化的，以便能够具体评估进展。例如，事业可以通过综合评估，健康通过体检结果，财务通过个人收入和资产分别来测量。表 7-6 是我的例子。

表 7-6　我的人生目标和中期目标

维度	描述	测量指标	人生目标	三年目标
F（家庭）	家庭幸福	感受评分	优（5分）	优（5分）
C（事业）	事业有成	综合评估	优（5分）	优（5分）
H（健康）	身心健康	体检结果	健康（5分）	健康（5分）
T（时间）	时间平衡	周工作小时	60	65

注：周工作小时统计中不包括每年法定长假所在的周。

（3）中期目标分解到年、月

将中期目标（三年）分解为年度和月度目标。确保每一项行动、每一份努力、每一分钟的时间投入都与这些目标密切相关，以实现工作生活的各方面平衡。

在家庭维度，我设定每年的目标是通过加强家庭沟通和共度时光，确保家庭成员之间的关系和谐，满足感持续提高。每个月，我计划组织至少一次家庭活动如外出旅行、家庭大餐，大家一起快乐开心。在事业维度，我分解的年度目标包括提升个人职业技能、完成高价值重点工作和扩展专业网络。每个月，我会设定具体的职业发展任务，例如参加专业培训、完成特定工作项目或建立新的行业联系，这些都是衡量我的事业进步的重要里程碑。在健康维度，我分解的年度目标是进行定期的全面体检，并根据体检结果调整生活方式，如饮食和运动习惯。每个月，我将监测我的健康习惯，确保健康饮食，以及每周至少进行5次中等强度的运动。在时间管理维度，每年我将努力更有效地管理工作时间，减少时间浪费。每月，我会审视我的时间分配，优化工作流程，确保工作与生活的平衡，从而逐步实现更理想的工作周时长，高效工作，快乐生活。这样的细化目标策略，不仅帮助我在职业上追求成功，同时也保证了家庭幸福和个人健康的持续维护，使我能够在快速变化的现代生活中找到均衡和满足。

（4）定期回顾评估

每年进行一次综合评估，以量化的结果核实是否达到了设定的目标，通过对比年度目标的达成情况和实际结果，分析在个人平衡计分卡各维度的表现及其变化，从而调整整体战略，基于评估结果提出下一周期的目标和改进措施。我在每年年初进行的年度A3计划中，都会进行自我平衡计分卡目标的回顾评估（表7-7），如此这般，持续循环。

表7-7 平衡计分卡目标定期评估

维度	测量指标	第1年评估	第2年评估	第3年评估
F（家庭）	感受评分	4	4	5
C（事业）	综合评估	3	4	4
H（健康）	体检结果	3	4	5
T（时间）	周工作小时	70	68	69

自我平衡计分卡整个实施过程强调了目标设定的高远性和可量化性，以及实现目标的逐步分解和定期的自我评估，旨在帮助个人在复杂多变的生活中找到平衡，促进个人成长和发展。

7.2.3.4 经验判断——积累复用

个人经验判断工具是一种将个人的直觉、知识和经验系统化的方法，旨在支持决策过程。这种方法涉及结合个人过去的经历和对未来情境的预测，以帮助在面对选择时能够考虑到更多维度的信息和可能的后果。它在多种情境下都适用，如职业决策、学习与发展、日常生活决策以及问题解决。在职业规划和转变时，它可以帮助评估不同职业路径的利弊；在选择新的学习项目或技能提升方案时，可以基于过去的学习经历和成效进行决策；在日常生活的各种决策中，如购买、投资以及在面对问题和挑战时，都可以根据过去的经验寻找解决方案。

经验判断应用步骤如下：

① **经验收集。**记录和整理个人在不同情境下的经验，包括成功和失败的案例。

② **分析与反思。**分析这些经验，识别成功或失败的关键因素，进行深入的反思。

③ **知识整合。**将这些分散的经验和教训整合成可应用的知识，形成个人的经验库。

④ **决策应用。**在面临新的决策时，利用这个经验库来评估不同选项的可能后果。

⑤ **反馈循环。**根据新的决策结果更新个人经验库，形成一个持续学习和改进的循环。

在使用经验判断时，要点包括全面性与客观性，即在记录经验时应尽量全面和客观，包括正面和负面的经验；持续更新，即随着新经验的积累，定期更新个人的经验库和决策框架；个性化调整，即根据个人的成长和环境变化，调整和优化决策框架；以及情境适应性，即在应用经验做决策时，考虑当前情境与过去经验的相似性和差异性。通过这种方法，个人不仅能更有效地利用自己的经验进行决策，还能促进持续学习和成长。

7.2.4　案例：持续努力实现成为精益数字化双专家的职业目标

（1）背景

我的职业目标是成为精益数字化双专家。这个目标的设定基于环境需求，基于个人热爱。我原先所在的 W 公司一向重视精益和数字化的工作，非常重视这方面的人才培养。很多年前我就被选拔公派留学学习相关的内容，回来之后就投身于 W 公司这方面的工作。另一方面，经过多个岗位的经历，我发现我还是更喜欢咨询培训和数字化开发的工作，每当看见我辅导培训的企业和员工的成功，我就会很有成就感，每当我开发的系统成功上线，能够给大家或多或少的帮助，我就会很有成就感。有了热爱，再多的困难都不是那么难以逾越。

（2）行动

围绕这个长期目标，从目标设定开始，将长期目标逐步分解为了学习、实践、分享各方面的更具体的阶段目标和行动计划。学习方面，持续通过自学、职业认证、行业交流等进行学习；实践方面，围绕专家所担负的咨询、培训、体系建设、数字化规划、数字化项目管理、软件开发等具体工作进行实施；分享方面，通过写文章、演讲交流、出版专著等方式持续进行。

（3）收获

经过多年努力，现在我逐步成为了化工行业内的精益专家（权威专家，开创化工行业精益的方法论，领导团队降低成本数亿元，出版国内首部行业专著，著作被国家图书馆等上百家图书馆纳入馆藏，经常收到咨询培训的邀请）和数字化专家（高级专家，开发成功多个数字化系统，拥有16个软件著作权，成果获得国家级政策奖励）。而现在我持续在这两个方面继续深耕，做着自己愿意做、擅长做而别人需要我做的事情，辛苦而甘之如饴。

专家的发展阶段如表7-8所示。

表7-8 专家的发展阶段

发展阶段	描述
初级专家	拥有基础的专业知识和一定的实践经验，能够回答基础性的、常见的问题。对复杂问题需要更有经验的指导
中级专家	具备深入的专业知识和广泛的实践经验，能处理较为复杂的问题，并可为初级专家提供指导
高级专家	具有深厚的理论知识和丰富的实践经验，能够处理复杂问题，并能够提供创新的解决方案。具有一定的影响力，并能指导中级和初级专家
权威专家	国内外有很高声望，是领域内的思想领袖，具有创新的观点和方法，能引领领域发展。深度理解领域内的复杂问题和挑战，能够提供高度定制化的解决方案
顶尖专家	全球范围内公认的领域领导者，研究成果和专业见解对整个领域有深远影响。能够处理最为复杂、最具挑战性的问题

7.2.5 练习：制定并写下你的年度目标

请制定并写下你的年度目标（可以是工作、学习、生活等各维度的目标，表7-9），并用SMART原则检查是否符合要求。

表7-9 年度目标

序号	目标	维度类别	S具体	M可测量	A可达到	R相关联	T时间限定
			□	□	□	□	□
			□	□	□	□	□
			□	□	□	□	□

7.3 计划管理

砍柴人夏师傅工作勤劳，但他也明白，光靠蛮力是不够的，还得学习新技术，提升自己的技艺。所以，他决定好好规划一下自己的工作、学习和休息，让每天的时间都能用得其所。

砍柴人先是把一天的工作时间划分开来。早晨的时候精力最足，就安排在这个时候去砍木头。下午的时候，他会选些轻松点的活，比如整理木柴、送货到村里去。

砍柴人知道，想要砍得快还得学习新技术。所以他每天留出一些时间，去和同行交流学习砍柴技术。

砍柴人也知道，身体是革命的本钱。所以他规划了足够的休息时间，晚上早点睡，保证第二天有足够的精力干活。

有时候，村里人可能临时需要更多的木柴，或者有其他紧急情况。夏师傅为这种情况也做了准备，他在计划中留有一定的弹性，能够灵活调整。

砍柴人每隔一段时间就会回顾自己的计划，看看有没有需要改进的地方，确保自己各方面都在正轨上。

通过这样的计划管理，砍柴人不仅提高了自己的工作效率，也学到了更多的技能，而且还保证了自己的身体健康。他的例子告诉我们，通过合理规划工作、学习和休息，可以更有效地使用我们的时间和精力。

我曾担任过百亿级化工基地的首任生产调度，人称夜班厂长。管理的关键要素是“人机料法环测”。要做好应对各种突发情况的准备，例如原料供应可能因为台风、交通管理中断、关键设备故障等等中断。这些都要用年、月、周、日的计划、预案进行管理，计划的好坏决定了基地“安稳长满优”的运营目标的完成。

计划管理是将目标细化为具体可执行的步骤，确定资源分配，并设定时间表的过程。本章节主要侧重于日、周、月、年的综合计划（其中包括工作计划、学习计划和生活休闲计划等各方面），此外单个项目、标准工作、任务的计划在工作管理领域进行。对应的精益管理主题是计划A3。

现在的世界变化很快，那么做计划还有用吗？

确实，在一个变化迅速的环境中，长期详细的计划很可能很快就不再适用。尽管如此，制定计划仍然是自我管理的一个重要部分，可以提供方向、增强适应能力、提升时间管理能力、评估进度、减少压力。

通过制定和执行计划，个人能够更加有序地追求目标，确保资源得到最优化利用，增强对外部变化的适应能力，最终实现目标。

如果计划管理做得不好，可能会出现的典型症状：

“计划过度症”。过度计划每一个细节，导致实际行动和执行被延迟或忽略。

“计划不足症”。缺乏充分和详细的计划，导致执行时方向不明确，效率低下。

“计划依赖症”。严重依赖计划，缺乏应对突发情况的灵活性，当计划受阻时容易感到焦虑和失控。

“计划拖延症”。不断推迟制定计划，通常由于决策疲劳或对任务的畏惧。

“执行障碍症”。即使制定了计划，也难以按部就班执行，易受诱惑偏离计划。

计划管理的挑战体现在如何有效地制定和执行计划，避免计划执行障碍或计划过度。解决这些问题需要制定切实可行的计划，并保持必要的灵活性来适应变化。

计划管理总图如图7-6。

7.3.1　原则：全面统筹、排序清晰、风险预估、资源调配、及时调整

计划管理蕴含着五大原则：全面统筹、排序清晰、风险预估、资源调配和及时调整。这些原则指导我制定全面清晰且具体的工作计划，有效地排序任务优先级，提前识别和应对潜在风险，合理安排时间等资源以支持关键任务，并保持计划的灵活性以适应不断变化的市场和技术环境。这些原则不仅提高了工作效率，也是持续改进和应对挑战的关键。

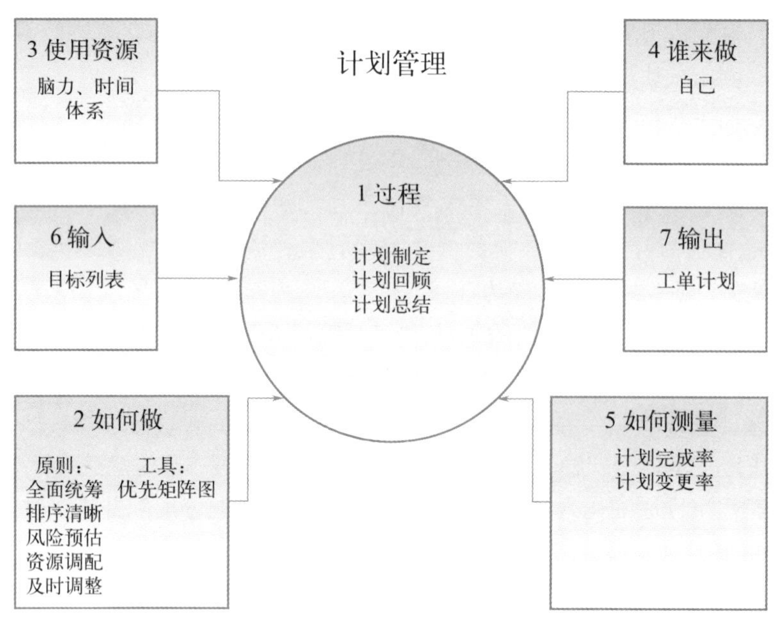

图7-6 计划管理总图

（1）全面统筹

制定全面统筹的计划，涵盖目标实现的各方面。在我主要做精益工作的时期，我的年度计划包括多个项目工作和培训课程、学习成长等各方面的计划。计划是目标的展开，我首先详细列出了年度目标，包括希望达成的关键业务成果、技能提升目标等内容。然后，我将这些年度目标细分为月度和季度目标，确保每个目标都具有可执行的行动计划和明确的时间表，通过行动计划支撑目标的全面达成。

（2）排序清晰

根据各种计划和任务的紧急程度和重要性进行优先级排序。 制定了详细的年度和月度目标之后，我会根据战略重要性和时间敏感性对它们进行排序。这意味着一些对公司或个人发展具有重大影响的项目会被放在更高的优先级。例如，开发一个新的软件产品对于公司来说是年度关键目标，那么相关的任务和里程碑将会被优先安排。表7-10是一个分类标准，根据工作对个人目标的重要性和使用的资源多少，将工作分为AA（极高）、A（高）、B（中）、C（低）4个级别。

表7-10 工作ABC分级表

类别	描述
AA——极高优先级	这些工作对于个人的长期目标和价值观至关重要。 它们需要最多的时间和精力来完成。通常包括职业发展、健康和家庭等关键领域的任务
A——高优先级	这些工作对于个人目标有重要性，但不如AA级别工作那么紧急。 需要适度的时间和资源。通常包括项目截止日期、工作任务和家庭事务等
B——中等优先级	这些工作对于个人目标有一定重要性，但可以更灵活地安排。 时间和资源需求适度。通常包括一般的日常任务、社交活动和娱乐等

续表

类别	描述
C——低优先级	这些工作对于个人目标的重要性较低，通常是可选的。 需要最少的时间和资源。通常包括时间浪费、无关紧要的事情或不紧急的娱乐

根据具体情况，可以将工作任务分配到这些级别中，并确保专注高级别的工作任务，以确保长期目标得以实现，如果工作完不成，也不要发生在高优先级及以上的工作上。这个分类标准可以根据个人需求和情况进行调整，在“管我”APP中，会根据优先级自动匹配不同的时间预算（例如一个A级工作任务预算50小时，用户可在此自动设定的基础上调整），各种页面排序也根据优先级，确保聚焦。

（3）风险预估

在制定计划时考虑可能的风险和不确定因素，并制定应对策略。对于每个项目和培训课程，我都会进行风险评估，识别可能影响目标达成的潜在风险。这包括技术难题、市场变化、团队资源不足等。然后，我会制定相应的缓解措施，比如增加研发时间、预留更多的预算或是提前进行市场调研。

（4）资源调配

合理安排时间等资源，确保关键任务得到足够的时间和注意。在识别了各项工作的重要性和风险之后，我会根据任务的紧迫性和重要性进行资源调配。这包括确定需要多少人力、财力以及其他资源，并确保这些资源能够在正确的时间被分配到正确的项目上。例如，我可能会将更多的时间分配到最具挑战性的项目上，同时确保培训课程有足够的时间预算。

（5）及时调整

计划应该保持一定的灵活性，及时根据实际情况进行调整。在执行年度计划的过程中，我会持续监控进度和外部环境变化，以便及时调整计划。这可能包括重新评估项目优先级、调整资源分配或是修改目标以适应新的市场需求。例如，一个新技术的出现使得某个项目变得不再那么重要，我可能会减少对该项目的投入，转而专注于更具前景的机会。

以上5个原则帮助我们做好计划管理，统筹全局。

7.3.2　过程：制定、回顾、总结

作为一名精益咨询培训师和软件开发者，我的工作和学习任务繁重而多样。我需要一个有效的工具来管理我的时间和资源，确保能够在高压环境下达成目标。我在15年前引入了计划A3报告作为我的计划工具，包括年、月、周、日4级，结构相同，内容不同。A3报告的简洁性和结构化特点使其成为理想的选择，帮助我清晰地定义问题、目标、计划和行动项。

年、月、周、日4级互相展开和回馈。年度、月度、周度和日度每个时间框架的报告

都是独立制定的，但它们之间存在着紧密的连接和持续的反馈循环。月度计划是基于年度目标制定的，而周度计划则是为了实现月度目标，进一步地，日度计划支持周度计划的实施，确保每日的行动都与更广泛的目标保持一致。在每个阶段结束时，我都会进行反思，评估我在达成该阶段目标方面的进展，并将这些反思和教训应用于下一阶段的规划。通过在日结束时进行的反思，我可以调整次日的行动计划，确保它更好地支持周度目标的实现；同样，周末的反思帮助我调整月度计划，而每月的反思则确保年度目标的持续适应性和进展。这样，我的计划始终保持同步，确保我能够持续朝着我的长期目标前进，并且每天的行动都是有目的和有意义的。具体以某一年的年度计划（表7-11）为例进一步介绍。

（1）计划制定

以年度总体目标为不同重点工作计划设定相应的目标。例如对于绿带教材和黄带教材的修订，我设定的目标是更新教材内容以反映最新的精益管理理论和实践，确保培训班的学员能够获得最新的知识。在倡导者教材编制和黑带教材编制、备课方面，我设立的目标为开发高质量的教材，这些教材不仅要覆盖理论知识，还要包含实践案例，以便学员能够深入理解精益管理的高级概念。对于年度的绿带培训班、倡导者培训班以及黑带项目，目标是顺利完成这些课程和项目，确保参与者能够应用所学知识于实践中，提升工作效率。

根据工作的优先级分配相应的时间和其他资源。例如我为绿带教材修订、倡导者教材编制和黑带教材编制备课制定了详细的时间表，确保教材能够在培训班开始前准备就绪。对于所有的培训班和黑带项目，我规划了具体的开展时间和预期完成时间，以便有效管理时间和资源。在个人认证学习方面，我安排了每日的学习时间，确保能够在考试前掌握所有必要的知识点。

（2）计划回顾

在计划执行过程中，我定期回顾进度、及时识别异常问题并解决，以确保计划进展正常。

定期跟踪计划的实施进度。例如对于教材修订和培训班的进度，我定期检查以确保一切按计划进行。对于黑带项目和辅导工作，我监控项目进展，及时解决任何出现的问题。生活计划方面，我跟踪锻炼次数和饮食情况。通过应用健康跟踪器或日志记录，监控自己的生活习惯，确保它们与我的健康目标相符。

及时识别异常问题并解决。例如在教材编制和培训过程中遇到的问题，如内容更新延迟或学员反馈，我及时调整教材内容或教学方法，确保教学质量。针对黑带项目执行过程中遇到的技术或管理难题，我寻找外部资源或采用创新解决方案，以保证项目按时完成并达到预期效果。

（3）计划总结

计划完成时，我进行彻底的目标完成评估和经验总结，规划后续行动。

表7-11　年度计划A3例

主题：2014年年度A3计划　　　　**编制：夏岚**

绩效（结果，上次），差距，目标（本次）

去年（2013年）			
项目	目标1：公司精益培训认证	目标2：精益项目收益	目标3：身体锻炼精力提升
去年目标	2期绿带，满意度95%	××××万元	优秀（5分）
去年结果	2期绿带，满意度98%	××××万元	优秀（5分）
今年目标	3期绿带，满意度95%	××××万元	优秀（5分）

上一次（2013年）的反馈和结果

行动计划	评分	关键结果和问题
进行自主绿带培训认证	4	完成了2期培训认证，培训案例需要进一步增加丰富，培训课程需要更多练习和互动。
提升精益项目质量并增加收益	4	精益项目质量明显提升，获奖优秀率提升20%，收益增加25%,，项目过程中还需进一步增加项目实施辅导，协调跨部门项目开展。
每周运动5次	5	按照计划完成，精力水平自评达到优秀(5分)，需要进一步巩固。

本次（今年2014年）行动计划（注：以下为部分计划）

目标	行动计划编号	行动计划	优先项	计划价值	用时合计	预算时间	时间差异比	完成率	状态	1月	2月	3月	4月	5月	6月	7月	8月	9月	10月	11月	12月
目标1：公司精益培训认证	14A01	绿带教材修订	A	9	4070	3000	136%	63%	结束	√	√										
	14A02	倡导者教材编制	C	3	1035	1500	69%	100%	结束	√	√										
	14A03	黑带教材编制/备课	C	3	8250	2000	413%	100%	结束	√	√										
	14C01	2014GB1绿带培训班	A	9	8655	8000	108%	98%	执行				√	√	√						
	14C02	2014GB2绿带培训班	A	9	7855	8000	98%	90%	执行				√	√	√						
	14C03	2014GB3绿带培训班	A	9	7050	8000	88%	98%	执行							√	√	√			
	14D01	倡导者培训班	C	3	1680	720	233%	100%	完成			√									
	14G01	2014GB绿带辅导1	C	3	3555	4500	79%	73%	执行				√	√	√						
	14G02	2014GB绿带辅导2	B	3	2465	4500	55%	50%	执行				√	√	√						
	14G03	2014GB绿带辅导3	B	3	595	4500	13%	16%	执行							√	√	√			
目标2：公司精益项目收益	14H01	2014年度战略计划	B	3	4070	2400	170%	100%	结束	√											
	14I01	2014上半年公司精益项目选项工作	B	3	7340	1500	489%	100%	结束	√											
	14I02	2014下半年公司精益项目选项工作	B	3	455	1500	30%	80%	结束							√					
	14J01	2014上半年公司精益项目管理工作	B	3	2230	1500	149%	80%	结束	√	√	√	√	√	√						
	14J02	2014下半年公司精益项目管理工作	B	3	150	1500	10%	30%	执行							√	√	√	√	√	√

续表

主题：2014年年度A3计划 **编制：夏岚**

目标	行动计划编号	行动计划	优先项	计划价值	用时合计	预算时间	时间差异比	完成率	状态	1月	2月	3月	4月	5月	6月	7月	8月	9月	10月	11月	12月
项目2：公司精益项目收益	14K01	2014上半年公司精益项目结项工作	B	3	2090	1500	139%	80%	结束						√						
	14K02	2014下半年公司精益项目结项工作	B	3	85	1500	6%	10%	执行												√
	14L01	公司精益流程体系修订	B	3	505	1200	42%	30%	执行	√	√										
目标3：个人培训认证	14M01	MBB认证学习	A	9	4595	7200	64%	40%	执行							√	√	√	√	√	√
	14M02	CPIM-SMB认证学习	B	3	2680	4800	56%	100%	结束	√	√	√									
	14M03	CPIM-DSP认证学习	B	3	3310	2400	138%	100%	结束				√	√	√						
目标4：身体锻炼	14P01	身体锻炼——每周运动5次	AA	27	9395	10000	93%	95%	执行	√	√	√	√	√	√	√	√	√	√	√	√

今年的调整	跟踪项目/未解决的问题
1、修订绿带培训课程，编制倡导者、黑带培训课程，完成3期绿带培训班，1期倡导者培训。 2、进一步提升精益项目过程实施辅导和项目协调管理。 3、根据年度SWOT分析，进行个人培训认证学习并通过。	1、目前精益项目管理中有大量的过程表单的下发、汇总、基本分析还是需要手工进行，需要想办法构建数字化管理平台，减少这部分低增值工作。
签名：	版本和日期：2014年1月1日V1.0

注：以上为部分计划内容，计划进行过程中实时更新数据。通过对每日有进展的工单分解工作进行进度更新，会计算工单总体的完成率把控进度；结合时间统计会及时汇总每个工单的实际使用时间合计，并根据工单的预算时间和实际用时的差异情况把控时间成本，防止时间超预算。

对照目标进行评估。例如对于教材修订和培训班，我评估教材的更新程度和培训的成功率，包括学员的满意度和考试通过率，以衡量这些活动的成效。对于黑带项目，我通过项目的最终成果和实现来评估项目的成功，包括生产效率的提升、成本节约和其他关键绩效指标。生活计划方面，评估是否达到了健康和健身目标，通过量化指标如体重变化、体能测试结果或是日常活力水平的评估来进行。这种评估有助于理解健康计划的效果，调整策略以满足未来的健康需求。

进行经验总结。例如通过分析教材编制和培训班的执行过程，我总结出哪些策略和方法最有效，哪些需要改进，以提高未来教材的质量和培训的效果。在黑带项目完成后，我总结项目管理和执行过程中的成功经验和面临的挑战，为今后类似项目提供借鉴。生活计划方面，我反思哪些健康习惯有效，哪些需要调整。通过审视哪些习惯带来了最大的健康益处，哪些实施起来比较困难，能够为未来制定更加实际和可持续的健康计划。

规划后续行动计划。例如基于对教材修订和培训班的评估和反馈，我计划进一步优化教材内容，并设计更加有效的教学方法，以持续提升培训质量。对于黑带项目，我基于项目结果和经验总结，规划未来更多的精益管理项目，同时改进项目管理方法，以确保更高效的执行和更好的结果。

使用A3报告进行计划制定、回顾和验收活动帮助我持续提高个人和职业生活的效率和效果。它不仅帮助我清晰地界定目标和行动步骤，而且还促使我定期反思和调整计划。通过这种方式，我能够保持灵活性，同时确保朝着我的长期目标稳步前进。

本领域的常见数字化指标：

计划完成率：计划完成数/全部计划数。

计划变更率：变更的计划数/全部计划数。

7.3.3　工具：优先矩阵图

优先矩阵图是一种评价和排序不同选择的方法。在这个过程中，小组首先确定一套评价标准，然后基于这些标准对每个选项进行评估。这种方法特别适用于进行评价、排序和筛选的情境。

优先矩阵图应用步骤如下：

① 讨论制定评价标准。

② 按照每个标准的重要程度给每个标准分配一个权重，总分是10分。

③ 画出评价矩阵表格。评价标准放在顶端，选项排列在左边。

④ 按标准评价每个选项。给出评分，总分是10分。

⑤ 将每个选项的分数与权重相乘，然后相加。

⑥ 以每个选项的得分进行排序。

例：目标选择决策——我的个人提升方式选择

在实现长期职业目标的过程中，采取何种方式提升自己需要做决策，以确定后续的目标方向。表7-12中时间投入和费用投入越少评分越高，提升效果越高评分越高。经过评估，我最后确定了通过考取几个职业认证作为自我提升的方式。

表7-12 应用优先矩阵图进行目标选择决策

方式	用户评价标准 / 评价标准权重	时间投入	费用投入	提升效果	得分	排序
1	读书自学	5	3	1	68	3
2	考取几个职业认证	5	3	3	88	1
3	读在职MBA	3	3	3	72	2
4	读脱产MBA	1	1	5	64	4

注：时间投入、费用投入和提升效果所占权重为8∶6∶10，故“读书自学”得分计算为：5×8+3×6+1×10＝68。

7.3.4 练习：制定你的年度计划

读者可根据上述章节案例，制定个人年度计划。

7.4 工作管理

砍柴人夏师傅以砍柴为生，每天都是一样的砍柴，想要通过实施精益管理的标准操作，来提高自己砍柴的效率和质量。标准操作，就是制定一些固定的最佳工作方法，确保每次操作都能高效、稳定地完成。砍柴人这样做：

首先确定了一套砍柴的标准干法。这个干法包括选树、砍树、处理和运输木柴等各个环节的最佳做法。如怎样选择适合砍伐的树木，砍伐的角度和力度应该是怎样的，如何高效地搬运。

为了保证每次工作都能按照这个干法进行，砍柴人制定了一份详细的砍柴宝典。这份砍柴宝典说明了每一个步骤的具体操作方法，比如存储木柴等。

砍柴人根据这份砍柴宝典，不断练习和提升自己的技能。他还时常回顾和反思自己的工作，看看是否有偏离宝典要求的地方，并进行调整。

虽然有了砍柴宝典，但砍柴人知道总有改进的空间。他经常根据实际工作中遇到的问题和挑战，调整和完善他的砍柴宝典。

砍柴人定期评估自己的工作效果，比如砍柴的速度、木柴的质量和主顾们的反馈，以此来判断标准操作的效果。

通过这样的标准操作实践，砍柴人的砍柴工作变得更加高效和可靠。他的例子说明了精益管理中标准操作的重要性，以及如何通过标准操作提升工作质量和效率。

工作管理是对个人工作活动进行组织、执行监控的过程，以确保效率和效果。

工作管理是每天都要做的事情。对应的精益管理主题是标准操作。按照一次性或重复划分，主要包括项目类工作、标准操作类工作、单个任务。

项目（project）类工作：指的是有具体目标、明确时间限制和特定资源分配的工作。这类工作通常需要多步骤、跨部门合作，且结果往往是独特的或一次性的。比如，我负责一个为期三个月的企业培训项目，该项目的目标是提高一个组织的团队合作和沟通技能。这个项目可能包括需求分析、定制课程内容、组织培训活动、跟踪评估和报告结果等多个阶段。每个阶段都有具体的目标和时间线。

标准操作（SOP）类工作：指的是标准化的、通常是重复性的流程和程序。这些是为了确保在相似情况下能够一致、高效地执行工作。例如，在我的咨询培训工作中，有一套标准化的流程来评估客户需求、准备培训材料、实施培训和收集反馈。

单个任务（task）：这是工作的最小单位，通常是在项目类工作或标准操作类工作中的单个步骤或活动。任务是具体的、有明确的执行方式和完成标准的。例如，为一个培训会议准备幻灯片、安排场地、通知参与者培训时间和地点、收集培训后的反馈表等。每个任务都是具体的、可执行的，且有明确的完成标准。

总结来说，项目类工作是目标导向、时间限制的大型工作；标准操作类工作是为了保证一致性和效率的固定流程；而单个任务则是这些更大范围工作中的具体执行步骤。

这三种存在着嵌套的情况。项目类工作和标准操作类工作中可能会有任务。项目类工作中有标准操作类工作。

工作管理是确保日常任务和活动得到有效组织和执行的过程，目标是提高效率和产出质量。

通过对工作的有效管理，个人和团队能够更加有序和高效地完成任务，实现工作目标，同时提高工作满意度。

如果工作管理做得不好，可能会出现的典型症状：

“效率低下症”。工作效率不高，常常需要更长时间来完成任务，可能由于缺乏专注或效率不高的工作方法。

“焦虑过载症”。工作带来的压力和焦虑超出了个人的处理能力，影响工作表现和生活质量。

“完成恐惧症”。对完成任务或项目的后果感到不安，可能因为害怕批评、失败或成功后的期望提升。

“任务混乱症”。在管理多个任务时感到混乱和压力，难以有效地分配时间和资源。

“团队依赖症”。过分依赖团队的支持和合作，缺乏独立完成任务的能力。

工作管理的症状如效率低下和团队依赖，揭示了在工作中的效率和协作问题。提高工作管理能力需要提高个人工作效率，学会独立处理任务，同时也要学会与他人有效合作。

工作管理总图如图 7-7 所示。

7.4.1　原则：目标导向、计划先行、效率至上、专注执行、管理异常

工作管理蕴含着5大原则：目标导向意味着所有活动和决策都应聚焦于实现最终目标；计划先行确保每项工作在开始前都有周密的规划和清晰的目标设定；效率至上强调采用最佳工作方法以实现时间和资源的最优利用；专注执行倡导全神贯注于当前任务，减少干扰以提升工作质量；管理异常涉及灵活应对工作中的意外变化，确保项目能够顺利进行。而这些原则在实际工作中得到应用，可以推动工作成功和个人成长。

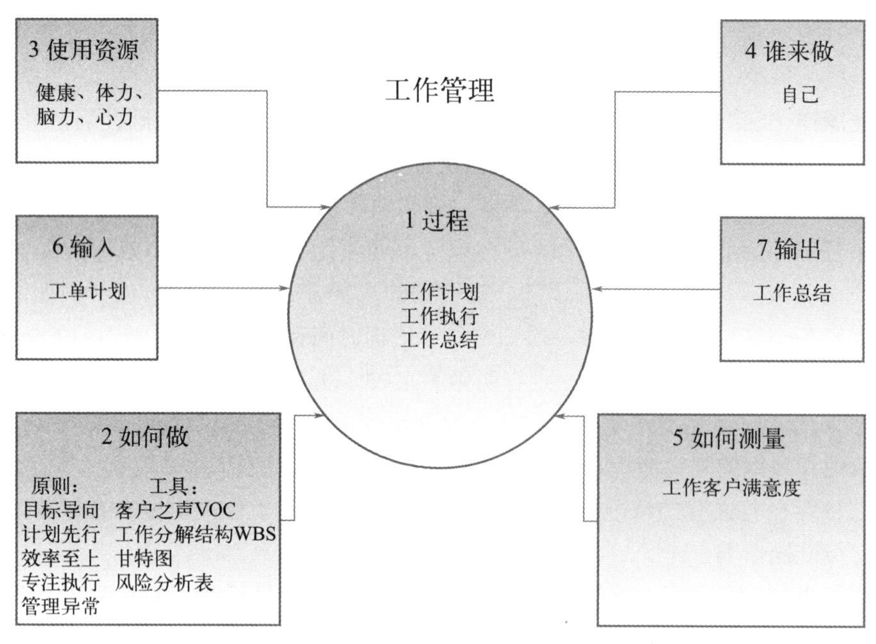

图7-7 工作管理总图

（1）目标导向

始终以最终的工作目标为导向。这意味着所有的工作活动和决策都应该围绕着实现这个目标进行，确保工作的每一步都是朝着目标前进。无论是在精益改进还是数字化项目中，我都会始终聚焦于最终目标。以一个化工企业生产成本管理软件的开发为例，我从项目伊始就设定了一系列清晰的里程碑，覆盖从用户需求调研到原型设计，再到功能开发和测试的每一个关键阶段。我坚持每天审视工作进度，确保所有活动都围绕着实现这些里程碑前进。通过持续的进度监控和目标复盘，我能够确保项目不仅仅是按计划推进，而且每一步都是朝着最终目标迈进的。这种方法帮助我保持清晰的方向感，同时确保团队的每一位成员都明白自己的工作如何贡献于大局，从而确保整个项目能够高效而有序地向前推进。

（2）计划先行

在开始任何工作之前，先进行周密的计划。这包括设定明确的目标、规划时间表、划分任务和资源分配。有效的计划可以帮助提高工作效率，减少无谓的返工和时间浪费。在每个项目开始之前，我都会花时间制定详细的工作计划，包括任务分解、优先级排序和时间管理。例如，在启动新的化学品管理系统开发项目时，我首先会创建一个功能开发的路线图，这个路线图会详细阐述每一个开发阶段所需要的时间和资源，以及每个阶段预期的成果。通过这样的方式，我能够确保整个项目的开发过程是有序且高效的，从而避免在后期产生任何不必要的混乱或延误。这种前瞻性的计划方法让整个团队都能在清晰的框架内工作，确保每个成员都明白自己的角色和责任，同时也为项目的顺利进行提供了坚实的基础。

（3）效率至上

强调在工作过程中始终追求高效率。这意味着寻找和利用最佳的工作方法和技巧，以最少的时间和资源达到工作目标。例如，通过采用敏捷开发方法，我能够快速响应需求变化，同时利用自动化测试减少手动测试的时间。在代码编写过程中，我采用代码重用和模块化设计原则，以减少重复工作和提升开发速度。通过这些策略，我能够有效提升工作效率，同时保证了产出质量，确保每一份工作都能达到既定的高标准。这种对高效率的不懈追求，使我在职业生涯中不断进步，优化工作流程，为团队和项目带来了可衡量的价值。

（4）专注执行

专心致力于当前的任务，避免分心。这个原则提倡在工作时减少干扰，比如限制打断和避免多任务处理，以提高工作的质量和效率。在处理复杂的算法设计时，我会关闭电子邮件和社交媒体通知，确保在这些专注时间内不受打扰。在开发功能模块时，我会应用单件流（一种源自精益生产的原则，主张在工作过程中避免批量处理和任务堆积，从而减少等待时间，提高流程的透明度和可控性）的思想，确保一次只处理一个设计问题，从开始到结束保持连续的关注，避免同时开展多个任务导致的注意力分散。通过这样的做法，我能确保在这些专注的时间段内，全部精力都被有效地用于解决手头的问题，从而大幅度提高工作效率和质量。通过持续实践这种专注执行的原则，不仅可以在工作中取得更好的成果，也能在处理复杂问题时保持清晰和有条不紊的思路。

（5）管理异常

学会管理工作中的异常因素或异常状态。在任何时间首先都要确认，现在是正常还是异常？当工作异常时，我会迅速调整计划并寻找解决方案。以最快的速度将异常消除，保证工作开展在正确的轨道上。在开发LIMS系统的过程中，我面临了一个具体挑战：某个型号的分析仪器数据采集困难。该型号仪器的数据输出格式与我们软件系统预期接收的格式不兼容，导致数据无法直接导入和处理，这可能会耽误整个项目上线的时间。为迅速解决这一问题，我采取了两步策略。首先，短期内，我合作开发了一个数据转换工具，该工具能够将仪器的数据输出转换成我们系统可以识别和处理的格式。这个临时解决方案使我们能够继续前进，而不会因为数据采集问题而停滞不前。其次，我主动与仪器的制造商联系，讨论了长期的解决方案，包括可能的固件更新或提供新的软件驱动程序，以实现更加顺畅的数据集成。这次经历教会了我在面对技术挑战时，快速反应和有效沟通的重要性，同时也加深了我对于在项目管理中保持灵活性和寻求创造性解决方案的理解。

以上5个原则帮助我们做好工作管理，把要干的事干好。

7.4.2　过程：计划、执行、总结

项目类工作、标准操作类工作、任务类工作都按照计划、执行、总结进行，复杂度依次减少。

7.4.2.1 项目类工作

在工作中，我曾担任多个大型项目的项目经理，也曾主持项目管理办公室的工作。标准项目管理遵循的项目管理过程基于项目管理知识体系指南中的标准，包括启动、规划、执行、监控、收尾5个阶段。自我管理的项目类工作参考这个标准做适当的简化，以兼顾管理规范和执行灵活。

（1）计划阶段

目标设定。在设定项目目标时，采用SMART原则，确保目标既实际又具有挑战性。这意味着每个目标都是具体的、可衡量的、可实现的、相关并具有明确的时限的。例如，我的项目是提升公司网站的用户体验，我会设定在三个月内提高网站的用户留存率10%这样一个具体且可衡量的目标。

资源规划。对于资源规划，细致地考虑了人力、资金和时间等各方面的需求。编制详细的预算计划，明确了每个阶段所需的资源分配。比如在软件开发项目中，我会根据开发阶段的不同需求，分配不同的开发和测试资源。

风险管理。在风险管理方面，首先识别可能影响项目成功的潜在风险。这包括技术上的挑战、关键干系人的变更、市场变化等。然后为每种识别出的风险制定应对策略，包括风险避免、减轻、转移和接受。例如，在面对技术挑战时，我可能会选择引入外部专家进行咨询，以减轻这一风险。

接下来是执行阶段和结项阶段的详细内容。

（2）执行阶段

执行管理。在执行管理中，使用项目管理工具，如甘特图，来跟踪项目进度。这样可以确保项目按时保质完成。例如，在软件开发项目中，我会定期检查每个阶段的完成情况，确保没有延误。

质量控制。为了保证项目的质量，要确保项目执行过程遵循标准化流程和质量要求。这包括定期审查，如每周或每月进行一次项目审查，以确保一切按照预定标准进行。

沟通管理。有效的沟通对于项目的成功至关重要。定期举行团队会议，确保信息在团队内部流通。同时，要与项目外部的利益相关者保持沟通，及时报告项目的进展。比如，我会向客户提供每月的项目进度报告。

（3）总结阶段

成果评估。项目完成后，要确保项目成果符合预定目标和质量标准。这包括从客户处收集反馈，评估项目成果的市场接受度。例如，在软件开发项目中，我会在交付后获取用户反馈，以评估其性能和用户满意度。

经验总结。要总结项目中的成功经验和教训，为未来的项目提供参考。同时，要进行自我评估，根据项目结果给予自己相应的奖励或惩罚并提出改进建议。

项目归档。最后，要整理项目文档，包括计划文件、会议记录、测试报告等，并将这些知识分享给组织内的其他团队。这有助于积累组织的知识库，促进未来项目的成功。

总的来说，项目管理是一个既复杂又有序的过程。它不仅需要关注技术和流程，还需要注重团队协作、客户沟通和持续改进。通过遵循这些步骤，我可以有效地管理各类项目，确保目标的实现和项目的成功。

7.4.2.2 标准操作类工作

在工作中，我承担了推动公司标准化工作的重要职责，这主要涵盖了标准操作规程（standard operating procedure，SOP）的制定、学习、应用以及改进（编、学、用、改）。这些操作指南不仅是执行日常任务的蓝图，也是确保工作质量和效率的关键。下面是我如何系统地进行这项工作的详细步骤。

（1）计划阶段

确认SOP存在与否。工作的第一步是确定是否已经有了适用的标准操作规程。如果存在，那么我会在开始任何操作之前复习SOP，确保我完全理解其具体要求。

制定或更新SOP。如果发现没有适当的SOP，或者现有的SOP不再适用于当前的操作环境，我将负责制定新的SOP，或根据需要对现有的SOP进行更新。这包括收集相关数据、流程分析以及编写清晰、可执行的步骤。

（2）执行阶段

严格执行SOP。执行阶段的核心是严格遵守SOP的指导原则。这意味着按照既定的步骤准确无误地完成每项任务。个人要有必要的技能和资源来正确执行这些步骤。

（3）总结阶段

执行总结。每次SOP执行后，我都会进行彻底的总结，记录下实施过程中的任何问题、偏差和成功之处。这不仅帮助我们理解在实际操作中SOP的效果，还提供了改进工作流程的机会。

更新SOP。基于执行阶段的总结和反馈，我会根据实际情况和可能的改进措施对SOP进行必要的更新。这确保了SOP始终能够反映出最佳实践，并且与当前的工作环境保持一致。

通过这种细致入微的计划和执行过程，我能够有效地管理和优化标准操作规程，确保工作流程的高效和质量。

7.4.2.3 任务类工作

对于任务类工作，我的方法论同样遵循计划、执行和总结的框架，但更侧重于具体任务的完成。

（1）计划阶段

这一阶段我会详细列出即将面临的所有任务，无论是一次性任务还是周期性重复任务（如每日、每周任务等）。这有助于我对即将到来的工作有一个全面的认识，并进行有效的时间管理和资源分配。

（2）执行阶段

根据计划阶段的准备，我会开始执行列出的各项任务。这包括确保所有必要的资源和信息都已就绪，以及监控任务执行过程中的任何偏差，以便及时调整。

（3）总结阶段

每完成一项任务后，如有需要我会进行相关的总结，记录下完成任务的过程、遇到的挑战、采取的解决方案以及最终的结果。这不仅有助于个人成长，也为未来执行类似任务提供了宝贵的参考。

本领域的常见数字化指标：

工作客户满意度：客户对自己每项工作的满意度评价。

7.4.3 工具：客户之声VOC、工作分解结构WBS、甘特图、风险分析表

工作管理中特别是项目类工作主要任务是识需求（客户之声VOC）、定目标（SMART目标）、列步骤（WBS）、排先后（甘特图）、算资源（时间资金预算表）、识风险（风险分析表）、看状态（过程状态报告表）、做决策（优先矩阵图）、时反省（反省表）。在各个阶段以下这些工具可以帮助我们做得更好（表7-13）。

表7-13 项目类工作管理工具——工作9问

阶段	工具
计划阶段（做之前）	➢客户需求是什么？客户之声VOC ➢目标是什么？ SMART原则目标设定 ➢怎么做？ WBS工作分解结构 ➢什么先做什么后做？甘特图 ➢需要多少资源？时间资金预算表 ➢风险是什么？风险分析表
执行阶段（做之中）	➢有什么问题？过程状态报告表 ➢需要什么决策？优先矩阵图
总结阶段（做之后）	➢目标完成如何？反省表

7.4.3.1 VOC（客户之声）——客户想要什么

客户之声（voice of the customer，VOC）是一种市场研究技术，它专注于捕捉客户的期望、偏好以及不满意的地方。这种技术的主要目的是确保客户需求得到充分满足，进而提升客户满意度和忠诚度。VOC可以应用于多种场景，包括新产品开发、服务改进和市场策略的制定。

VOC应用步骤如下：

① **收集数据**。通过调查问卷、焦点小组讨论、一对一访谈等方式收集数据。

② **分析反馈**。使用质性和量化分析方法来解析收集到的数据。

③ **识别需求**。从数据中识别出客户的明确需求和潜在需求。

④ **优先排序**。确定哪些需求最为重要，应当优先考虑。

⑤ **行动计划**。制定具体行动计划以满足这些需求。

在实施VOC时，需要特别注意的几个要点包括真实性、持续性、客观性和行动导向。确保收集到的信息必须真实可靠，能够真正反映客户的声音；VOC应该是一个持续的过程，需要不断地收集和分析客户反馈；在分析和解释数据时，必须保持客观，避免主观偏见；最重要的是，收集和分析数据的最终目的应该是采取具体的行动来解决问题。通过有效地使用VOC，企业能够更深入地理解客户需求，改善产品和服务，从而在激烈的市场竞争中取得优势。

例：咨询培训VOC

作为一名咨询培训师，我经常利用客户之声（VOC）来提高我的培训和咨询服务的效果。例如，在为一家公司设计定制化培训课程时，我首先通过问卷调查和面对面访谈来收集管理层和员工对培训需求的反馈。这帮助我理解他们希望提升的技能领域以及他们对现有培训内容的看法。

根据收集到的信息，调整我的培训计划，确保它们能够满足这些具体需求。如果反馈显示员工更倾向于提高技术技能，我会在课程中增加更多相关的技术模块和实践案例研究。这样，我的培训不仅仅是理论上的，而是紧密结合了公司的实际需求和员工的个人发展目标。

此外，我还会在培训结束后继续收集反馈，以评估培训的效果并进行必要的调整。这种持续的反馈循环确保了我的服务始终与客户的需求保持一致，并帮助我不断改进方法和内容。

7.4.3.2　WBS（工作分解结构）——要做哪些工作

工作分解结构（work breakdown structure，WBS）是一种在项目管理中使用的重要工具，它通过将复杂的项目细分为更小、更易管理的部分来帮助项目经理和团队成员。这种层次性结构的目的是让团队更好地理解项目细节，并提供一个清晰的规划框架。适用于大型或复杂的项目，特别是在需要明确项目范围和任务的情况下，WBS 可以促进团队协作并确保所有成员对项目的期望和责任有一个明确的理解。此外，它对于需要精确分配资源和时间的项目来说也是非常有用的。

WBS 应用步骤如下：

① **定义项目目标**。明确项目的最终目标和预期成果。

② **识别主要输出**。确定为达成这些目标所需的主要成果或交付物。

③ **分解交付物**。将每个主要成果进一步细分为更小的任务或活动。

④ **创建层次结构**。按逻辑顺序和依赖关系排列这些任务，形成层次结构。

⑤ **分配责任**。确定哪些团队成员负责哪些任务或交付物。

⑥ **审查和调整**。与项目团队共同审查WBS，确保所有重要任务都被包括且合理分配。

在应用WBS的过程中，有几个关键要点需要注意：首先，避免过度细分任务，因为这可能会增加管理的复杂性；其次，确保每个任务都有明确的定义和结束点，以便于跟踪和评估；然后，保持WBS的灵活性，根据项目进展进行调整是非常重要的；最后，保证沟通和协作，确保所有相关方都理解并同意WBS的内容。

例：精益绿带课程开发和培训计划WBS，具体如图7-8所示。

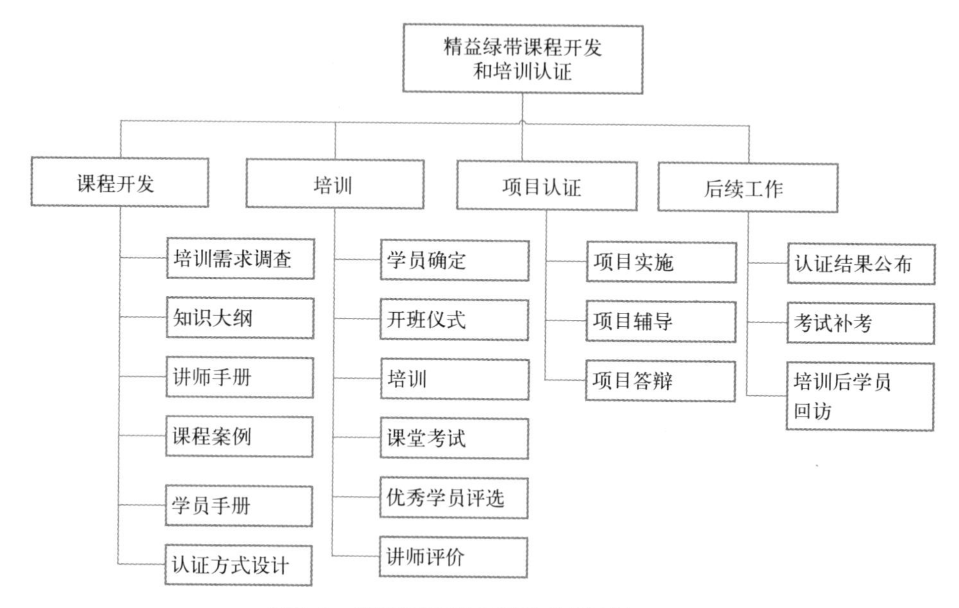

图7-8 精益绿带课程开发和培训计划WBS

7.4.3.3 甘特图——工作的时间计划是什么

甘特图是一种在项目管理中广泛使用的工具，旨在帮助规划、调度和追踪项目进度。本质上是一种条形图，它用于展示项目的时间表，其中每个条形代表项目中的一个特定任务或阶段。这个工具的主要目的是帮助项目经理和团队理解任务的安排、持续时间以及任务之间的重叠情况。

在项目规划阶段，甘特图被用来制定详细的时间表，而在项目进行期间，则用于监控任务进展与原计划的对比。此外，甘特图对于确保资源如人员和设备的有效分配也非常重要。

甘特图应用步骤如下：

① **确定任务**。列出项目中的所有任务。

② **估算持续时间**。为每个任务估算开始和结束时间。

③ **确定依赖关系**。标识任务之间的依赖关系。

④ **创建条形图**。在时间轴上为每个任务创建条形。

⑤ **分配资源**。指定每个任务的资源。

⑥ **更新进度**。定期更新甘特图以反映实际进展。

甘特图的要点包括：灵活性，需要根据项目的进展进行调整；可视化能力，提供了项目所有方面的直观视图；以及作为沟通工具的功能，有助于项目团队和利益相关者之间的沟通。然而，甘特图也有其局限性，可能无法有效显示复杂的项目依赖关系。尽管如此，甘特图的有效应用也可以极大地提升项目管理的效率和透明度，不仅帮助项目经理监控进度，还促进了团队成员之间的沟通和协作。精益绿带培训认证项目甘特图如表7-14所示。

表7-14　精益绿带培训认证项目甘特图

类别	任务	计划开始日期	计划结束日期	完成进度	1月	2月	3月	4月	5月	6月
启动	项目计划书	2014-01-02	2014-01-05							
课程开发	培训需求调查	2014-01-11	2014-01-11							
课程开发	知识大纲	2014-02-1	2014-02-15							
课程开发	讲师手册	2014-03-1	2014-03-25							
课程开发	课程案例	2014-03-1	2014-03-25							
课程开发	学员手册	2014-03-1	2014-03-25							
课程开发	认证方式设计	2014-03-20	2014-03-25							
培训	学员确定	2014-01-25	2014-01-30							
培训	开班仪式	2014-04-05	2014-04-05							
培训	培训	2014-04-25	2014-05-15							
培训	课堂考试	2014-05-20	2014-05-20							
培训	优秀学员评选	2014-05-25	2014-05-25							
培训	讲师评价	2014-04-25	2014-05-05							
项目认证	项目实施	2014-04-25	2014-06-25							
项目认证	项目辅导	2014-04-25	2014-06-25							
项目认证	项目答辩	2014-06-05	2014-06-05							
培训后	认证结果公布	2014-06-11	2014-06-11							
培训后	考试补考	2014-06-22	2014-06-22							
培训后	学员回访	2014-06-30	2014-06-30							

注：条形图为示意。

7.4.3.4　风险分析表——工作的风险和应对措施是什么

风险分析是一种系统性的方法，用于识别、评估和减轻项目过程中可能遇到的风险。通过对可能的风险进行识别和评估，项目团队能够采取预防措施，以减少风险发生的可能性或减轻风险的影响。风险分析方法适用于项目的各个阶段，包括但不限于项目规划、执行、监控和收尾阶段。它特别适用于具有不确定性和复杂性的项目，如新产品开发、技术升级、组织变革等。

应用步骤如下：

① **风险识别**。通过团队讨论、历史数据分析、专家访谈等方式，列出所有可能影响项目的负面事件。例如，学员可能无法掌握课程知识或技能。

② **风险评估**。评估每个风险事件发生的概率和影响程度，通常分为“高”“中”“低”三个级别。例如，学员无法掌握课程的技能被评为中等风险。

③ **风险优先级排序**。根据风险的严重性（即概率和影响的结合）对风险进行排序，确定哪些风险需要优先管理。

④ **风险应对策略制定**。针对每一项重要风险，制定相应的应对策略。这可能包括避免、减轻、接受或转移风险。例如，为提高学员学习积极性，可以采取考试评比、集中脱产培训等措施。

⑤ **实施和监控**。执行风险应对计划，并在项目周期内持续监控风险的变化。适时调整风险管理措施以应对新的或变化的风险。

⑥ **记录和报告**。记录风险管理活动的结果，并定期向相关方报告，以支持项目决策和持续改进。

在执行项目管理的风险分析中，需要谨记几个重要的注意事项。保持全面性至关重要；这意味着要考虑所有可能的风险因素，以避免遗漏任何关键的风险。同时，风险分析应被视为一个持续的过程。随着项目的推进和外部环境的变化，必须不断地更新风险分析，确保它反映了最新的信息和情况。此外，鼓励项目团队成员和其他利益相关者参与风险分析过程是非常重要的，这样做可以增加风险识别的全面性和准确性。通过这样的方法，风险管理的效果可以得到显著提升，从而帮助确保项目的顺利进行。注重可行性，制定的风险应对策略需要是可行的，确保有足够的资源进行实施。

例：精益培训认证项目风险分析，具体如表7-15所示。

表7-15 精益培训认证项目风险分析表

序号	可能风险	导致的不良结果	总体威胁	预防措施	备注
1	学员无法掌握本课程的知识	影响学习目标的实现	低	通过沟通和考试评比提高学习积极性、自主应用自有案例编制教材、集中脱产培训、对照标杆企业晚自习进行解答	
2	学员无法掌握课程的技能	影响学习目标的实现	中	每名学员单独完成一个改善项目并进行书面辅导（有条件则进行当面辅导）	
3	学员课程纪律不好	影响学习目标的实现	低	课堂纪律培训	
4	学员缺勤	影响学习目标的实现	低	制定考勤规则、考勤，缺勤不予通过	
5	讲师水平	影响培训效果	低	细化培训材料，提前试讲，进行培训讲师评价并针对改进	
6	相关方对于培训效果认可度低	降低各部门组织培训的积极性	高	课前沟通明确本课程学习目标（范围和深度）和预期效果	
7	培训资料泄密	公司自有知识泄露	高	学员手册采用印刷版，进行保密宣传	
8	项目倒装、移植	无法满足认证需要	低	按照正式流程选项，首先从降成本项目池、质量改进项目池中选出，推行办负责审核	
9	项目选取不当，过大或过小	影响培训效果	低	推行办负责进行选项辅导	
10	绿带学员独立实施项目发生困难	学员无法掌握课程技能	中	每人安排1名黑带进行辅导	
11	项目非本人所做	影响学习目标的实现	低	确保本人参加辅导、进行答辩	

7.4.4　案例：开发全套精益课程体系并培训认证500人

（1）背景

在2013年，W公司面临一个挑战：缺乏一套贴合化工行业特性需求的精益培训课程体系，员工获得系统性精益培训认证的比例偏低。这种状况不利于提升公司的精益管理水平。鉴于此，公司决定自主开发一套精益课程体系，并开展相应培训，以提升精益管理能力和弥补精益人才的不足。

（2）行动

该项工作为一个项目群，涵盖多个具体项目及相关的标准操作规程（SOP）。我制定了全面的项目目标，明确了课程开发和培训认证的具体目标和计划。开展了精益课件的编制工作，创建了包括基础、黄带、绿带、黑带5类认证、33门课程、75个工具和数百个案例在内的资料，共计编写了2500页PPT。实施了精益培训认证项目，包括精益黄带、绿带及绿带升黑带等多期培训，累计培训认证500人。在接下来的几年中，我每年都投入超过60天，每天超过13个小时进行培训和辅导工作。这项工作严格遵循项目管理和SOP要求，以有限的资源成功满足了质量、时间等方面的需求。因为贴近一线的案例和课程设计，让员工可以学了就用上，故深受员工欢迎，大家从要我培训转变到了我要培训。

（3）收获

成功形成了一套完整的精益课程体系并持续开展培训认证500人，为公司精益水平的提升奠定了基础。通过连续数年的努力，W公司实现了年精益项目收益数千万元的成绩。紧接着我将这套精益课程体系成功传播到W公司的3个子公司，包括课程移交和讲师培训，进一步扩大了其应用范围和影响力。这一切都是系统地管理工作的结果。

7.4.5　练习：列出3个你最需要编制的个人SOP名称

____

____

____

第 8 章

如何应用自我精益？
—— 能力提升领域的实践

8.1 时间管理

砍柴人夏师傅每天忙忙碌碌的，但他也知道，一天的时间就那么多，必须好好安排。为了把时间用在刀刃上，砍柴人这样管理他的时间：

砍柴人每天天刚亮就起床。他觉得早上空气好，精神头也足，所以选这个时候去山里砍柴。

砍柴人心里有数，知道哪些活儿急，哪些能晚点做。他把送木柴到村里的活儿安排在下午，因为那时候大家都在家。

砍柴人不会想着一次把所有活儿都干完，他会一步步把活干好。

山里干活，总有些意外情况。砍柴人总会留出一些时间，以防山里路滑或者是工具坏了之类的意外发生，耽误时间。

砍柴人知道，人累了就得歇着。晚上他不熬夜，吃过晚饭就休息，养足了精神，第二天才能干好活。

通过这样的时间管理，砍柴人每天都能高效地完成工作，不会感到特别疲惫。他的例子告诉我们，好好规划时间，既能把活儿干好，又能保持身体健康。

时间管理是对个人的工作和生活时间进行计划、组织和监控的过程，旨在提高效率和效能。时间管理的范围主要包括工作、学习和生活，时间管理是每天都要做的事情。对应的精益管理主题是精益成本管理，把时间当作成本去管理。

时间管理对于提高个人的效率、减轻压力、提高生活质量、实现目标以及提升决策质量都具有至关重要的作用。

如果时间管理做得不好，可能会出现如下典型症状：

“时间拖延症”。经常推迟开始或完成任务，通常由于动力不足、恐惧或决策困难。

“时间碎片症”。时间被分割成小片段，难以进行长时间集中的工作，影响任务完成的质量和效率。

“过度工作症”。花费过多时间工作，忽视了休息和个人生活，可能导致疲劳和倦怠，是精益管理中的过载现象。

“时间淡薄症”。缺乏时间紧迫感，对时间流逝的感知不强，导致错过重要的截止日期或约会。

“优先错乱症”。无法正确地分配时间优先级，常常先处理紧急但不重要的任务，忽视了长期和重要的任务。

有效的时间管理需要培养良好的时间观念，合理安排优先级，并采用适合自己的时间管理技巧。

时间管理总图如图8-1所示。

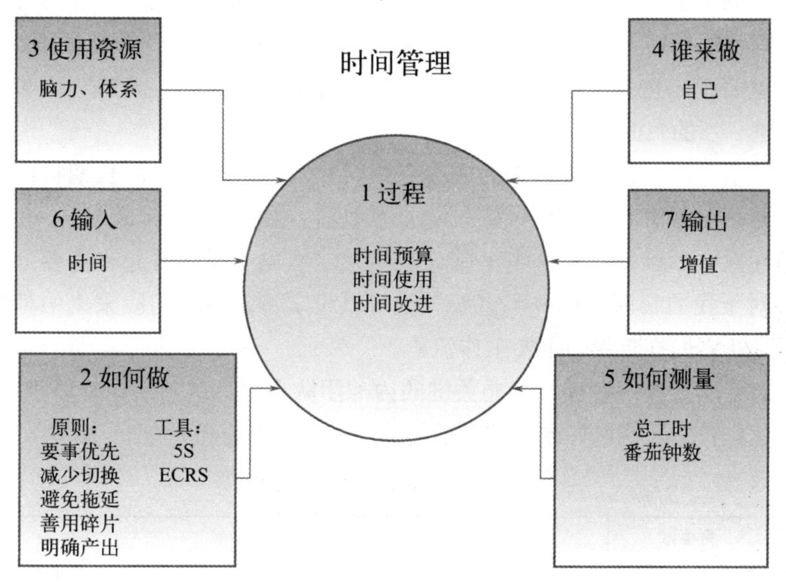

图8-1 时间管理总图

8.1.1 原则：要事优先、减少切换、避免拖延、善用碎片、明确产出

时间管理蕴含着5个原则：要事优先、减少切换、避免拖延、善用碎片和明确产出。这些原则有助于在工作中制定清晰且具体的工作计划，有效地排序任务优先级，提前识别和应对潜在风险，合理安排时间等资源以支持关键任务，并保持计划的灵活性以适应不断变化的市场和技术环境。这种综合性的时间管理方法不仅提高了工作效率，实现职业和生活的平衡，也是持续改进和应对挑战的关键。

（1）要事优先

优先处理重要且紧急的任务。例如，每天开始工作前，花10分钟时间审视待办事项，确定哪些任务对达成长期目标和价值观最为关键。使用紧急重要矩阵来帮助判断和排序任务的重要性和紧急性，以便更有效地安排时间和资源。这个矩阵分为四个象限：

➢紧急且重要：这些任务需要立即处理。例如，临期的项目截止或突发危机。

➢重要但不紧急：这些任务对长期目标和价值观至关重要，但不需要立即完成。例如，关系建立、长期规划。

➢紧急但不重要：这些任务看起来需要立刻完成，但对于个人或组织的长期目标并不重要。例如，某些会议或不断打扰的电话。

➢既不紧急也不重要：这些任务对于长期目标没有贡献，也不需要立即处理。例如，无意义的娱乐活动或某些电子邮件。

使用这个矩阵可以帮助个人或团队集中精力在最重要的任务上，同时减少对时间的浪费。把时间集中到重要的工作上。未完成的工作，也只能发生在不重要的工作上。

在一个特定的工作日，我面对以下任务：紧急修复一个关键生产系统的软件缺陷、准备一个即将到来的系统上线会议、回复一系列电子邮件和参加一个非关键的内部团队会议。使用紧急重要矩阵来确定这些任务的优先级（表8-1），我的分析如下：

紧急且重要：修复生产系统软件缺陷。这个任务对客户的业务影响重大，需要立即处理以避免进一步的负面影响。

重要但不紧急：准备即将到来的系统上线会议。这对于我们的长期目标和价值观至关重要，需要精心准备，但由于会议还有几天时间，不需要立即完成。

紧急但不重要：回复一系列电子邮件。虽然这些电子邮件看起来需要立刻回复，但它们大多数对于我的长期目标并不重要。我可以设定特定的时间段来集中处理这些电子子邮件，而不是让它们打断我的主要工作流程。

既不紧急也不重要：参加一个非关键的内部团队会议。这项活动可以推迟或不参加，因为它对于达成我的长期目标或处理当前的紧急任务没有直接贡献。

表8-1 紧急重要区分例

重要度 / 任务 / 紧急度	重要	不重要
紧急	修复生产系统软件缺陷	回复一系列电子邮件
不紧急	准备即将到来的系统上线会议	参加一个非关键的内部团队会议

通过这种方式，我优先处理了修复软件缺陷的任务，确保了系统的稳定运行，接着安排时间准备系统上线会议，同时有效地管理了我的电子邮件和会议日程。使用紧急重要矩阵不仅帮助我更有效地分配我的时间和资源，还确保了我能够集中精力完成对长期成功最为关键的任务。这种方法为我提供了一种结构化的决策框架，使我能够在忙碌和不断变化的工作环境中保持清晰和专注。

（2）减少切换

使用时间分段方法，为特定任务分配专注的时间段，减少切换。在一个典型的开发周期中，面对编码、调试、会议和用户沟通等多样化的任务，我开始实施时间分段方法，每天安排两个2～3小时的不间断工作时间段专注于最重要的开发任务，比如编写新的功能代码或者重构现有系统。在这些时间段内，我使用手环上的番茄钟功能来实施番茄工作法，即每25分钟专注工作后休息5分钟，这样帮助我保持高效率同时减少疲劳。对于需要即时处理的小任务，如回复简单的电子邮件或代码小修小改，我遵循GTD方法中的2分钟原则：如果某项工作可以在2分钟内完成，我就会立刻去做，以清理这些零星任务，避免它们积累成更大的干扰。超过2分钟的任务则被安排在我的工作时间段中，或者根据其优先级被列入后续的计划中。通过这种方法，我显著减少了任务切换的频率，提高了工作效率。时间分段方法使我能够深入专注于复杂的开发任务，而番茄工作法和GTD方法则帮助我有效管理工作负载和休息时间，从而保持了良好的工作节奏和高效的生产力。这种工作模式不仅提升了我的软件开发质量，还增强了我的工作满意度。

（3）避免拖延

学会识别和克服拖延的倾向。作为一个精益专家，决定出版一本关于化工行业精益实践的专著代表了一个巨大的挑战。这个过程涵盖了广泛的研究、写作、校对以及与出版社的沟通等多个环节，每一个环节都很复杂。面对这样一个庞大的项目，我采取了将大任务分解成小部分的策略，从而有效避免了拖延。我首先明确了书籍的主题和章节大纲，这一步骤帮助我具体化了书籍的整体结构，减少了因方向不明确而可能产生的拖延。随后，我把书籍细分为单独的章节，并进一步将每个章节分解成小节，这使我能够专注于逐个小节地进行写作，而不是被整本书的写作任务所压倒。通过为每个写作阶段设定实现性强的小目标，比如每天写作2000字或每周完成一个小节，我不仅保持了写作的连续性，也获得了持续的成就感。在写作过程中，我优先处理那些我最熟悉或最有信心写好的部分，这不仅迅速加快了进度，也为处理后续更复杂的部分打下了良好的基础。每完成一个阶段后，我都会进行回顾并根据实际情况调整后续计划，确保了整个出版过程能够顺利进行。这种方法不仅帮助我有效地管理了时间和资源，还让我成功地完成了专著的写作与出版，进一步证明了无论面对多大的项目，只要合理分解任务，并立即行动起来，就能有效克服拖延，顺利达成目标。

（4）善用碎片

善用碎片时间进行有意义的活动。例如，可以在排队等候时记录工作进度或阅读专业相关的电子书籍。此外，可以在通勤时听有关精益管理或数字化趋势的内容，充分利用这些零碎时间。中午在餐厅排队买午餐时通常会有等待，等待的时间会有波动，在这个等待的时间里，我养成了阅读一些需要浅读的内容的习惯。类似这种做法，在出差、等班车、陪家人逛街等场合我都会使用，有时在电梯里也会拿起手机，背诵几个术语。用来填补碎片时间的都是一些重要度低、要求度不高的工作，通过这种做法，提高了时间容积率，积少成多。减少时间碎片化，碎片时间最优化，在高节奏的社会生活中，这种能力尤为重要。

（5）明确产出

按照精益的理论，我们的时间可以分为**3种时间**：增值的时间、纯浪费的时间以及现阶段存在且必须浪费的时间，每种时间的产出差异巨大。

增值的时间：这类活动直接为最终产品或服务增加价值，是客户愿意支付费用的部分。例如我教授客户精益方法的实际应用，开发新的功能或改进现有软件的性能，以增加用户满意度和产品竞争力。

纯浪费的时间：这些活动不增加任何价值，并且从理论上讲可以被完全消除。例如我重复输入数据或在多个系统之间手动转移信息，参加与当前项目无关的会议或在会议中讨论与会议主题无关的事务。

现阶段存在且必须浪费的时间：这些活动在当前环境中是不可避免的，但理想情况下应该被最小化或优化。例如我等待客户的反馈或批准，这可能导致项目进度暂停，但这种等待在多数项目中是必须的。维护遗留代码，虽然这不直接为新功能增值，但为了系统的稳定性和兼容性，这一工作是必需的。

通过识别这些类别的活动，可以更清楚地了解时间如何被使用，驱动明确每一份时间的产出，进而寻找减少浪费的机会，提高工作效率。我有一条个人理念：在使用每一份时间之前明确产出目标，目标没有确定之前不要开始工作。这意味着，在我开始任何工作，无论是编写代码、设计培训课程，还是进行客户咨询之前，我都会先花时间思考并定义我希望从这项工作中获得的具体结果。每天的开始，我会制定一个详细的日程计划，包括每项任务的目标产出。例如，如果计划编写一段新的代码库，我的产出目标可能是："完成并测试新的数据排序功能，确保其处理速度比现有算法提高20%。"通过这种方式，我不仅明确了我的工作目标，还设定了一个可衡量的成果标准。

此外，我每天都会进行时间统计和回顾，对照我的产出目标，评估我在每项任务上的实际表现。在这个过程中，我不仅关注是否达成了目标，还会反思哪些做法效果最好，以及未来如何改进。这种日常的自我反省和整改帮助我不断优化工作方法和时间管理策略。持续进行了15年的时间统计和反省整改，让我对自己的时间使用有了深刻的理解和掌控。这种习惯不仅提高了我的工作效率，也让我能够更加有意识地进行职业发展规划和个人成长。通过明确每一份时间的产出目标，我确保了自己总是朝着具体的、有价值的成果前进，而不是简单地忙碌。在努力奋斗之外，我会把宝贵的时间花在与家人共度时光、与好友相聚言欢、自己的爱好、社会公益事业这些我觉得最增值的事情上。

以上5个原则，帮助我们做好时间管理，不负光阴。

8.1.2 过程：预算、使用、改进

在担任W公司成本管理职责期间，我深入探索并实践了预算管理理念在个人时间管理中的应用。将工作任务视作具体的工单，并以时间作为管理的资源，这种方法显著提高了我的工作效率及生活质量。

（1）时间预算制定

在时间预算制定阶段，我通过明确自己的长短期目标来引导时间预算的制定。这一过程包括对工作、休息、家庭及个人成长等方面需求的全面考虑，以实现一个均衡全面的生活。

平衡分配。我深知工作与生活平衡的重要性，因此，在工作日专注于工作效率的同时，保留周末时间给家庭和个人爱好，比如阅读和电影。考虑到睡眠对于保持日常精力

的重要性，我保证每天至少有7小时的睡眠，并在中午休息时进行短暂的放松，以此恢复精力。节省时间最好不要打睡眠的主意，大部分人都需要正常的睡眠，只有很少部分人可以只睡5个小时还生龙活虎，这是基因决定的，我试过多次，可惜我不是。

价值分配。根据不同工单的价值重要性分配时间。面对一个新的咨询项目，我会仔细规划每个阶段所需时间，例如市场分析阶段预留30小时，客户沟通和反馈预留20小时，汇总得出总预算时间50小时。对于优先级更高的另一个质量管理数字化项目，则可能需要200小时，涵盖需求分析、设计、编码、测试和部署等各个阶段。预算制定后，结合后续的实际使用统计，就可以看每天的预算执行率（实际使用时间/预算时间）。

整合分配。用一份时间达到多重目标。为了提升供应链专业知识同时增强英语能力，我选择了全英文的CPIM考试进行自学，并累计投入了25485分钟的学习时间（那一段时间15.5%的时间投入于此）。此外，为了提高英语水平同时进行日常记录，我开始用英语记录日志，锻炼英语思维方式，保持并提升我的双语工作能力。

按质分配。有些情况下人的精力水平在一天中会有波动，我会根据自己的精力高峰期来安排工作任务（表8-2），例如，早上精力充沛时处理需要高度集中注意力的任务，如软件系统设计，而到了晚上则转向相对轻松的工作，如查询资料。我不会在忙碌了一整天后去思考一个算法难题，也不会一上班就去做一些简单的表格整理工作。

表8-2　不同精力要求的工作

角色	高精力活动	中精力活动	低精力活动
咨询培训	现场授课和研讨会的实施：直接与学员互动，保持高度的集中注意力和能量，以吸引和激励学员	资料准备和更新：对培训材料进行整理、更新和优化，虽然需要专注，但相比现场教学的压力要小	参加网络研讨会：作为听众，获取行业最新动态和知识更新，相对被动，精力消耗较小
软件开发	技术架构设计：为新项目设计软件架构或重构现有系统时，需要深入分析和创造性思考，以确保系统的稳定性和扩展性	代码审查：虽然需要注意细节，但与自己编写代码相比，这一活动的压力和精力消耗相对较低	文档编写：撰写技术文档或用户手册是必要的，但相比编程和设计，这类工作通常被视为较为轻松的任务

外包分配。根据需要将工作分配给其他人或团队，以共同完成工作。

➢向下外包：在W公司，我负责一个专业业务团队，团队成员要么能力出众，要么潜力非凡，都是非常优秀的人才。我会安排适合的工作给团队成员，并提供指导，采用情境管理等方法以保证工作顺利完成并在过程中促进他（她）们的成长，达到双赢的效果。这个情境管理是一种适应性领导方法，由肯·布兰查德和保罗·赫希提出。它认为领导风格应根据团队成员的能力和承担责任的意愿（成熟度）来调整。四种主要领导风格包括：

◆指导型：适用于技能和自信较低的团队成员，领导者提供明确指示和密切监督。

◆教练型：针对有一定能力但缺乏自信的员工，结合指导和反馈。

◆支持型：适合能力较强但需要鼓励的团队成员，领导者主要提供支持和鼓励。

◆授权型：对于高度成熟和自信的员工，领导者减少干预，授权决策。

情景领导强调识别并适应员工的成长阶段，选择恰当的风格以促进效能和满意度。

➢向上外包：某些任务可以向上级请求，由他们自己或安排给其他团队成员完成。

这种外包策略必须基于组织和整个团队的最佳利益，确保决策和分配工作的适宜性。譬如有一个对外部机构的业务沟通，我可以做，但上级做效果会更好。

➢向外外包：对于那些更适合由外部专业团队完成的任务，如精益文化期刊的编辑出版，可以选择外包解决。这不仅可以保证工作的专业性，同时也能有效节约内部资源。

（2）时间使用

时间使用记录是提高时间管理技巧的关键组成部分，旨在追求专注和高效的工作方式。通过采取一系列策略，个人可以优化时间的使用，提升生产力，同时减少不必要的压力和疲劳。

保持专注是提高时间使用效率的首要策略。实践中，采用番茄工作法是一种有效的方法，它通过设定工作与休息的固定周期（例如，25分钟专注工作，随后5分钟休息）来增强专注力。这种方法不仅帮助个人在工作期间保持高度专注，还通过规律的休息来防止过度劳累，从而在长期内维持工作效率和动力。

防止中断是另一个关键策略。通过实施GTD（getting things done）方法中的2分钟规则，即对于那些小而简单的任务（如回复电子邮件或接听电话），如果可以在2分钟内完成，则立即处理之。这样做可以有效避免这些小任务积累成大问题，同时减少它们对主要任务的中断。

虽然单线程工作被推崇为保持专注的最佳方式，但在某些情况下，多线程工作或多任务处理能力也是必要的。例如，在参加线上会议的同时处理紧急的电子邮件，可以在必要时提高时间使用的灵活性和效率。然而，这种方法应谨慎使用，以避免分散注意力和降低工作质量。能单线程必单线程，不能单线程则锻炼多线程。

最后，时间记录是一个至关重要的习惯，它使个人能够通过使用软件、电子表格或传统的笔记本来追踪自己的时间使用情况。定期回顾和分析这些记录不仅可以帮助个人识别时间浪费的模式，还能增进对实际时间使用与计划之间差异的理解。这种自我反馈机制是持续改进时间管理技巧和提高生产力的基础。

开始自我精益以来，我每天记录我的时间，2017年底之前用电子表格记，之后到现在用“管我”APP记。

➢2011年，3356条时间记录，191320分钟使用；

➢2012年，4707条时间记录，201400分钟使用；

➢2013年，4165条时间记录，200710分钟使用。

……

时间记录是一种量化测量。当我们谈到测量的时候会问两个问题：测量的目的是什么？测量的成本是什么？

时间记录的目的是为后续的分析提升包括预算制定，提供比估算更高的可信度数据。而自我精益在时间记录上经历了从电子表格记录到应用APP记录两个阶段，现在测量成本已经大幅降低，我会通过选择而非文字录入的方式来记录时间（进行一笔时间记录会通过下拉菜单选择时间花费对应工单，开始和结束的时刻，图8-2）。通常是选择吃饭排队或者下班前、睡前进行记录。一般每天记录20条左右，累计耗时3～5分钟。与记录目的的价值相比，这个测试成本还是很低的。而不少人每天花在短视频上的时间都会达到150分钟。（数据来源：《中国网络视听高质量发展研究报告2022》）。而且每一次记录时间，都会提醒自己更快更好地做好事情。我记得我刚开始工作的时候，每到临近发工资那几天，我都会数数钱包里还有多少钱，看能否坚持到。

对于很多人来说，时间不比钱更宝贵吗？

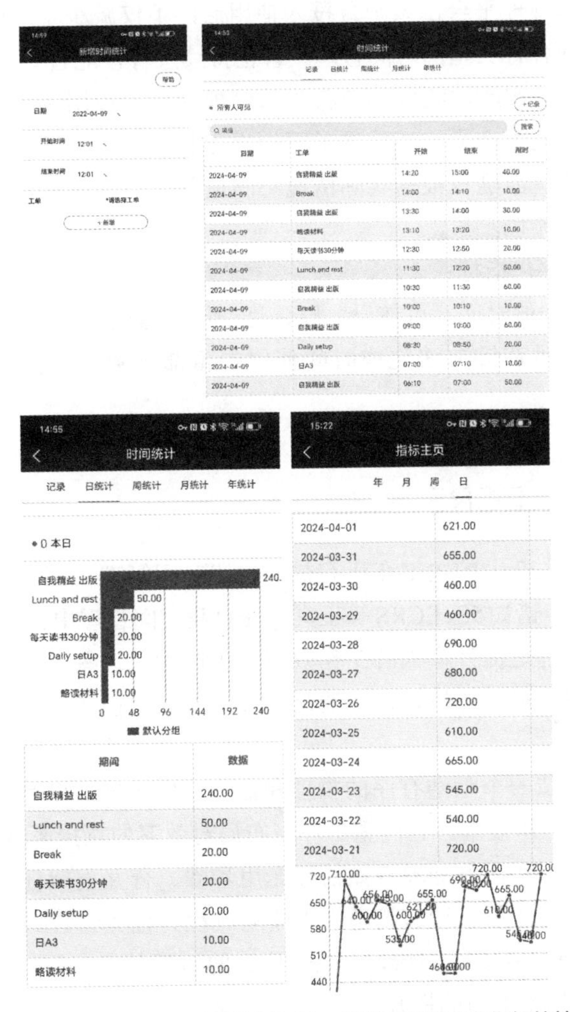

图8-2　时间录入、日记录，日时间统计汇总、日总工时数字化指标的管我APP界面

通过这些策略的实施，个人可以更有效地管理自己的时间，实现工作与生活的平衡。保持专注、防止中断、适当的多任务处理能力以及时间记录，共同构成了一个强大的时间管理框架，帮助个人优化每一天的时间使用，实现更高效和有意义的工作与生活方式。

（3）时间改进

通过评估时间记录来识别哪些活动是高效的，哪些是低效的，据此对时间预算进行调整，增加对重要且高效活动的时间投入，减少在低效活动上的时间消耗。同时，设定具体的时间管理改进目标。

持续反思和评估。每日、每周、每月、每年的A3计划回顾中我都会回顾和分析我的时间记录，确保我投入最多时间的活动与我的长期目标相符。每次反思，我都会问自己："如何用更少的时间完成更多的工作？"这种自我评估促使我不断寻找效率提升的方法。例如，在一次年度反思中，我发现自己一年内在工作文档的下发、收集和汇总上花费了近400小时，这些工作虽然必要，但从精益的角度来看，并不属于增值的工作。这促使我后续自行开发了一套管理平台，该平台投入使用后，不仅减少了时间浪费，还提升了工作流程的效率。其他各种类型的时间管理改善也持续进行，能省则省，积少成多。

通过这三个阶段的实践，我成功地将预算管理的理念应用于个人时间管理。这种方法不仅提升了我的个人生产力，还促进了更加平衡和充实的生活方式。它强调了时间管理的主动性和灵活性，鼓励我根据实际情况不断调整和优化时间预算和使用，从而更好地实现个人目标和提高生活质量。

本领域的常见数字化指标：

总工时：有效工作的时间，可按日、周、月、年汇总统计。

番茄钟数：按照番茄钟方法完成时间使用的番茄钟数，可按日、周、月、年汇总统计。

8.1.3 工具：5S、ECRS

提高个人效率和生产力的关键在于有效的自我时间管理，而选用合适的工具能显著提升这一过程的成效。诸如5S、ECRS等工具，在自我时间管理中扮演着各自独特的角色，尽管它们的最终目标都是提升个人的工作效率与生产力。这些工具共同促进一个有序的工作环境，同时强调了规划与执行任务的重要性，不过它们在实现这一目标的方法和策略上存在明显的差异。

5S主要关注于创造一个整洁有序的物理和数字工作环境，以减少寻找物品或信息的时间浪费，从而提升工作效率。它侧重于环境布局对效率的直接影响。相比之下，ECRS方法通过优化工作流程和任务处理，如消除无用步骤、合并类似任务、优化任务执行顺序或简化流程，以提高任务执行的效率，更注重流程和任务管理。广为传播的番茄工作法则通过设定25分钟的专注时间段，间隔5分钟的短暂休息，来增强集中力和生产力，专注于时间划分和短期集中力的提升。

尽管这些工具在提高时间管理和效率方面各有侧重，但它们共同构成了有效管理个人时间的多元化策略。个人可以根据自己的特定需求和偏好，灵活地选择和组合这些工具，以形成一个最适合自己的时间管理方案。

8.1.3.1 5S——减少寻找

5S管理，是一种工作场所组织和管理的方法论。包括整理、整顿、清扫、清洁、素养，对应的日文分别是：Seiri、Seiton、Seiso、Seiketsu、Shitsuke，因此得名5S。

5S管理方法适用于多种应用情景，包括工作环境和生活环境的管理。在工作环境中，5S的实施涉及整理办公桌、文件柜和电子邮件等，以确保一个清洁和有序的工作空间。

同样，在生活环境中，5S也可以应用于家庭空间的管理，如厨房、卧室和客厅的整理整顿。此外，5S还可以用于电子文件的管理，包括电子文档、照片和视频等，以确保资料易于查找和保持整洁。重要的是，5S的核心在于培养个人的习惯，这种习惯的养成是通过每天、每次工作和每个动作的持续要求和维持来实现的。通过将5S管理应用于个人管理，不仅能够显著提升个人的工作效率和生活质量，还能够培养出一种积极向上的生活态度和自律精神。

5S的应用步骤如下：

① **整理**。清理物品，明确判断要与不要，不要的坚决丢弃。这有助于减少混乱和浪费。

② **整顿**。将整理好的物品定置、定量摆放，并明确标示。这样可以方便快速地获取这些物品，减少寻找时间。

③ **清扫**。清除工作现场的脏污，并防止污染发生。这有助于防止设备故障和提升环境质量。

④ **清洁**。将整理、整顿、清扫进行到底，并且标准化、制度化。这样可以维持环境和操作的一致性。

⑤ **素养**。养成遵守这些标准的习惯和自律。

个人5S管理如表8-3所示，固化以后也是个人5S管理的检查标准。

表8-3　个人5S管理

5S要素	个人空间管理	电子文件管理
整理	➢识别并移除非必需或很少使用的物品 ➢定期检查抽屉、柜子，去除过时或不相关的物品	➢审查电子文件和应用程序，删除不再需要的文件和未使用的软件 ➢定期清理电子邮箱，删除或存档旧邮件
整顿	➢为常用物品划定固定位置，如文具、文件、个人电子设备 ➢确保重要文件和工具易于访问且按类别整齐排列	➢为文件和电子资料创建逻辑和一致的命名规则 ➢使用文件夹和子文件夹系统来组织数据
清扫	➢每天清理工作台和设备	➢定期检查电子文件，更新或删除过时的资料
清洁	➢制定清洁和整理个人空间的规程 ➢明确每项物品的放置位置和维护方式	➢创建统一的文件管理规则 ➢定期复查并更新电子资料的组织方式
素养	➢定期自我审核，确保遵循整理、整顿、清扫和清洁的标准 ➢养成保持个人空间整洁的习惯	➢定期自我检查电子文件的组织情况 ➢持续遵守文件管理的规则和习惯

个人5S实例实拍图如图8-3。

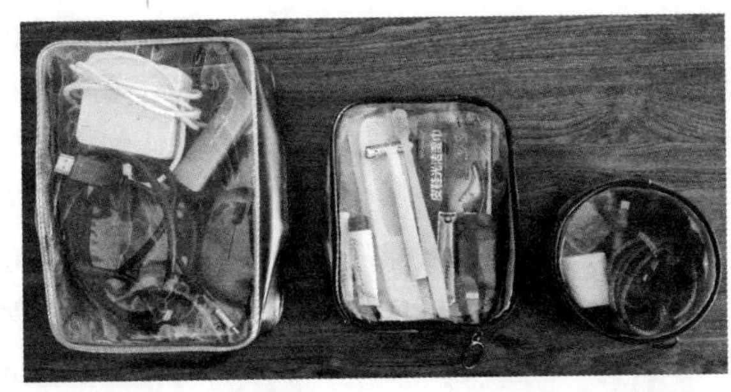

图8-3　出差用品整理、整顿——电脑配件包，洗漱包，随身充电包的物品按类放置、一目了然

8.1.3.2 ECRS——精简高效

ECRS是一种在工业工程中使用的方法，它代表了消除（eliminate）、结合（combine）、重组（rearrange）、简化（simplify）这4个步骤。将ECRS应用于个人管理，意味着利用这一策略来提升个人的工作效率和优化日常任务流程。尤其在面对某些特定任务过程中遇到效率瓶颈时，ECRS方法能够发挥重要作用。此外，当寻求减少无效劳动、节省时间及成本时，采用ECRS方法同样能展现出其高效的解决方案。

ECRS应用步骤如下：

① **流程评估**。细致审视并分析现有流程，识别出潜在的改进机会。

② **运用ECRS策略**。依据ECRS的4大核心原则——消除、结合、重组、简化，对流程进行优化。

③ **执行与跟踪**。部署优化后的流程，并定期监控其表现，根据反馈适时做出调整。

例如将ECRS应用于早上起床过程（改善前通常包括起床、检查手机、选择当天穿的衣服、洗澡、吃早餐等步骤）的改善，可以这样进行：

■**消除**：识别并消除不必要的步骤。例如如果习惯在起床后检查手机，考虑是否可以省略这一步骤，直接开始其他步骤。例如我喜欢一次买很多一样的衬衫来消除选择的过程（款式一样但是颜色不同，以防他人误解总不换衣服，遵守礼仪）。

■**结合**：将多个步骤合并为一个。例如，可以在刷牙的同时思考今天的日程安排，或者在吃早餐时看看手机上的新闻，或者在坐电梯的时候拿起手机背一个术语解释。

■**重组**：改变步骤的顺序以提高效率。比如可以先准备好穿的衣服，再去洗澡，这样可以避免洗完澡后还要找衣服。

■**简化**：简化复杂或耗时的步骤。例如，选择简单快捷的早餐，或者使用更高效的洗漱用品。

通过应用ECRS方法，可以使早上的起床过程更加高效和顺畅。ECRS的关键在于持续改进，这意味着它是一个不断循环的过程，应定期进行回顾和优化。

8.1.4 案例：利用业余时间自学考取全英文认证（CPIM），专业理论和英文双提升

（1）背景

在2013年，为了支持自己的职业发展规划，我决定考取几项对我有益的认证。在评估了多个选项后，CPIM引起了我的兴趣。有几个原因促成了我的选择：首先，由于我过去在供应链领域，特别是园区调度方面有过工作经验，我认为通过学习该认证课程能够提高我的理论知识水平；其次，该考试是一个全英文的国际认证，包括教材和考试都是英文的，这对于提升我的英语能力将大有裨益。当时W公司非常倡导英语，开始组织托业考试和晋级挂钩。我取得了第一名的好成绩。选择这个考试可以保持我的优势，而我也不用专门去学单纯的英语课程。为了通过认证很多人会去上培训班，但我当时到外地上培训班不方便，另外当时几万元的培训费用对刚成家的我压力比较大，故决定自学。

（2）过程

CPIM包含5门考试，需要学习20本教材和参考书。我制定了详尽的学习计划，并充分利用业余时间进行学习。在晚上和周末，我会利用较长的时间段进行教材学习、绘制思维导图和完成练习题。在早上等待班车时，则背诵专业术语。无论工作多忙，一旦到了学习时间，我就会静下心来，逐步吸收知识。经过一年多的努力，我逐渐通过了所有考试，并获得了认证。在持续一年多的学习过程中，我将大约15.5%的时间投入了这个认证上，总计25485分钟（约425小时）。

（3）收获

通过学习系统掌握了生产与库存管理知识体系。解答了过去积攒的一些问题，对一些问题的看法更加系统和全面。了解了生产与库存管理的主流知识结构面和线，为钻研实践中需要的点打下了基础。便于在工作中用相对统一的理念、流程、术语进行沟通。在取得认证的过程中保持并提升了英语水平。用一份时间达到了双重收获。除了这个认证，我还利用碎片时间持续学习，先后考取了项目管理认证PMP、注册六西格玛黑带认证CSSBB、注册安全工程师认证，在那个阶段进一步拓宽了我的专业能力和知识领域。

8.1.5　练习：识别出日常时间的3条浪费并制定改进措施

根据本章节内容，读者可练习识别浪费及制定改进措施（表8-4）。

表8-4　浪费及措施

序号	时间浪费的现象	改进措施

8.2　精力管理

砍柴人夏师傅是咱村里砍柴的好手，但他也懂得，干活不光要有力气，心里和意志也得强健。砍柴人如下这样打理自己的精力。

砍柴人知道，身子骨是干活的本钱。所以他每天分好活，不会让自己太累。早上精神好的时候多干点，下午就轻松一些。晚上早早休息，确保第二天还有力气。

干活儿遇到难处，砍柴人也不着急。他会停下来，深呼吸几下，调整下心态。他常说："心宽体胖，心急吃不了热豆腐。"

砍柴人工作辛苦，但他心里惦记着家人，这是他的动力。晚上回家，和家人聊聊天，说说笑笑，这对他来说是最好的放松。

砍柴人干活从不偷懒。即便是再累的时候，他也坚持完成当天的任务。他常说："山高自有客行路，水深自有渡船人。"

通过这样全方位地管理自己的精力，砍柴人不仅保持了良好的工作状态，也有了丰富的家庭生活。他的做法教会我们，管理好自己的体力、心力（情绪、情感和意志力），是做好每一件事的关键。

精力管理是指认识到个人精力的有限性，并通过合理分配和恢复精力确保个人能够在生活和工作中发挥最佳状态的策略，主要涉及管理自己的体力、心力（心力包括情绪、情感、意志力。情感是比较个性化的领域，强大的意志力主要来源于自我的价值和目标，情绪是需要管理控制的）。精力管理对于自我管理有着重要的意义，是每天都要做的事情。对应的精益管理主题是全员生产维护TPM。

设备管理是工厂特别是化工厂最重要的事之一。很多没有做TPM的公司的设备管理状况就是设备坏了就修，平时不大管。个人同样也不应该平时不自我管理，有问题再紧急处理。精益管理中有一个主题是TPM全员生产维护，TPM是一个企业级的生产和设备管理方法，旨在通过预防性维护、全员参与和持续改进，最大化设备的效率和寿命。我在W 公司负责了10年的TPM，深受影响，逐渐将TPM的理念应用于个人生产力管理（PPM），可以帮助个人优化自己的时间和精力，提高效率和生活质量。

PPM个人生产力管理的目的是确保个人能够以最佳状态完成工作和生活任务，就像TPM旨在确保生产设备的最佳运行状态一样。通过预防性维护（如适当休息、饮食和锻炼）、全员参与（个人对自己精力管理的主动参与）和持续改进（不断优化个人习惯和生活方式），个人可以提高自己的生产效率和生活质量。TPM和PPM的对比如表8-5。

表8-5 TPM和PPM的对比

维度	TPM	PPM
目标	设备不要停	不要因为精力问题浪费时间或降低个人效率
	停了快修好	如果有精力波动下降及时纠正
	维修费用少	最小化精力维护的时间成本
策略	正确使用设备（遵守设备操作规程）	正确使用身体（早睡早起，健康饮食）
	日常维护设备（点检、维护、润滑设备）	日常维护身体（锻炼身体，健康饮食）
	及时处理异常（及时报修、及时检修）	及时处理异常（及时调整异常情绪，定期体检，如有需要及时就医）

基于PPM的精力管理可以帮助个人更好地控制自己的时间和生活，提高生活和工作的质量。通过这种方法，个人可以像管理企业的生产设备一样管理自己的精力和时间，在各方面实现更高效和满意的生活状态。

通过对自身精力的管理和调节，个人能够在各个领域发挥出更好的表现，实现个人和职业生活的平衡，提升生活的整体质量。精力管理的重要性不容忽视，它是实现个人最佳状态的关键。

如果精力管理做得不好，可能会出现的典型症状：

“精力耗散症”。精力分散在多个方向，无法在关键领域集中发挥，影响成效。

“疲劳积累症”。忽视休息和恢复，导致身体和精神的长期疲劳。

“动力缺失症”。缺乏足够动力去完成任务。

“情绪波动症”。情绪波动大，影响个人决策和行为的稳定性。

“情绪感染症”。容易受到他人情绪的影响，缺乏情绪自我调节能力。

精力管理中的挑战如能量耗尽和焦虑紧张，反映了在维持身心健康方面的困难。应对这些问题需要合理分配精力，确保适当休息和恢复，以及学会应对压力和情绪波动的技巧。

精力管理总图如图8-4所示。

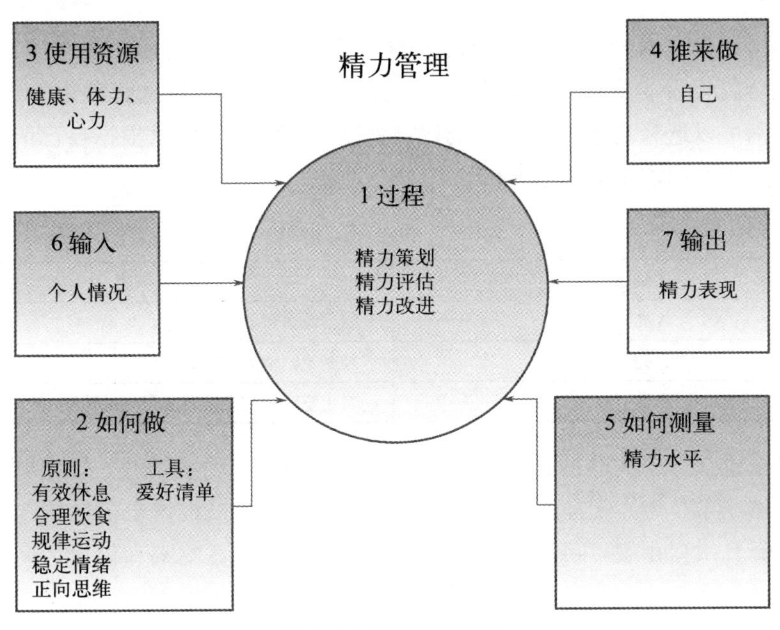

图8-4　精力管理总图

8.2.1　原则：有效休息、合理饮食、规律运动、稳定情绪、正向思维

精力管理蕴含着5个原则：有效休息、合理饮食、规律运动、稳定情绪和正向思维，这些原则是个人生活和职业发展中保持精力充沛和心态积极的关键。通过保证充足的睡眠和休息、维持均衡的饮食、进行有益的身体锻炼、维护稳定的情绪状态和培养正面的心态，可以提高日常生活的能量水平。这些原则不仅帮助自我维持良好的身体和心理健康，也增强了自我应对工作和生活挑战的能力。

（1）有效休息

确保有合理的休息和睡眠时间以及其他有效放松的方式来恢复精力。有效的休息对于恢复精力至关重要。为了保证充分的恢复，合理安排休息和睡眠时间是必须的。建议每晚争取至少7小时的高质量睡眠，同时尽量避免熬夜，以确保身心得到充分休息。此外，在日间也可以安排短暂的休息时刻，比如利用10分钟的时间进行小憩，这不仅有助于大脑放松，还能有效提高注意力集中度。为了使短暂的休息更加有效，我常备眼罩和耳塞，以便快速进入休息状态。除了充足的睡眠，日常生活中的休闲活动也是重要的精力恢复方式。轻松散步、聆听音乐、烹饪美食、养花种草，或是沉浸在琴棋书画等爱好中，都是优秀的放松方式。每个人对休息的需求和偏好各不相同，因此，尝试并找到最适合自己的休息方式显得尤为重要。通过这样的尝试和探索，我们不仅能够更好地管理和恢复自己的精力，还能在繁忙的生活中找到更多的乐趣和满足感。就像电脑一样，有时需要重启一下，清空内存，这样才能重新获得最好的性能。

（2）合理饮食

保持均衡饮食，为身体提供必要的能量。这意味着包含足够的蛋白质、健康脂肪、复合碳水化合物以及丰富的维生素和矿物质。例如，早餐可以选择燕麦、鸡蛋和鲜果；午餐和晚餐则可以选择蔬菜、瘦肉和全谷物食品。每个人都可以根据自己的情况建立食物清单，例如食物ABC清单（表8-6）。

表8-6 食物ABC清单

类别	描述
A类	随便吃，例如青菜、鱼、牛肉
B类	控制吃，例如炸鸡、内脏
C类	禁止吃，例如我小时候爱吃的油渣

这个可以建立一个关联的计数型的数字化指标——自由餐次数。如果吃了B类的食物（或者破例吃了C类）就是一次自由餐，记录一下。可以根据自己的情况设定允许的指标，如一周几次自由餐。可以进行核对和控制，平衡任意吃喝和健康之间的关系，鱼和熊掌也可以兼得。

（3）规律运动

通过运动来增强体力和精力。定期进行有氧运动，如快走、慢跑、游泳或骑自行车，至少每周3～5次，每次30分钟。此外，加入一些力量训练，如哑铃练习或瑜伽，有助于增强肌肉和骨骼健康。养成运动的习惯需要一个过程，多年前在国外留学的时候，我比较诧异在中午烈日当头的时候，街上都能看到跑步的人，本地人说在当地医疗费用很高，锻炼好身体就是省钱了，而当时的我几乎没有任何运动习惯。养成习惯可以通过设定数字化指标的方式。每次运动记录一次，每周每月就可以回顾指标，及时纠正。我给自己定的是每周跑步5次，每次半小时。每天这个时候是我最开心的时候之一，在清晨的阳光下，奔跑在马路上，同时回想昨天的得失，思考今天的方向。

（4）稳定情绪

保持积极向上、稳定的情绪，及时处理负面情绪、捕集正面情绪。学习情绪管理技巧来处理压力和焦虑。了解自己的情绪触发点并采取积极的应对策略。人非草木，孰能无情。有波动正常，找到原因及时调整，让情绪回归稳定，就像SPC（统计过程控制）的思想一样。2012年我作为精益管理专家到W公司新并购的欧洲公司进行第一期培训，遇到了这样一个挑战：我需要全程用英语给当地的管理人员进行培训。这对我来说既是一个机会，也是一个考验，因为尽管我对培训内容非常熟悉，但使用非母语进行让我感到相当紧张，担心自己的表达不够流畅，无法准确传达信息。面对陆续进场的外国同事，我感到有些紧张。这种情况下，我悄悄地来到备课的办公室，用力推了一下墙，然后长舒一口气，一切都平复了，然后走到教室，开始了培训。使用这种推墙减压法后，我感到自己的心态有了显著的改善。我变得更加冷静和自信，准备好面对挑战。当培训开始时，我专注于我所擅长的内容，而不是语言表达上的小错误。我努力以清晰和有组织的方式呈现信息，并鼓励参与者提问和参与讨论，以促进互动和理解。令人欣慰的是，培训非常成功。我不仅成功地传达了培训内容，还得到了参与者的积极反馈。他们对培训给予了肯定，表示收获颇丰，2天后在成功的培训完成之后，我和学员们一起愉快地合影。而这之后进行的数次培训都很顺利。很多年后，那边的同事还在说是Sam（我的英文名）带来了精益的工具方法。这次经历不仅提升了我的自信心，也让我认识到了有效情绪管理在面对挑战时的重要性。通过积极的情绪管理，我能够超越自我设限，成功地完成这次跨文化培训任务，这成为了我职业生涯中一个宝贵的经验。

（5）正向思维

保持积极的心态，减少精力的无谓损耗。我每日进行反省，除了找不足，也会列出昨天做得最好的一件事，哪怕有时没太有，也会尽量找，例如：昨天读书很认真，继续坚持。这种日常的正向反省成为了我精力管理策略中不可或缺的一部分。它不仅提高了我的日常生活和工作效率，还提升了我的整体幸福感。通过认识并庆祝自己的每一个进步，我学会了如何在生活的每一天中找到价值和意义，无论遇到什么困难，都能以积极的心态面对。

以上5个原则帮助我们做好精力管理，龙马精神。

8.2.2　过程：策划、评估、改进

（1）策划

策划阶段是实现精力最大化管理的关键起点，它要求我们深入思考并设定清晰、可衡量的目标和指标。这不仅有助于后续的执行和监控，而且为我们提供了一个明确的方向和评估自我进步的标准。

制定目标。首先，需要明确我们的终极目标。这些目标可以是提升个人工作效率，减轻工作和生活压力，改善整体的生活质量或是增强身体健康。例如，一个具体的目标可能是在接下来的3个月里，将精力水平从0.6提升到1并保持稳定。

设定指标。接下来，我们要为这些目标设定具体的、可量化的指标，例如设立每日的运动目标（如每天至少进行30分钟的中等强度运动）、每日的水和营养摄入量以及每晚保证7至8小时的高质量睡眠。这些指标不仅帮助我们跟踪进度，还促使我们持续关注自

身的健康。

规划行动。为了达成上述目标，我们需要制定具体的行动计划。这可能包括建立新的日常习惯，比如早晨跑步或晚上进行放松性的冥想，以及制定周详的饮食计划，确保每天摄入均衡的营养，同时限制高热量食品的摄入量。通过这样的策划，我们不仅为自己的精力管理制定了明确的框架，还通过具体的行动步骤，使目标的实现变得可行。

（2）评估

评估是根据策划阶段制定的目标和指标来监测自身的表现，给出一个精力负荷的评分，以观察趋势，分析变动的原因，通常每日或每周进行评估。表8-7是个人精力评估标准。

表8-7 个人精力评估标准

精力水平	色标	描述
0.2	黑色	极度疲惫，无法专注，情绪低落，缺乏动力。很难完成任务
0.4	灰色	轻度疲劳，情绪波动，完成任务需要较多努力。需要更多休息和激励
0.6	蓝色	感觉一般，能处理日常任务，但缺乏额外动力应对挑战。情绪和情感较平衡
0.8	橙色	精力较高，情绪状态好，有效处理大多数任务。感觉积极和创造力
1.0	红色	精力充沛，情绪积极，高效完成各种任务。感到自信和满足

使用这个标准，人们可以根据自己的总体感觉对自己的精力水平进行评估。这种评估有助于认识到自己的当前状态，并可以据此调整工作负载或采取适当的恢复措施。

（3）改进

根据每日或每周评估的结果，进行必要的调整和改进，以确保我们能够有效地达到既定目标。

体力改进。根据每天或每周的身体表现和健康指标，我们可能需要调整运动计划的强度、频率或类型。例如，如果发现当前的跑步计划对膝盖造成过大压力，我可能会转而尝试骑自行车，以减少对关节的冲击。

饮食改进。饮食计划也应根据身体的实际需要进行调整。通过定期检查营养摄入和身体反应，我们可以更好地了解哪些食物有助于提高能量水平和整体健康，哪些可能导致能量下降或健康问题。这可能意味着增加特定类型的营养素摄入，如蛋白质或复合碳水化合物，或减少糖分和加工食品的摄入。

情绪改进。当情绪状态异常时选择适合自己的情绪改进方法进行改进。**情绪改进10法**是常用的方法，它是通过特定技巧和策略来管理和调整自己的情绪状态，以促进心理健康和提高生活质量的过程。这个方法旨在帮助个体在面对压力、挑战或负面情绪时，能更有效地应对和调整自己的情绪反应。涉及一系列技巧，包括呼吸控制、认知重构、放松训练、移情、冥想、情绪记录、分享感受、体育运动、视角调整和专业咨询（呼认松移冥，录享运调咨），以帮助个体识别、理解和管理情绪。

- 呼吸。情绪失控时，先停下来，深深呼吸几次，如在交通堵塞排队中感到愤怒时。
- 认知。意识到自己感到害怕或紧张，比如在公共演讲前。

➢放松。进行放松活动，如在紧张的工作日后泡个热水澡。譬如演讲前推墙。

➢移情。做些其他事情转移注意力，如感到沮丧时去散步、去看书、去喝点小酒。

➢冥想。通过正念冥想集中注意力，如在感到不安时。

➢记录。写下自己感到焦虑的原因，例如在一次失败的项目汇报后，可以将过程记录下来。

➢分享。和朋友或家人谈论自己的感受，比如在经历某个项目的失败后。

➢运动。进行体育活动，比如感到压力大时去跑步、慢走、举重。

➢调整。改变看待问题的方式，例如用积极态度看待工作挑战。

➢咨询。长期被情绪困扰时，寻求专业的帮助。

通过这三个步骤——策划、评估和改进，可以更有效地进行精力管理。这不仅有助于提高工作效率和生活质量，还能增强身体健康和情绪稳定、提高意志力。

本领域的常见数字化指标：

精力水平：按照精力水平评估标准评估的值，可按日、周、月取均值统计。

8.2.3　工具：爱好清单

爱好清单用于记录和培养个人的兴趣和爱好，它的目的是帮助人们更好地了解自己的兴趣点，以便更有效地安排休闲时间。这种清单能够涵盖各式各样的活动，比如阅读、运动、绘画和旅行等，其主要目标是提升生活的质量，减轻压力，恢复精力，并促进个人成长。在多种场景下都非常适用，例如当你需要更高效地管理自己的休闲时间，或在面对工作和学习的压力时寻找一种放松的方式时，探索新兴趣和发展新技能，以及在日常工作和个人生活之间寻找一个平衡点。

建立一个爱好清单的步骤如下：

① **列举。**思考并记录下你喜欢的活动或想尝试的新事物。

② **优先排序。**根据个人兴趣和可用时间，对清单上的活动进行优先排序。

③ **计划安排。**将这些活动纳入你的日常计划中。

④ **定期审视。**定期审视并更新你的爱好清单，以反映你的兴趣变化。

在选择爱好时，重要的是要考虑到实际可行性，选择那些你真正愿意投入时间的活动。同时，确保你的爱好涵盖多个领域，以促进全面的个人发展，并且随着兴趣的变化，不断更新和调整你的清单。通过建立和维护一个爱好清单，你不仅可以更有效地管理自己的空闲时间，还能提高生活质量，在日常生活的繁忙中找到放松和快乐的时刻。个人爱好清单如表 8-8 所示。

表 8-8　爱好清单

➢观影	看一部喜爱的电影或电视剧能够提供短暂的逃避，帮助放松心情
➢散步	在户外散步，呼吸新鲜空气，欣赏自然风光，有助于清新思维和放松身体
➢烹饪	烹饪是一种创造性的活动，可以帮助人们专注于当下，享受制作美食的过程
➢音乐	音乐能够舒缓情绪，听音乐也是一种令人放松的活动

8.2.4 案例：软件开发项目上线前高压工作阶段的精力改善

（1）背景

2019年在W公司负责一个质量类管理软件开发项目是我职业生涯中的一大挑战。项目的规模庞大，时间紧迫，任务繁重，几乎没有任何缓冲的余地。为了满足上线的严格期限，我和我的团队已经连续加班了9个月，工作时间经常延续到深夜甚至凌晨，这种高强度的工作模式让我的身心都极度疲惫。每天面对的不仅是代码和bug的挑战，更有着来自进度和质量双重压力的考验。在这种持续的高压下，感到身体逐渐不堪重负，精力严重下降，工作效率和注意力也开始受到影响。我深知，如果不采取有效措施提升我的精力水平，不仅项目的成功上线受到威胁，我的健康也可能会受到影响。

（2）行动

面对这些挑战，我采取了几项关键措施来应对紧张的日程和身心的极度疲惫。首先，我对我的日程进行了彻底的重新安排，目的是使时间分配更加合理。这涉及对工作任务的优先级进行重新评估，确保关键任务能够在最有效的时间内得到处理，同时也为休息和恢复留出空间。为了保持身体健康和精力充沛，不管多忙，我继续坚持早起跑步锻炼。跑步不仅帮助我释放工作压力，还提高了我的身体耐力和心肺功能，这对于应对长时间的工作需求至关重要。同时，我确保有充分的休息，包括晚上的高质量睡眠和工作间的短暂小憩。这些小憩让我有机会从连续的工作中抽身，即使是短暂的休息也能显著提高我的精力和注意力。此外，我每周还组织团队成员聚餐1次，这不仅是解压的好方法，也加强了团队间的沟通和凝聚力，大家在紧张之余短暂放松，互相支持鼓励。

（3）收获

以上一系列措施显著提升了我的精力水平。这不仅帮助我应对了持续的高强度工作需求，而且还保持了良好的身心状态。我发现自己能够更加专注于工作，处理任务的效率和质量都有所提高，帮助我在项目关键阶段保持了高效的工作状态。

8.2.5 练习：识别你在精力管理中的1个最突出的问题并制定改进措施

问题：________________________________

改进措施：______________________________

8.3 错误管理

砍柴人夏师傅知道砍柴这活儿不能马虎，一不小心就容易出岔子。为了防止出问题，砍柴人做了如下安排。

砍柴人每次上山前都先想好，今天要砍哪些树，走哪条路最省劲。他总是先在心里过一遍，确保一切都没问题。

他出门前总要检查一遍自己的斧头和锯子。斧头要磨利了，锯子得牢固。这样才不会上山了，才发现工具有毛病。

砍柴人砍树从不急躁，他总说："急不得，要一点一点来。"他每砍一斧，都看准了，确保不会伤到自己，也不会砍坏树。

砍柴人干活总留有后手，比如他总计划多砍一点木柴，以防万一有些木柴质量不好，不能用。

砍柴人每次砍完柴回家，都会回想一下今天的工作，看看哪里做得好，哪里还能改进。他说："干一行，爱一行，活到老，学到老。"这样的防错方法，让砍柴人的砍柴工作既高效又稳妥。他的经验告诉我们，干活儿之前想清楚、做好准备，工作中细心谨慎，事后总结反思，是防止错误的好办法。

自我管理中防错很重要，一个错误会带来负价值，一朝辛苦白干了。错误管理涉及识别、分析和纠正错误，以防止未来重复并从失败中学习的过程。错误记录每日及时进行，一段时间内的错误在每日、每周、每月的A3进行回顾。对应的精益管理主题是防错。

个人的错误多种多样，而将各方面的错误进行分类归纳，可以得到**10类错误**：无知、误解、轻视、失学、盲目，执行、分心、自负、走样、错习（口诀：无误轻失盲、执分自走错，表8-9）。

表8-9 10类错误

错误类型	说明	例子	常用防错方法
无知	知识缺乏，没有必要的信息或知识来做出正确的决定	①砍柴人不知道如何正确挑选和使用斧头 ②咨询师对咨询理论知之甚少 ③软件开发者不熟悉某种编程语言	标准（提供操作标准或指南）； 预演（实践前的模拟训练）
误解	误解信息，错误理解或解释信息	①砍柴人误解了关于树木生长的信息 ②咨询师误解了客户的描述 ③软件开发者误解了项目需求	标准（明确指导说明）； 复核（信息验证）
轻视	未经验证的假设，基于未经验证的假设或猜测做出决定	①砍柴人假设所有树木的砍伐方式相同 ②咨询师假设所有客户都有相同的问题 ③软件开发者假设未测试的代码是无误的	预案（为假设性情况准备应对方案）； 复核（验证假设的正确性）
失学	教育不足，由于教育水平或专业训练不足导致的错误	①砍柴人没有接受过正规的砍伐培训 ②咨询师缺乏专业培训 ③软件开发者缺乏系统的编程教育	标准（提供详细教育材料）； 自动（使用自动化工具以减少需人为判断的场景）
盲目	情报获取不足，未能获取关键信息，导致错误判断	①砍柴人没有了解最新的砍伐技术 ②咨询师没有充分收集客户背景信息 ③软件开发者未能获取完整的项目规范	可视（确保所有关键信息都容易获取和可视化）； 提醒（设置提醒以确保收集所有必要信息）
执行	执行失误，理解了正确的步骤，但执行时出错	①砍柴人知道正确的砍伐技巧但操作失误 ②咨询师掌握咨询技能却在实际应用中出错 ③软件开发者编程时犯了语法错误	习惯（培养正确的操作习惯）； 预演（在实际操作前进行模拟训练）

续表

错误类型	说明	例子	常用防错方法
分心	注意力分散，因注意力不集中或分心而犯的错误	①砍柴人因分心导致砍伐失误 ②咨询师在咨询过程中注意力不集中 ③软件开发者因分心而编写出有缺陷的代码	提醒（设置提醒以保持专注）； 可视（使任务或步骤清晰可见）
自负	过度自信，过分相信自己的能力或判断，忽略风险	①砍柴人过于自信，忽视了安全指南 ②咨询师自信过头，忽略了客户的真实感受 ③软件开发者自信自己的解决方案，未进行充分测试	复核（由他人或系统复查工作）； 断根（消除过度自信可能引起的错误根源）
走样	压力下失误，在高压或紧张情况下无法正确执行已知操作	①砍柴人在紧张环境下操作不当 ②咨询师在压力大时给出错误建议 ③软件开发者在截止日期压力下犯错	冗余（提供额外资源或时间以减轻压力）； 预案（为高压情况准备明确的应对策略）
错习	习惯性错误，由于习惯或惯性思维导致的重复性错误	①砍柴人由于习惯性的错误方法而导致效率低 ②咨询师习惯使用某种方法，即使在某些情况下不适用 ③软件开发者习惯某种编程风格，即使它不适合当前项目	自动（使用自动化工具替代人工操作）； 标准（建立和遵守固定标准以避免习惯性错误）

在自我管理的过程中，人们可能认为自己没有犯错，但实际上可能已经犯了错误。这种现象可能由几个因素导致：

认知偏差（坐井观天）。人们可能会受到各种认知偏差的影响，比如确认偏误（只关注符合自己信念的信息）和过度自信（高估自己的知识、能力或判断）。这可能导致人们忽视或误解自己的行为和决策中的错误。譬如买了一只股票结果不大好。

自我正当化（一意孤行）。为了维护自尊和自我形象，人们有时会为自己的行为找理由，即使这些行为是错误的。这种自我正当化可以阻碍个人认识到自己的错误并从中学习。在咨询项目未能达到预期目标时，可能会归咎于客户未能提供足够的支持或资源，而不是审视自己的咨询方法是否有改进空间。

信息不全（盲人摸象）。自我管理时，可能因为缺乏全面的信息或是对情况的不完全理解而做出错误的决策。在没有意识到所有相关信息的情况下，个人可能认为自己的决策是正确的。在开发一个新的软件功能时，可能因为没有充分调研用户需求，就基于自己的假设进行设计和实施。这可能导致最终产品不满足用户的实际需求。

反馈缺失（闭门造车）。在缺乏外部反馈或不接受外部反馈的情况下，个人可能无法意识到自己的错误。有效的反馈机制对于识别和纠正错误至关重要。在进行软件使用培训时，如果不提供机会让参与者提问或反馈他们的理解问题，你可能会错误地认为所有人都跟上了进度，而实际上部分参与者可能已经掉队了。

学习和成长（幡然醒悟）。自我管理是一个持续的学习过程。随着时间的推移，个人可能会回顾过去的决策和行为，认识到当时未能意识到的错误。这是个人成长和发展的自然部分。在项目失败后，可能会感到沮丧并避免回顾项目，错失了从错误中学习和成长的机会。

要改善自我管理并减少这类问题，可以采取一些策略，如增强自我反省的能力、寻求并开放接受外部反馈、学习认知偏差并努力减少它们的影响，以及培养一种成长心态，将错误视为学习和成长的机会。

错误管理是个人不断学习、成长和提升的关键。它要求我们正视错误，从错误中汲取教训，增强解决问题的能力和心理韧性，防止错误重复发生，最终实现个人的持续进步。

如果错误管理做得不好，可能会出现如下典型症状：

“错误重复症”。没有建立起有效的错误学习机制，导致相同的错误重复发生。

“自我责备症”。犯错后过度自责，无法从错误中学习和成长。

“错误恐惧症”。对犯错有极大的恐惧，这种恐惧阻碍了尝试和创新。

“错误否认症”。不愿意承认并正视自己的错误，避免批评和责任。

“逃避责任症”。遇到问题或错误时倾向于逃避或将责任推给他人。

错误管理的症状，例如错误重复症和错误恐惧症，揭示了个人在处理错误和失败时的挑战。有效地管理错误需要培养一种成长心态，学会从错误中学习，并接受失败作为成长的一部分。

错误管理总图如图 8-5。

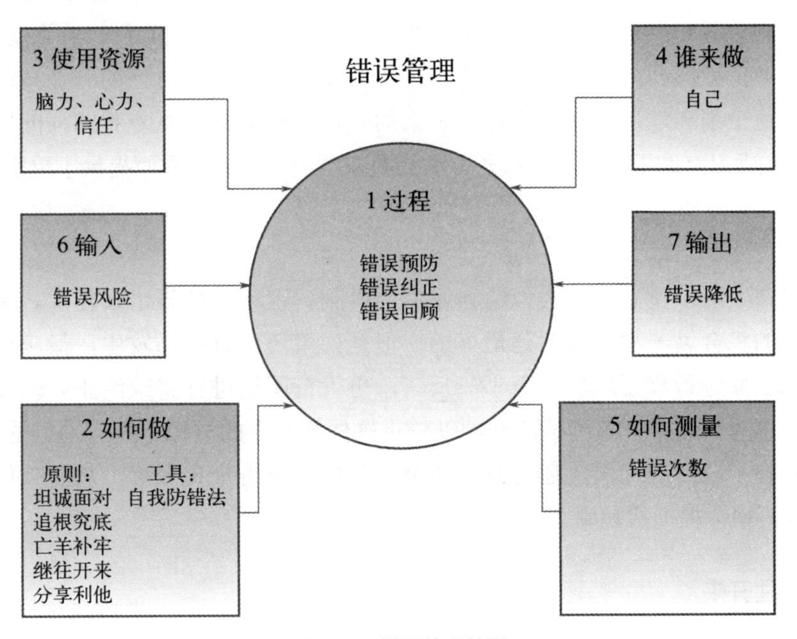

图 8-5　错误管理总图

8.3.1　原则：坦诚面对、追根究底、亡羊补牢、继往开来、分享利他

错误管理蕴含着 5 个原则：坦诚面对、追根究底、亡羊补牢、继往开来和分享利他。这些原则指导我们如何在面对错误时勇敢承认、深入分析原因、建立预防机制、释放负面情绪以及分享经验教训。应用这些原则，自我不仅在个人和职业层面上从错误中学习和成长，还努力帮助同事伙伴避免重蹈覆辙，共同提升整体的工作效率和安全意识。

（1）坦诚面对

在遇到错误时，勇于承认并正视问题是非常重要的。避免将错误忽视或轻易地归咎于偶然因素，因为每个错误都是改进和学习的机会。例如，曾经在一个大数据系统开发项目中，我由于疏忽大意，错误地配置了一个极为关键的参数。这个小小的失误导致了整个系统的运行出现不稳定，这对项目的进展造成了不小的影响。面对这样的情况，我没有选择逃避责任或者掩饰错误，相反，我选择了主动。我立即向我的团队成员坦诚地揭示了问题的存在，并详细解释了出错的原因和可能的后果。通过这样的沟通，不仅增进了团队成员之间的信任和理解，还促进了团队协作的精神。之后，我迅速采取措施，仔细检查并修正了错误的配置，并且对系统进行了全面的测试，以确保类似的错误不会再次发生。这个经历教会了我，面对错误勇于承担责任，并迅速采取行动来纠正错误，是专业成长和团队合作中不可或缺的一部分。

（2）追根究底

深入分析错误发生的原因，避免同样的错误再次发生。只有从根源上解决错误发生的根本原因，才有可能做到不重复犯错。在上述的配置错误中，我进行了详细的回顾，发现是我对某些系统特性的理解不够透彻导致的。因此，我加强了对相关技术的学习，确保未来不会再犯同样的错误。通过这一过程，我不仅提高了自己的专业技能，还学会了如何有效地识别和解决问题，确保在未来的工作中能够避免重复犯同样的错误。这一系列的改进和学习有助于我的个人成长，并为我在解决技术挑战方面提供了更坚实的基础。

（3）亡羊补牢

在工作和生活中建立防止类似错误发生的机制。主动的预防错误发生。将错误视为学习和成长的机会。一次就做对是最好的，但是如果还是有错误发生，最应该做的就是找到根本原因并进行修正。然后再举一反三，更大范围地进行整改纠正。例如，我制定了一套更严格的代码审查和测试流程，以防止软件开发中的类似错误。通过这样的措施，我们不仅修补了已有的漏洞，还提升了整个团队的工作质量和效率，从而确保在未来的工作中减少错误，提高成功率。

（4）继往开来

学会释放因错误产生的负面情绪，保持积极向上。只要做好应该做的事，就可以向前看，继续做。不做不错，不做事情、少做事情自然会少犯错，但不能因为怕犯错就少干，努力做好，有错就改，我就会原谅自己。在一次软件项目失败后，我意识到我不应沉浸在失误中无法自拔，而是应该总结经验教训，探索新的技术或方法来改进未来的项目。比如，发现项目失败是因为技术选型不当，那么在未来的项目中，可以采取更加开放和灵活的技术评估流程，引入技术预研和原型验证阶段，以确保技术选型的准确性和项目的成功率。通过这种方式，团队不仅解决了当前的问题，也为将来的工作铺平了道路，展示了从错误中恢复并以此为契机创新发展的积极态度。

（5）分享利他

在经历错误后，应该将所学到的教训和经验分享给他人，以帮助他们避免犯同样的错误，从而实现团队的共同成长和进步。这种方式在W公司一直都被提倡，例如安全经验分享。大家互相都可以得到借鉴，个人吃一堑，大家都长一智。我会将自己的错误和经验分享给同事，帮助他们避免犯同样的错误。通过内部会议或者邮件微信，分享我的教训，希望别人能从我的经历中学到东西。

以上5个原则帮助我们做好错误管理，不重复犯错。

8.3.2　过程：预防、纠正、回顾

（1）错误预防

错误预防是提高工作效率和质量的关键环节，涉及多个方面的管理，包括工作管理、习惯管理和精力管理。通过从源头上预防错误，可以大大减少错误发生的概率，从而提高整体的工作效率和成果的质量。

建立和完善健全的标准操作规程（SOP）是确保工作质量和减少错误的基础。对于重要且频繁发生的活动，及时建立明确的SOP，并定期对其进行审查和完善，是确保每个步骤都能按照预定标准顺利执行的关键。这样不仅能够减少因操作不当导致的错误，还能提高工作流程的效率。

对于项目类工作，建立和确认工作分解结构（WBS）是至关重要的。通过将重要项目细分成更小的、可管理的任务单元，并进行仔细的确认和核对，可以确保项目的每个阶段都有明确的目标和执行计划，从而减少误解和错误的可能性。

风险分析是预防错误的另一个重要环节。对于重要项目和标准操作流程，进行全面的风险分析，识别可能出现的错误并提前规划预防措施，是避免意外情况对项目进度或质量产生负面影响的有效方法。

习惯管理也是减少错误的关键。通过识别和改正那些可能导致错误的坏习惯，同时培养那些有助于预防错误的好习惯，可以从根本上改善工作质量和个人效率。这包括培养良好的组织和时间管理习惯，以及保持工作区域的整洁和有序。

精力管理同样不容忽视。确保在工作中保持高效的精力状态，避免在精力不足时进行重要的工作或决策，可以大大减少因疲劳或注意力不集中而导致的错误。特别是在进行需要高度集中精力的任务，如软件开发或数据处理时，更应注意合理安排工作时间和休息时间，避免过度劳累。

对于那些已经发生的小错误，及时进行整改不仅是必要的，而且是遵循高效错误管理原则的关键一环。根据防微杜渐的原则，对小错误的及时关注和修正至关重要。这种做法与海因里希法则的理念相契合。海因里希法则是安全管理领域的一个著名原则，提出了“1：29：300”的比例，意指每发生300个无损失事故（小错误），就会有29个小事故和1个重大事故。这一法则强调，通过关注和处理小错误（无损失事故），可以有效预防更严重的后果。将海因里希法则应用在错误管理的过程中，意味着通过识别和整

改工作中出现的小错误，可以大大降低严重错误或问题发生的风险。这一做法不仅有助于维护工作流程的顺畅，还能保证高质量的工作成果。对小错误给予足够重视，及时采取措施进行修正，不仅是对当前错误的解决，更是对未来潜在问题的预防。这种主动的错误管理策略，是确保工作效率和质量、维护顺畅工作流程和实现高质量成果的关键。

总之，通过在工作管理、习惯管理和精力管理各个领域采取主动的错误预防措施，可以显著提高工作效率和质量，确保在各个层面上实现高效和高质量的工作成果。

（2）错误纠正

错误纠正流程是提高个人和团队工作质量及效率的核心环节，它依赖于一套系统化的策略，目的在于精确识别、记录、深度分析并最终纠正工作中出现的偏差。此流程的首要步骤是建立一个详尽的错误检查记录表，该工具不仅便于迅速捕获和记录错误，而且促进对错误成因进行全面分析，基于此分析形成有效的纠正措施。为了进一步提高错误管理的效率和成效，引入错误的分级管理和以帕累托分析为核心的分类管理理念至关重要。这种方法赋予团队更高的目标性和问题解决的针对性，从而在资源配置和纠正策略制定上实现优化。

错误的分级管理以其可能引发的影响和后果为依据，确保那些对项目或组织产生重大影响的严重错误能被优先处理。此方法保障了在资源有限的情况下，可以集中力量解决最紧迫的问题。同时，运用帕累托分析对错误进行分类，这一基于80/20原则的决策工具助力于识别主要错误类型，从而集中精力解决大多数问题的根源。表8-10是灰蓝黄橙红5级错误标准。

表8-10 灰蓝黄橙红5级错误标准

错误等级	等级描述	符合情形
1级错误灰色	轻微级	个人安全和健康风险：无。 对事业的影响：几乎没有或非常轻微。 人际关系的影响：微不足道。 时间、精力、财富等资源浪费：极少
2级错误蓝色	较轻级	个人安全和健康风险：非常低。 对事业的影响：轻微，不会对长期目标造成影响。 人际关系的影响：可能造成短期的不愉快。 时间、精力、财富等资源浪费：较少，可以快速恢复
3级错误黄色	中等级	个人安全和健康风险：有限，但需注意。 对事业的影响：中等，可能需要时间和努力来修正。 人际关系的影响：可能导致持续的紧张或误解。 时间、精力、财富等资源浪费：显著，需要努力来弥补
4级错误橙色	较重级	个人安全和健康风险：显著，需要立即行动来减轻。 对事业的影响：重大，可能对长期目标造成阻碍。 人际关系的影响：可能导致长期的负面影响。 时间、精力、财富等资源浪费：大量，需要长时间的努力来恢复

续表

错误等级	等级描述	符合情形
5级错误红色	严重级	个人安全和健康风险：极高，可能导致严重后果。 对事业的影响：极其严重，可能造成长期或不可逆的损害。 人际关系的影响：深远且负面，可能需要专业的介入来解决。 时间、精力、财富等资源浪费：巨大，可能难以完全恢复

注：在个人安全和健康风险、对事业的影响等方面有任意一条符合就可以做相应等级判定，不需要同时具备。

在错误发生后，立即将详细信息记录于错误检查记录表中，包括错误的具体描述、发生的时间、潜在影响及初步判断的原因、等级和分类等，为后续的深入分析打下基础。随后，通过对问题进行全面分析，识别出引发错误的各种因素，并据此制定出针对性的纠正策略，防止类似错误的重复发生。在错误反省过程中，贯彻“三找三不找”原则极为关键，即找自身的原因、找全面的原因、找根本的原因，不找客观条件的原因、不找他人的原因、不找偶然因素的原因。这种做法鼓励从自我反思和系统分析的角度深入探讨问题的根源，有效防止错误重复发生。通过这样的自我反省和全面分析，促进了个人与团队的成长，营造出一种积极向上、解决问题导向的工作氛围。个人错误记录表如表8-11所示。

表8-11 个人错误记录例

日期	错误描述	原因	整改措施	错误类型	错误等级
20××-××-××	我把客户的话理解错了，以为他们想要的是A方案，但其实他们想要的是B方案	我没有仔细听，太急于下结论了	下次我要慢下来，确保通过多问几个问题来验证我的理解是否正确	误解	3级（黄）
20××-××-××	我太相信自己的判断了，没有听取同事的意见，结果项目没有按预期进行	我过分自信，没有考虑其他可能性	我需要开始更加重视团队的反馈，不再只依赖自己的判断	自负	3级（黄）
20××-××-××	我没有收集全面的信息就做了决定，结果导致了一些不必要的问题	我没有做足够的调研就急于做决定	我要确保在做决定前，收集并考虑所有关键信息	盲目	3级（黄）
20××-××-××	虽然我知道怎么做，但是在执行的时候出错了，导致结果不理想	我可能没有充分练习，或者当时太紧张了	我要在实际操作前多加练习，也许还需要进行一些压力管理的训练	执行	2级（蓝）
20××-××-××	在工作时，我因为同时处理太多任务而无法集中注意力，导致了错误	我尝试同时做太多事情	我要学会将任务做优先排序，并逐一解决，以避免分心	分心	1级（灰）
20××-××-××	在面对截止日期的压力时，我犯了一些平时不会犯的低级错误	压力太大，我没能保持平时的表现水平	我需要提前规划，留出足够的时间来应对紧急情况，减少压力	走样	4级（橙）
20××-××-××	我一直用我习惯的方法来编码，没想到这次因为这个习惯导致了性能问题	我太依赖我过去的经验，没有考虑新的解决方案	我要开始尝试新的编程范式和最佳实践，避免陷入过时的习惯	错习	2级（蓝）
20××-××-××	开发过程中，我没能完全理解项目的规范，就开始着手开发，结果造成了很多返工	我没有获取完整的项目信息	在项目开始之前，我要确保自己对项目有全面深入的了解	盲目	2级（蓝）

（3）错误回顾

定期进行错误回顾分析是整个流程中的关键环节，通过在周、月、年度回顾中审视**错误指数趋势图**的趋势，不仅可以评估已实施纠正措施的成效，还能根据实际情况调整纠正策略。这种周期性的回顾与分析对于持续改善工作流程、提升工作质量具有重大意义。当某一周错误频发，错误指数明显升高，就有必要停下来好好分析并整改，防止一错再错。这种做法源自我做安全管理工作时负责管理的安全气象图，这个做法通过汇总加权计算每周的安全隐患来估计总体的风险趋势，并采取相应的管理措施来降低风险。周错误指数趋势图如图8-6所示。

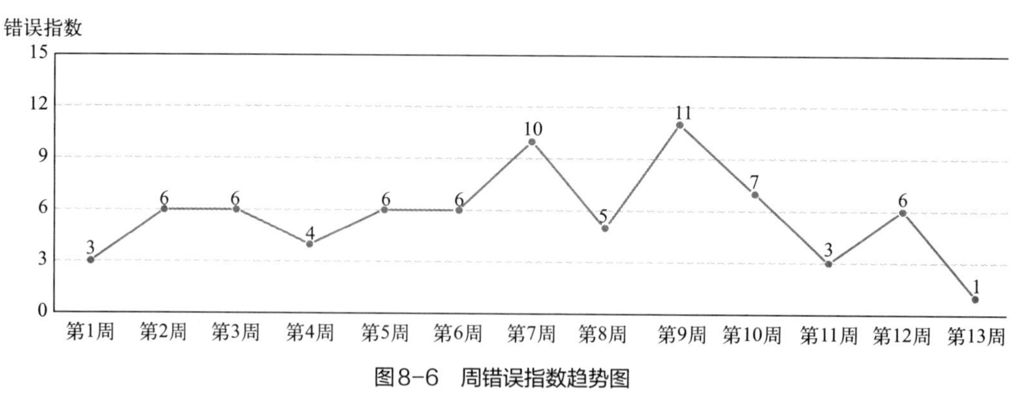

图8-6 周错误指数趋势图

注：周错误指数=（$n_{灰}$×1）+（$n_{蓝}$×2）+（$n_{黄}$×3）+（$n_{橙}$×4）+（$n_{红}$×5）。其中，$n_{灰}$、$n_{蓝}$、$n_{黄}$、$n_{橙}$和$n_{红}$分别代表一周内灰色、蓝色、黄色、橙色和红色错误发生的次数

综上所述，通过确立错误检查记录表、及时记录与分析错误、执行定期回顾以及坚持“三找三不找”的错误反省原则，我们能够建立起一个高效的错误纠正机制。这不仅大幅降低错误发生的频次，显著提升工作效率与质量，还为持续进步与卓越成就打下了坚实的基础。

本领域的常见数字化指标：

错误次数：发生错误的次数，可按日、周、月取汇总统计。

8.3.3 工具：自我防错法

防错法又称防呆法，原意为防止愚笨的人做错事，目的是使愚笨的人都不会做错事。结合多年的实践，形成了适用于自我管理的自我防错法（标准、习惯、复核、可视、提醒、冗余、断根、自动、预演、预案）。

标准。指建立一套统一的操作或执行标准，确保所有过程和活动都能按照既定的高标准一致执行。做培训制定详细的教学大纲和课程标准，确保无论何时何地进行培训，都能保持教学内容的一致性和高质量。开发软件遵循行业编码标准，确保代码的一致性和可维护性，同时促进团队间的有效沟通。

习惯。指形成和维持良好的日常行为习惯，通过反复练习将正确的行为模式内化成自然反应。例如做培训形成每次课前检查教学材料和技术设备的习惯，减少教学中的意外情况，保证课程顺利进行。做软件开发定期进行代码审查和重构，养成写注释和文档的好习惯，有助于提高代码质量和后期的维护效率。

复核。指执行任何任务前后进行二次检查，以确认所有的细节都正确无误，预防错误的发生。例如做培训在每次培训开始前复核所有的教学内容和计划，确保信息的准确性和时效性。做软件开发在代码提交之前进行严格的复核，包括代码审查和单元测试，以减少错误和bug。

可视。指确保所有重要信息和进度对相关人员都是可见的和透明的，从而便于监督和调整。例如做培训通过可视化工具如进度板来展示培训进度和反馈，使学习者和管理者都能轻松了解培训状态。做软件开发使用项目管理工具展示项目进度，使团队成员和利益相关者都能清晰地看到项目的发展。

提醒。指使用各种方法（如闹钟、日历提醒、便签等）来提醒自己重要的任务和截止日期，防止遗忘。例如做培训利用电子日历或提醒系统来安排和提醒即将到来的培训和准备工作，确保不会忘记重要的任务或会议。做软件开发设定定期提醒进行代码备份、更新项目文档或进行团队会议，确保项目按计划推进。

冗余。指在关键环节设置额外的备份或安全措施，以保证万一主要系统或方法失效时，仍能继续运作。例如做培训准备多种教学方法和材料，比如多媒体演示和纸质备份，以备技术故障或出现其他意外情况。做软件开发在关键系统中实施冗余设计，如数据库镜像和负载均衡，以确保系统的高可用性和抗故障能力。从精益的角度看，这是现阶段存在且必要的浪费。

断根。指深入分析问题的根本原因，并采取措施彻底解决问题，防止同样的错误再次发生。例如做培训定期收集和分析学员反馈，找出教学方法或内容上的问题根源，进行改进，避免未来重蹈覆辙。做软件开发使用调试工具和日志分析来定位软件问题的根本原因，并采取措施修复，防止同类问题再次发生。

自动。指利用技术手段自动化完成重复性高、易出错的任务，提高效率和准确性。例如做培训使用在线教学平台和管理工具自动跟踪学员出勤、评分和反馈，提高管理效率和准确性。研发软件用自动化测试流程，实现持续集成和部署，减少人工干预，提高开发流程的效率和可靠性。

预演。指在实际执行前进行模拟演练，通过模拟实际情况来发现潜在问题并加以解决。例如做培训在正式教学前进行预演，测试课程内容、演示材料和技术设备的运行情况。这有助于提前发现并解决潜在的问题，确保在实际教学中顺利进行。研发软件在软件发布前进行全面的预演，包括性能测试、用户接受测试和安全测试。这可以模拟真实世界中的软件使用情况，确保软件在各种环境下都能稳定运行。

预案。指预先制定应对突发情况的计划，确保在遇到意外事件时能迅速、有效地采取行动。例如做培训制定应对突发事件的预案，比如网络故障时的线下教学计划或突发公共卫生事件下的远程教学策略。这种预案有助于在面临不确定性时，迅速、有效地调整教学方案。研发软件设计应对系统崩溃、数据丢失和安全漏洞的紧急响应计划。例如，备份方案、故障转移机制和安全补丁程序，以确保在任何情况下都能迅速恢复服务并保护用户数据。

通过这些防错原理的应用，在日常工作中实现更高的效率和质量，减少错误和问题，从而提升整体的专业表现。

防错法的应用步骤如下：

① 观察操作和流程，发现其中可能出错的环节。

② 分析出错的原因。广泛收集情报，以详细数据来分析整理，设法找出真正的原因。

③ 提出防错改善方案。可以应用防错10法（自我防错法）帮助提出改善方案。

④ 实施改善方案。

⑤ 确认改善方案实施效果。

⑥ 修订操作标准。

对于防错上策是根源上预防不犯错，中策是发生错误及时纠正不再犯，下策是知错就改。无策是放任自流不作为。

8.3.4　案例：降低软件开发错误发生率

（1）背景

作为一名软件开发者，我始终面临着避免编程错误的挑战。尤其在处理一个庞大且复杂的项目时，我发现频繁出现的逻辑漏洞和性能问题严重影响了我们的进度和产品的性能。这些持续的问题让我意识到，没有系统性的解决方案，这些问题将不断地困扰着我和我的团队。因此，我决定采取行动，通过一个更有条理的方法来减少这些错误。

（2）行动

我采取的第一步是创建一个详细的错误记录表。每当我遇到一个错误时，都会在这个系统中记录下发生时间、代码的具体位置和我当时所执行的操作。例如，遇到一个复杂的内存泄露问题时，我详细记录了相关的模块和可能触发泄露的操作。然后开始深入分析这些错误，尝试找出根本原因。我发现许多错误都与我们的某些编程习惯（如错误的内存管理或对第三方库的不当使用）直接相关。对每一个问题，我都会深入研究，并探索不同的解决策略。在这个过程中，我不仅修正了即时的错误，还开始改进我们的编程实践。我引入了更严格的代码审查流程、编写了针对关键组件的单元测试，并且开始利用静态代码分析工具来识别潜在的问题点。

（3）收获

我的这一系列行动带来了立竿见影的效果。通过持续的记录、分析和修正，我成功降低了错误的频率，从而提高了开发效率和软件的质量。更重要的是，这个过程极大地加深了我对编程的理解，提升了我的问题解决能力。这不仅解决了手头上的问题，也为未来可能遇到的挑战打下了坚实的基础。

8.3.5　练习：反思最近1年犯过的3条错误并分析原因，制定改进措施

错误：____

原因：____

改进措施：____

8.4　知能管理

砍柴人夏师傅在村里砍柴可是出了名的好手，但他也知道，世上无难事，只怕有心人。他长期以来一直这么管理自己的知识和技能。

砍柴人虽然砍了好多年，但他总说“学无止境”。他经常学些砍柴的新技术、新方法。不管是自己琢磨，还是听别人讲经验，他都不落下。

学了新技能，砍柴人就上山去试。他知道，光说不练假把式，真正好的技术，得实际应用起来才知道行不行。

砍柴人不是那种藏私的人，他乐于把自己的砍柴技术传给年轻人。他说：“好东西就得让更多人知道，这样咱们村的砍柴手艺才能传下去。”

每次砍柴回来，砍柴人都要琢磨一下，自己今天的工作做得怎么样，有没有更好的办法。他常说：“做事要求进步，才能干得更好。”

通过这样的知识和技能管理，砍柴人不仅保持了自己技术的领先，还帮助提升了整个村子的砍柴水平。他的做法告诉我们，不断学习、实践和传承，是保持和提升技能的关键。

随着获取知识的成本持续下降和新的知识技能不断涌现，快速掌握深度复杂的知识和能力成为时代的要求。

知能是知识和技能，知识指人们通过学习、研究和经验获得的信息、事实、原则和理解。它通常是理论性的，如原理、事实或科学理论。技能是指应用知识来完成特定任务的能力。这通常是实践性的，如开汽车、编程。知识更偏向于理论和事实的了解。技能更强调动手实践和操作能力。知识通常通过阅读、听讲和观察来获得。技能则通常通过重复练习和实际操作来掌握。知识帮助我们理解世界和决策。技能则使我们能够执行具体的任务和活动。总的来说，知识和技能是相辅相成的。知识为技能提供了理论基础，而技能则是知识的实际应用。两者相互依赖，缺一不可。尽管它们有着本质上的区别，但在实际工作和生活中，它们通常是紧密结合的。

自我管理中，把工作、生活等各方面的知识技能的学习贯穿每一天。对应的精益管理主题是多能工。

从自我管理的角度看，知识和技能管理对于个人的职业发展、决策能力、时间优化以及适应环境变化都至关重要。这不仅有助于提升个人的工作表现，还能增加个人的满意度和生活质量。

如果知识技能管理做得不好，可能会出现如下典型症状：

“学习停滞症”。长时间没有学习新知识或技能，导致职业成长停滞。

“技能过时症”。现有技能和知识逐渐过时，难以适应新的工作要求。

“信息过载症”。摄取过多的信息，无法有效地筛选和应用，导致混乱和决策困难。

“实践不足症”。学习新知识后缺乏足够的实践，导致学到的东西快速遗忘。

“方法错误症”。使用效率低下或不适合自己的学习方法，影响学习效果。

在知识技能管理领域，如学习停滞和技能过时等症状反映了个人在持续学习和技能更新方面的困难。应对策略包括以目标需要拉动定期更新知识和技能，以及采用有效的学习方法。

知能管理总图如图8-7所示。

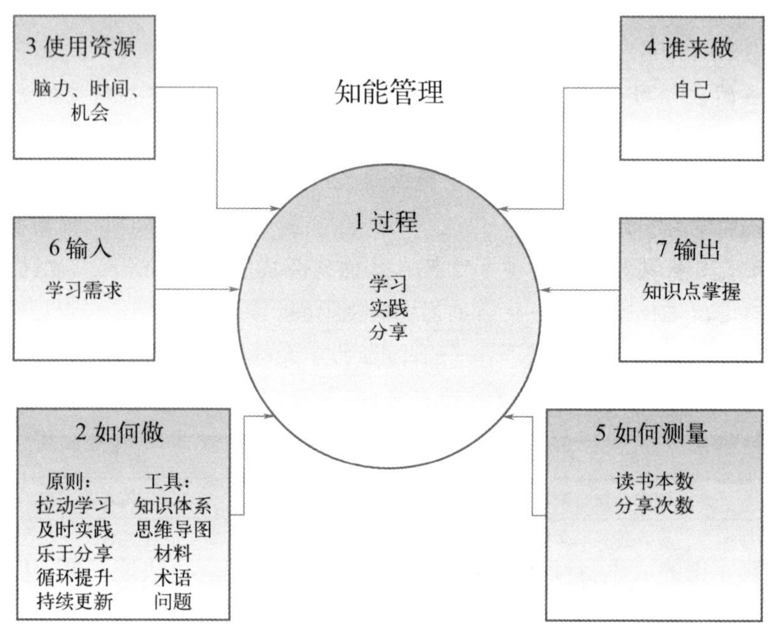

图8-7 知能管理总图

8.4.1 原则：拉动学习、及时实践、乐于分享、循环提升、持续更新

知识技能管理蕴含着5个原则：拉动学习、及时实践、乐于分享、循环提升、持续更新，这些原则帮助如何在职业生涯中有效地积累和运用知识技能。如何通过这些方法不断增强个人能力，将新学的知识应用于实际工作，与他人分享技能以促进共同成长，通过反思过往经验进行改进，以及探索新的知识领域和技能以保持竞争力。这样不仅促进了个人的发展，也为团队和组织带来了价值。

（1）拉动学习

从精益对于浪费的分类角度看，学习是现阶段存在且必要的浪费。只有学习的东西创造了价值，才是真正增值的行为。精益生产中有拉动式生产，是根据客户的需求来生产，不提前过度生产。通过这个方式减少了浪费。拉动式学习是根据输出需要，来选择学习的内容和深度，保持好奇心，不断探索和学习新知识，而不过度学习，以避免时间、精力的浪费。

拉动式生产和拉动式学习如表8-12。

表8-12 拉动式生产和拉动式学习

维度	拉动式生产	拉动式学习
定义	根据客户需求生产产品，生产过程中减少库存和浪费，提高效率。	根据个人的即时需求和兴趣学习，学习内容紧贴实际需要。
目的	减少生产过程中的浪费，提高生产效率和产品质量，降低成本。	提高学习效率，确保所学内容能够立即应用于实际问题解决中。
应用领域	制造业、供应链管理、生产流程设计等。	教育、个人发展、职业培训等。
关键原则	客户需求驱动、减少库存、减少浪费、及时生产。	需求驱动、即时学习、应用导向。
实施方式	精益生产技术、看板系统、JIT（准时制生产）、流程优化。	个性化学习路径、自我驱动的学习、利用在线资源和实时反馈。
优势	减少过度生产和存货，提高生产效率，缩短交货时间，提升客户满意度。	提高学习的相关性和实用性，加速知识的应用，提升个人或组织的适应性和创新能力。
挑战	需要精确的需求预测和流程控制，以及高度灵活和响应快速的生产系统。	需要强大的自我管理和自我驱动能力，以及高效的资源获取和筛选能力。
评估标准	生产效率、产品质量、客户满意度、库存水平和生产成本。	学习成果的实际应用性、学习过程的效率、个人或团队的成长和发展。

拉动式学习和拉动式生产都强调根据实际需求来指导活动，通过减少不必要的资源浪费来提高效率和效果。尽管它们应用于不同的领域，但两者都体现了精益思想的核心原则，即通过持续的改进和优化过程来创造更大的价值。

例如，因为年度计划要开展一个生产大数据应用项目，我会提前一段时间补充学习如何利用大数据和机器学习来优化生产流程的案例，学了立马就用，避免了知识技能的无用库存。

（2）及时实践

将理论知识转化为实践，通过应用来巩固学习。举例来说，每当我学习了新的大数据分析技巧，便会迅速找到一个实际的项目来应用这些新学到的技能。通过将这些技巧应用于具体问题的解决过程中，我能够更深刻地理解它们的工作原理和实际效果，这种实践经验是任何理论学习都无法替代的。如果没有实践的环节，学到的知识就像是书上的沉睡语句，难以转化为我们可以操作的实际能力。同样，如果不将学到的知识应用到实践中，我们就无法体验到知识带来的真正价值，也无法对自己的学习成果进行有效的验证和调整。因此，我始终坚持学以致用的原则，在学习新知识的同时，积极寻找或创造机会将这些知识应用于实际工作中，以此来不断巩固和提升专业技能。

（3）乐于分享

合适的方式分享知识，可以带来帮助，也可以收获建议，也可以收获关系。分享是快乐的，因为可以给他人带来或多或少的帮助和启发，而他人的认同和反馈反过来也会鼓励我继续前进。例如，在公司内部举办的知识分享会上，我会讲述我在大数据分析项目中的经验和教训。同时，我也会参加行业研讨会或线上论坛，与同行分享我的见解和学习成果。此外写作也是一个很好的分享方式。写作出版《精益化工：精益管理在化工行为的实践》也是一个分享的过程，通过这本书，我结识了很多新朋友，带来了新的课题，新的课题拉动我进行新的研究和实践，不断提升我的专业深度，经过几年的积累，又可以输出新的书，只要坚持下来，著作等身也是水到渠成。

（4）循环提升

持续循环学习、实践、分享，形成学习型工作。学习型工作是一个将自我知识管理循环提升过程融入日常工作中的概念。它不仅强调个人在工作中的技能和知识的提升，还强调持续学习和成长的重要性。在学习型工作环境中，学习、实践、分享形成了一种不断循环的动态，推动个人和组织的发展。学习型工作的核心是认识到知识和技能的发展是一个持续的过程，而非一次性的事件。这种方式鼓励个人和组织在日常工作中创造学习机会，将学习融入工作流程，形成一个不断进步和适应变化的工作环境。作为一个精益咨询培训师，我的职业旅程是通过循环提升的过程不断发展的。一开始，我只能讲2小时的入门课程，这对于想要深入了解精益生产的人来说只是一个起点。但我没有停下脚步，我持续地学习新知识，将学到的理论付诸实践。随着时间的推移，我的能力和知识库逐渐增长，我能够开发出更加全面和深入的课程内容并进行培训，从3天的黄带课程、10天的绿带课程到20天的黑带课程，总共2500页PPT，一页一页的积累，一版一版的迭代。这个过程不仅是我个人技能和知识的提升，也是我职业生涯中的一个缩影。通过不断学习、实践和分享，我不仅提高了自己的教学水平，也帮助我的学员们获得了宝贵的知识和技能，这种循环提升的过程最终形成了我日常工作的核心，使我能在这个不断变化的世界中找到立足点。

（5）持续更新

必须不断地刷新和提升知识与技能以适应迅速变化的环境和面对新的挑战。这个原则建立在认识到知识和技能是有时效性的基础上。随着科技的快速进步和社会的持续发展，新的知识体系和技能要求不断地出现，同时，旧的知识和技能可能迅速变得过时或不足以应对新的问题。因此，个人需要培养一种持续学习和自我更新的文化，通过定期的培训、学习和实践活动来确保他们的知识库和技能集最新。这不仅涉及掌握最新的技术和方法，还包括对现有知识的深化和扩展，以及对创新思维和解决问题能力的持续培养。通过这种方式，持续更新原则帮助个人能够有效地应对现代世界的复杂性和不确定性，保持竞争力和适应力。作为生产管理系统的开发者，我认识到不断更新知识和技能的重要性。我从使用传统SQL数据库处理生产数据转向学习Apache Kafka和Apache Spark，以应对数据量爆炸和实时处理需求。我通过官方文档、社区讨论和在线课程深入学习这些技术，并创建原型项目实践，该项目使用Kafka收集数据，再用Spark进行分析处理。这一转变显著提升了数据处理效率，增强了数据驱动决策的能力。这个经历强化了作为开发者持续学习的重要性，特别是在技术快速发展的领域。

以上5个原则帮助我们做好知识技能管理，与时俱进。

8.4.2　过程：学习、实践、分享

（1）学习

首先涉及**识别需求**。这包括分析个人的长期职业目标和短期技能需求，作为一个精益管理专家，我可能需要提升其统计分析技能。同时，了解行业的新趋势，如数字化转型和人工智能的应用，也是至关重要的。进行技能差距分析，对比当前技能与目标岗位或项目需求，有助于识别需要强化的领域。

接下来是**获取资源**的阶段。从哪里学习？学习渠道非常重要，书、师、事、人、地、己，各有特色。

书。书籍是传统而有效的知识获取渠道。从基础教材到深入专业的著作，书籍涵盖了广泛的主题和层次。它们不仅提供理论框架，还通过案例分析将知识应用于实践。作为软件开发者，我通过研读编程规范加强代码质量；作为培训师，我通过学习教育心理学改善教学方法。W公司有一个政策，因为工作需要进行学习的书籍可以报销。我离职的时候清点了一下进行移交，发现大概有3万元的书。多少个夜晚，多少个周末，这些书与我为伴，伴随我一路成长。

师。老师、导师或教练在学习过程中扮演核心角色。他们传授知识并提供指导，帮助我们理解复杂概念，根据个人能力和需求调整教学策略。这些经验丰富的人士不仅在激发和启发学生方面发挥重要作用，而且对个性化学习和成长至关重要。在过去的这些年，我从各位尊敬的老师们那里学到了太多宝贵的东西，现如今我也成为了很多人的老师，将真知薪火相传。

事。通过参与或观察事件，我们可以获得实践经验和学习机会。大事小事、好事坏事、己事他事，都可以学到。我经历了W公司从百亿到千亿的腾飞过程，负责或参与了几乎所有的生产运营领域管理变革项目，经过了多岗位、跨文化的工作历练，其中所亲历的重要事件都是非常宝贵的经历，让我从中学到了很多。

人。同学、同事或社交圈中的人也是重要的学习资源。通过与他人交流，可以学习新的观点、技能和方法，促进创造性和批判性思维的发展。这些年特别在W公司这家世界级化工企业（2022年世界化工第17强），我遇到了很多非常顶尖优秀的人，每个人都有自己最强的领域。身边优秀的人是最好的学习资源。他们能激励和启发我，通过他们的成功故事和奋斗经历激发我的内在动力，促使我追求更高的目标。与之近距离接触，为我提供了观察他们如何处理问题、组织工作和安排学习的直观学习机会，这是书本或理论所无法提供的。此外，身处人才的环境对我产生积极影响，高标准和正能量的氛围会潜移默化地促使我们提升自己。优秀的人通过他们的行为和成就激励我，同时，他们的存在为我提供了一个促进学习和成长的良好环境。看到别人在自我管理不同的领域做得那么好，我就逐渐知道自己该怎么做了。从每个人身上学到一个长处，就是了不起的成就。而在自我关系管理中，我也会自然去靠近更多优秀的人。与谁同行，一定程度上决定了我的未来。

自我精益管理起到的榜样作用如图8-8和表8-13所示。

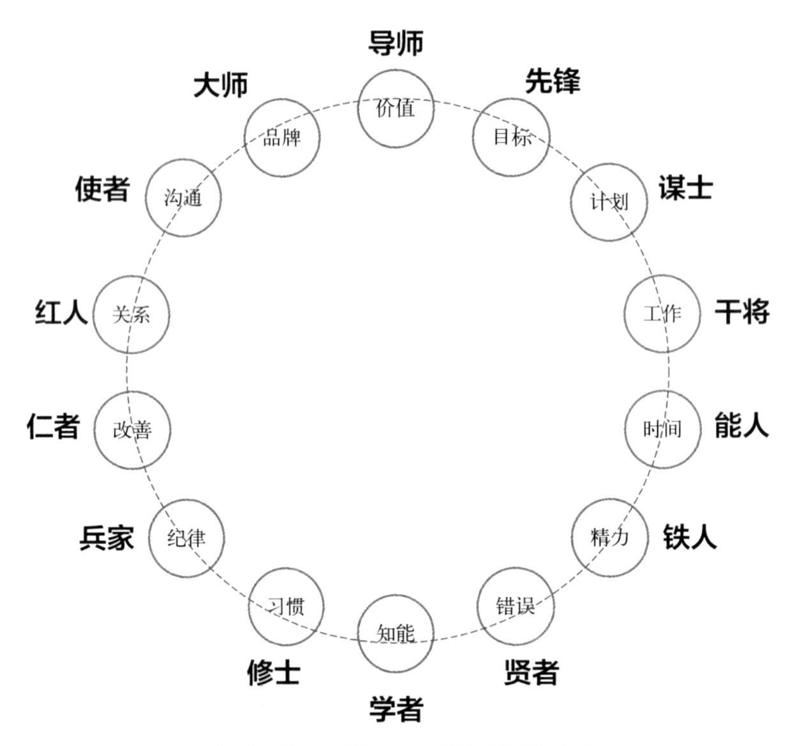

图8-8 学习的榜样——自我精益管理14强

表8-13 学习的榜样作用描述

角色	专长领域	描述
导师	价值管理	导师拥有对个人或组织价值观的深刻理解和引导能力。他们能够识别和强化核心价值观，为决策和行为提供方向
先锋	目标管理	先锋帮助个人设定和达成目标。他们不仅提供指导，还激励人们追求自己的梦想和抱负
谋士	计划管理	谋士擅长规划和策略。他们帮助制定详细的行动计划，确保目标的实现
干将	工作管理	干将是工作效率和执行力的象征。他们擅长把计划转化为行动，并有效地完成任务
能人	时间管理	能人是时间管理的高手，能有效利用每一分每一秒。他们擅长优化日程，确保时间被高效使用
铁人	精力管理	铁人是精力管理的专家，懂得如何维持高效能量水平。他们重视休息和恢复，以保持最佳表现
贤者	错误管理	贤者擅长从错误中学习和成长。他们鼓励反思和自我提升，将错误视为学习的机会
学者	知能管理	学者代表着对知识技能的追求和应用。他们不断学习新知识技能，并有效地运用这些知识技能
修士	习惯管理	修士专注于培养良好习惯。他们知道持续的小改变可以带来巨大的成果
兵家	纪律管理	兵家在纪律和自控方面表现出色。他们遵守规则和原则，保持诚信和专注
仁者	改善管理	仁者专注于持续改进和自我提升。他们寻求提高效率和效果，永不满足于现状
红人	关系管理	红人擅长建立和维护人际关系。他们理解人际动力，并能有效地与他人互动
使者	沟通管理	使者精通沟通技巧。他们知道如何清晰、有效地传达信息，确保理解和协作
大师	品牌管理	大师代表个人品牌的塑造和推广。他们懂得如何展示自己的优势和特点，吸引他人的注意

地。特定的地点或环境是学习的宝贵资源。例如2005年作为W公司首批海外管理培训成员，我有机会和伙伴们一起在世界级企业进行深入学习，并参观世界顶尖化工园区。这段经历不仅让我直接体验了先进的管理体系和尖端技术，而且激发了我对新想法的探索，帮助我理解行业趋势，并扩大了我的专业人脉。这种经历对我的观念产生了深刻的影响，并促成了后续很多的发展机会。我从没有想到那年在异国他乡的一个下午我所接受的一次精益入门培训会改变我的一生，我也因此找到了热爱终生的事业。

己。从自己的经验教训中学习。我坚信通过持续的自我反省和总结来学习是至关重要的。在15年里，我每天对自己的经验和教训进行反思，从中提炼出关键原则和标准操作方法。这一切都被详细记录在我的行知日志中，成为了我无价的个人财富。通过定期的自我审视，无论是每天的总结还是每周的回顾，我都能对自己的行为、决策和成果进行深入分析。这些记录不仅帮助我追踪个人成长的轨迹，还为我未来的行为提供了指导。从每次反思中，我都能明确下一步的行动计划，确保我能在生活和职业道路上持续进步。这种自我反省的习惯使我能够深入理解自己的行为模式和思维过程，推动了我的个人和职业发展。

书、师、事、人、地、己这6种多元化的学习资源相互补充，形成了全面而有效的学习渠道，而为了自我的成长，有时候要主动去追寻这些好的资源，即使要付出一定的代价也是非常值得的，孟母三迁也是如此。

资源确定之后就要利用各种时间持续学习。要主动学习，不仅仅是被动接受信息，而是通过笔记、讨论等方式积极吸收。要多用案例分析，通过分析具体案例来理解理论的实际应用，例如研究某个成功的精益管理项目。要知识整合，将新学到的知识与已有知识结合起来，形成自己的知识体系。

（2）实践阶段

在实践阶段，首先是制定计划。这包括明确实践的目的和预期结果，比如提高某个流程的效率。紧接着是策略规划，根据所学知识制定具体的实施策略，例如采用特定的精益工具或技术。同时，重要的是进行时间管理，设定合理的时间表以确保按时完成目标。

接下来是执行和调整环节。这个阶段需要在工作中实际应用所学知识，例如在生产线上进行流程效率分析。同时，监控进度也是关键，定期检查实践进度和效果，确保一切按计划进行。在遇到问题时，应灵活调整策略或方法。

最后是反思和总结。这包括收集和分析相关数据，评估实践的效果。同时，要对实践过程进行经验总结，识别哪些做法是有效的，哪些需要改进。最终，将实践中的新发现或新理解融入自己的知识体系。

（3）分享阶段

分享阶段的第一步是整理知识。将经验和知识整理成教程、案例研究等形式，使用图表等视觉工具来辅助说明，并以故事的形式讲述，以增加吸引力和易懂性。

接着是选择合适的分享渠道。根据分享内容的性质，选择目标受众适合的渠道，如专业论坛、社交媒体或学术会议。形式可以多样，如线上研讨会、博客文章或线下演讲等，并确保平台能提供反馈机制，以便于进一步的改进和调整。

最后，重视交流和互动。在分享过程中鼓励提问，并给予耐心详细的回答，以深化听众的理解。同时，邀请听众分享他们的观点或经验，促进双向交流。并且，建立与听众的持续联系，如通过社交媒体或专业网络，以便于未来的交流和合作。

本领域的常见数字化指标：

读书本数：读书的数量，可按月取汇总统计，注意并不是越多越好，读书的数量和质量要兼顾。

分享次数：进行分享次数，包括演讲、直播等方式，可按日、周、月取汇总统计。

8.4.3 工具：知识体系、思维导图、材料、术语、问题

在个人知识管理过程中，不同的工具和方法相互衔接，共同构建一个系统化的知识体系（BOK）。核心是BOK，它提供了一个全面的框架，明确了某一领域或主题的核心概念、术语和知识点，为知识的收集和组织设定了基础。紧接着，思维导图作为一种可视化工具，利用指导，以中心思想为核心，通过分支和子分支的方式，展示信息的层次和关系，具体化并形成视觉化的知识结构。

在这个过程中，材料如书籍、文章、视频等扮演了重要角色，它们是知识的具体表现形式。这些材料的收集和整理基于BOK的指导，而思维导图等工具帮助识别、分类和关联材料中的关键信息和概念。术语，作为特定领域或主题中使用的专业词汇和定义，其准确性和一致性由BOK保证，同时，通过思维导图探索和展示这些术语之间的关系，加深理解。

问题的提出和探索是个人知识管理中不可或缺的一部分，它不仅启发思考，指导研究方向，而且深化对知识的理解。在提供的宽广知识背景下，思维导图的帮助，使问题驱动的学习变得更加有目的和系统。这些工具相互之间的衔接和互补，展现了个人知识管理的层次性和系统性，使个人能够有效地收集、组织、理解和分享知识。

8.4.3.1 知识体系——框架构建

BOK，通常指的是“body of knowledge”，即“知识体系”，是一个综合性的术语，用于描述某一专业领域或学科中的核心知识、技能、理论和实践。例如著名的PMBOK（project management body of knowledge），项目管理知识体系。这个框架旨在帮助专业人士理解、应用并扩展其领域内的知识，其中包含了特定领域的基本概念、原则、技术和标准。通常由专业组织或行业协会制定，BOK 定期更新以反映最新的行业发展和研究成果，不仅覆盖理论知识，还包括实践技能和案例研究，助力专业人士将理论应用于实际工作。个人可以根据自己的需要自行编制BOK（例如更新比较快的大数据分析类BOK）。

知识体系的适用情景广泛，包括教育与培训、职业发展、研究与创新，以及标准化与最佳实践等方面。例如，在教育与培训领域，BOK 可用于制定教育课程、认证考试和专业培训计划。专业人士可依据BOK来评估和规划自己的学习路径和职业发展，而研究人员和开发者则可以参考BOK寻找新的研究方向和创新机会。同时，行业内的组织可依

据BOK制定标准、指南和最佳实践。

知识体系的应用步骤如下：

① **识别需求**。明确希望从 BOK 中解决的问题或达到的目标，例如想通过学习 PMBOK项目管理知识体系提升自己管理工作项目的能力。

② **获取资源**。寻找相关的 BOK 文档、书籍、在线课程和其他资源。例如PMBOK项目管理知识体系相关的资源。

③ **学习、应用和认证**。通过学习理论知识和技能，将 BOK 中的内容应用到实践中。可以进行相应的认证或自行评估。如通过PMBOK项目管理知识体系的PMP认证（项目管理专业人士资格认证）。不管学什么，如果有条件，我都会选择进行认证，当然不是为了一纸证书，而是为了验证是否真正学会。就像学开车一定要考个驾照一样，要在上路之前通过科学规范的方式确认自己是不是可以上路。

④ **实践与反馈**。在实际工作中应用所学知识，并根据结果进行调整和优化。

⑤ **持续更新**。随着行业发展和个人职业成长，定期更新和扩充知识体系。

BOK 的要点在于其全面性、实用性、更新性和适应性。它不仅应涵盖领域内的核心知识和技能，而且应具有高度的实用性，便于应用到实际工作中。随着科技进步和行业变化，BOK 应不断更新，以保持其相关性。同时，它还应能够适应不同学习者的需要，提供不同层次的学习路径。无论是个人职业发展还是组织的能力提升，了解和应用所在领域的 BOK 都是至关重要的。我的部分BOK如表8-14所示。

表8-14　我的部分BOK列表（其中有些是其他组织制定，有的是自己编制）

序号	BOK	序号	BOK
1	精益（精益六西格玛）	8	软件开发_后端
2	团队管理	9	软件开发_前端
3	成本管理	10	大数据算法
4	质量管理	11	项目管理
5	安全管理	12	项目管理办公室
6	供应链管理	13	写作
7	软件开发_数据库		

认知等级如表8-15所示。

表8-15　认知等级（源自布卢姆教育目标分类学）

序号	认知等级	说明
1	了解	指对先前学习过的知识材料的记忆，包括具体事实、方法、过程、理论等的记忆，如记忆名词、事实、基本观念、原则等
2	理解	指把握知识材料意义的能力。可以通过三种形式来表明对知识材料的领会。一是转换，即用自己的话或用与原先不同的方式来表达所学的内容。二是解释，即对一项信息（如图表、数据等）加以说明或概述。三是推断，即预测发展的趋势
3	应用	指把学到的知识应用于新的情境、解决实际问题的能力。它包括概念、原理、方法和理论的应用。运用的能力以知道和领会为基础，是较高水平的理解

续表

序号	认知等级	说明
4	分析	指把复杂的知识整体分解为组成部分并理解各部分之间联系的能力。它包括部分的鉴别、部分之间关系的分析和对其中的组织结构的认识。例如，能区分因果关系，能识别史料中作者的观点或倾向等。分析代表了比运用更高的智力水平，因为它既要理解知识材料的内容，又要理解其结构
5	综合	指将所学知识的各部分重新组合，形成一个新的知识整体。它包括发表一篇内容独特的演说或文章，拟定一项操作计划或概括出一套抽象关系。它所强调的是创造能力，即形成新的体系或结构的能力
6	评估	指对材料（如论文、观点、研究报告等）做价值判断的能力。它包括对材料的内在标准（如组织结构）或外在的标准（如某种学术观点）进行价值判断

知识体系如表8-16所示。

表8-16　知识体系（精益六西格玛绿带BOK节选）

知识点	解释	认知水平
3.5.4 过程能力指数Cpm	了解过程能力指数Cpm。	理解
3.5.5 过程绩效指数Pp与Ppk	定义、选择并计算Pp、Ppk、Cpm，并评价过程绩效。	评估
3.5.8 属性值数据的过程能力分析	单位缺陷（DPU），百万缺陷机会缺陷数（DPMO）和西格玛水平的关系。	应用

8.4.3.2 思维导图——图解思维

思维导图（图8-9），也称为心智图，是由英国学者托尼·博赞发明的，旨在表达发射性思维的图形工具。这种工具以其简单而有效的特点，成为了一种广泛应用的实用性思维工具。通过运用图文并重的技巧，思维导图能够清晰地展现出各级主题之间的相互隶属和相关关系，同时，通过将主题关键词与图像、颜色等元素相结合，建立起易于记忆的链接。思维导图被广泛用于问题分析和寻找问题的创造性解决方案。

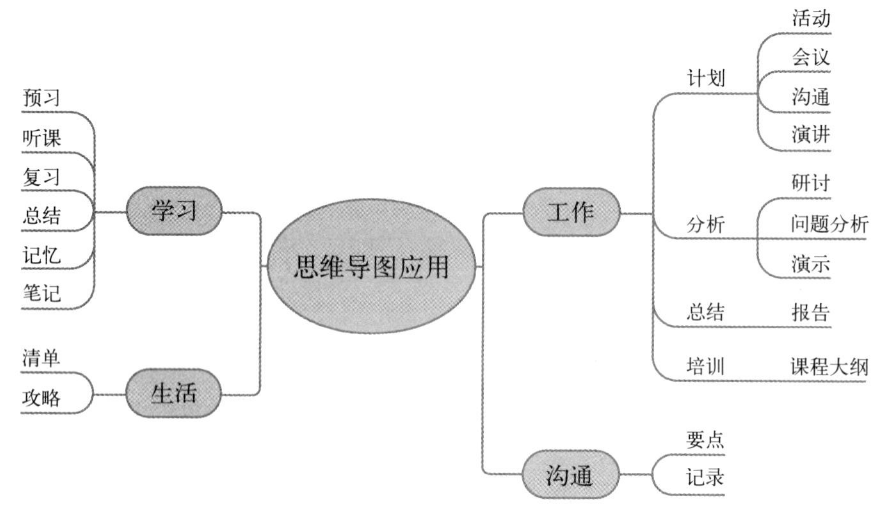

图8-9　思维导图的应用

思维导图应用步骤如下：

思维导图可以用笔纸画，也可以用思维导图的软件画。下面以纸笔为例。

① 拿出一张白纸从中心开始绘制，周围留出空白。从中心开始，可以使你的思维向各个方向自由发散，能更自由、更自然地表达你自己。

② 画一幅画表达你的中心内容，画一幅图画的好处是能帮助你运用想象力，更加能表达你的思想。

③ 将中心图像和主要分支连接起来，然后把主要分支和二级分支连接起来，再把三级分支和二级分支连接起来，以此类推。分支就是你一直联想到的东西内容，由此创建思维的基本结构。

④ 在每条线上使用一个关键词。单个的词汇更具有力量和灵活性。每一个词汇和图形都像一个母体，繁殖出与它自己相关的一系列“子代”。当你使用单个关键词时，每一个词都更加自由，因此也更有助于新想法的产生。而短语和句子却容易扼杀这种火花。

⑤ 然后重复动作把你想表达的都画出来，一直联想，一直延伸。

在绘制思维导图时，还需要注意几个要点：学会提取关键词，避免在分支上放置过长的文字；可以利用富有想象力的图形元素来改善和丰富思维导图。通过这样的方法，可以使思维导图成为一个强大的工具，以更自然和自由的方式表达和组织思想。

8.4.3.3　材料——信息优选

材料的种类丰富，包括书籍、文档和文章等。书籍提供了深入和系统的主题探讨，非常适合于那些需要长期学习和参考的场合。相比之下，文档如报告、研究论文和手册等，通常专注于特定主题，可以提供详尽的信息，适合于需要获取专业或技术性较强的详细信息的情况。而文章则更适合于快速获取某个特定主题的信息和观点，例如跟进最新的趋势和观点或是获取一个简要的概览。

材料的应用步骤如下：

① **收集**。根据学习目标和兴趣选择相应材料。阅读与分析。精读重要部分，扫读次要内容，辨别关键信息。

② **笔记与整理**。记录重点，整理思想和信息。

③ **回顾与应用**。定期复习笔记，将学到的知识应用于实践。

在选择和使用材料时，有几个要点需要注意。首先是选择质量，应优先考虑那些高质量且评价好的材料。其次是有效阅读，根据自己的目标选择是深度阅读还是快速浏览。持续整理也非常重要，需要保持知识的有序存储，可以增添评分、标签，以便于检索。最后，实际应用是将学习与日常工作生活应用结合起来，这有助于提高理解和记忆。通过这样的方法，可以在知识管理中更好地综合利用各类材料。

8.4.3.4　术语——语义索引

术语管理是一个涉及识别、收集、理解和组织特定领域或专业词汇的过程。这个过程包括建立术语库，一个系统性地收集特定领域术语及其定义、使用情景的过程。术语管理在学术研究、技术、工程等专业领域中尤为重要，因为这些领域的术语往往非常专业且复杂。对于那些进入新工作领域的人而言，理解和使用正确的术语至关重要。

术语的应用步骤如下：

① **识别**。确定你需要关注的特定领域或主题的术语。

② **收集**。收集相关术语及其定义、关联术语等。

③ **组织**。建立术语数据库或术语表，使信息易于访问和更新。

④ **应用**。在写作、交流和学习中积极使用这些术语，以加深理解和记忆。

在术语管理中，一些关键要点包括保持使用术语的一致性以避免混淆，持续更新术语库以反映新的知识和发展，深入理解术语背后的概念和背景，而不仅仅是简单地记忆它们。此外，通过实际应用这些术语来加强理解和记忆也是非常重要的。这些实践有助于有效管理和利用专业术语，确保在专业环境中的沟通更加准确和高效。

例：生产与库存管理术语

我曾经学习并取得过生产与库存管理认证，以下是术语的例子，能够掌握并应用这些术语对于掌握一个知识体系作用显著。

库存周转率（inventory turnover ratio）：这是一个衡量企业销售其库存速度或效率的指标，通常是通过比较销售额与库存水平来计算的。

服务水平（service level）：在库存管理和供应链管理中，服务水平通常指的是满足客户需求的能力。这可以通过度量订单满足率、交货时间的准确性、产品可用性等来衡量。高服务水平意味着能够可靠地满足客户订单，而不会因缺货或延迟交货而失去销售机会。有效的服务水平管理对于保持客户满意度和优化库存水平至关重要。

8.4.3.5 问题——疑难解析

问题驱动的学习是一种将问题放在核心位置的自我知识管理方法，它强调通过提出、探索和解决问题来促进个人的学习和知识的积累。这种学习方法认为，一个好的问题不仅能激发探索的欲望和引导深入的思考，还能有效地整合和应用新的知识。在这个过程中，提出问题然后解答问题，能够反映出个人在特定领域内的知识和技能水平。随着每一个级别的提升，个人在知识深度和解决问题的能力上都会有所增强（表8-17）。

表8-17 不同等级专家回答问题的水平

等级	回答问题的水平
初级专家	能够回答基础性的、常见的问题
中级专家	能够处理较为复杂的问题，并提供标准解决方案
高级专家	能够处理复杂问题，并提供创新的解决方案
权威专家	能够深度理解领域内的复杂问题和挑战，并提供高度定制化的解决方案
顶尖专家	被视为该领域的权威，能够处理最为复杂、最具挑战性的问题

问题适用于多种情景。需要深度学习时，深入理解复杂的主题或领域；面对需要创新性思维或解决具体问题的场合；跨学科学习即整合应用不同领域的知识；以及用于个人技能的提升或职业发展。

问题是寻求答案的疑问，可以简单或复杂。与之区别的难题是尽管努力但仍未解决的问题，它要求更多创新和研究来找到解决方案。简而言之，问题需要答案，难题需要解决。在自我精益中，难题是改善课题的来源之一。

问题的应用步骤如下：

① **提出问题**。识别并精确定义学习或工作中遇到的具体挑战。

② **收集信息**。通过各种渠道搜集问题相关的数据、观点和解决方案。

③ **给出解答**。分析收集到的信息，综合考虑后提出针对问题的解答或解决方案。

问题的要点包括问题的质量、信息的质量和来源、反思和批判性思维以及知识的活用。一个好的问题应具有开放性、相关性和挑战性。在确保信息的准确性和多样性的同时，学习过程中应持续进行自我反思和批判性思维，强调知识的实际应用，而非仅仅停留在理论层面。通过这种方法，可以有效提升个人的知识管理能力，并促进更深入和系统的学习。

问题例：

- 如何高效地整合和更新我在咨询和软件开发领域的知识库？（知识整合）
- 在海量信息中，如何快速识别和提取对我的工作最有价值的知识？（信息筛选）
- 对于新兴技术和方法论，我应该如何设定我的学习路径以保持领先？（学习路径）

8.4.4 案例：37 岁开始自学成为全栈开发者，开发百亿基地的生产成本数据分析大数据系统

（1）背景

在 W 公司我负责的精益成本团队中，我们面对大量的数据收集与分析工作。许多任务，如数据的收集汇总和人工核对，虽然必要，但从精益管理的角度来看，增值率并不高。同时，作为 W 公司工业 4.0 战略计划的核心成员，我深入了解到了当时一些前沿的数字化应用。这促使我决定开始自学软件开发，旨在通过数字化手段提高团队工作效率，从而将更多时间投入增值更高的活动上，例如深入的专项分析。做出这个决策的时候我 37 岁了。

（2）行动

我的软件开发之旅始于一个相对简单的项目——一个用户友好的生产数据录入与统计系统。这个系统允许用户轻松地输入和查看与生产相关的数据，并提供基本的数据分析报告。通过这个项目，我加深了对数据库结构、用户界面设计和简单数据处理流程的理解，并体会到了根据用户反馈进行改进的重要性。系统上线后，帮助用户消除了不少低增值的工作，提高了效率，看到自己的工作能够帮到大家，我也感到很有成就感。而用户在使用过程中也陆续提出了越来越多很好的需求和想法。

我马上继续以需求为拉动提升我的个人技能，特别是在数据分析和机器学习领域。通过参加在线课程、阅读相关书籍和实际操作项目，我逐步增强了我的技术能力。随着新知识技能的积累，我启动了一个更加先进的项目：生产成本数据分析大数据系统。这

是一个基于大数据技术的动态系统，它能够自动识别并计算不同工况下的最优绩效，并进行分析，跟踪后续行动以提升总体绩效，同时实现了成本分析的在线化。这个系统不仅继承了原有的数据录入和统计功能，而且通过自动化和智能化手段，帮助用户实现更高效的生产管理和决策。

在开发这个复杂系统的过程中，我面临了许多挑战，包括如何有效处理和分析大规模生产数据，如何整合和应用大数据技术，以及如何将复杂的分析结果以简洁明了的方式呈现给用户。通过不断学习、实验和优化，我最终成功地完成了这个项目并上线投用，数百人从线下手工工作升级到在这个系统平台上工作。更多用户的反馈再次成为了我学习和改进的宝贵资源，系统随着用户的需求不断迭代，越来越好用。

整个过程是一个不断循环的学习、实践、分享的旅程。每个完成的项目不仅代表了一个产品的完成，更是我个人技能和经验的积累。从简单的录入统计系统到复杂的系统，每一步都建立在之前的基础之上，使我在软件开发的道路上不断前进。

（3）收获

这个生产成本数据分析大数据系统后来作为W公司智能制造体系的一个组成部分，帮助W公司获得了千万级国家级政策奖励。看到自己的学习成果变成了落地的产品，能为同事们带来他们需要的价值，能为W公司的卓越运营贡献力量。这种成就感成为我持续追求更深入学习和开发更高级系统的强大动力。多少个不眠之夜，多少个假期加班，对我来说都并不是痛苦，而是朝着一个又一个目标的拼搏体验。

以后，我帮助许多部门开发了多个系统。以需求为拉动，我的知识和技能水平也得到了快速提升。这个过程使我成长为一个跨界的全栈软件开发者，懂业务，懂IT，懂算法；能设计，能开发，能运维，构建了一个很难超越但又被大家需要的核心竞争力。

8.4.5 练习：列出最近1年计划学习的知识技能

根据本章节内容，读者可练习制定计划。

8.5 习惯管理

砍柴人夏师傅知道，一个人的成败，很多时候都是靠日常习惯决定的。他如下这样管控自己的习惯。

砍柴人天还没亮就起床，说这是他多年的习惯。他说：“早起的鸟儿有虫吃”，晚上也早早休息，保证第二天有足够的精力干活。

每天砍柴人都按时上山砍柴，他说这种规律性对干活儿很重要。

砍柴人注重饮食，他说：“身体是革命的本钱，吃好了，才能干好活。”

他还有个好习惯，就是喜欢学习。不管是新的砍柴技术，还是别的什么，只要是能提升自己的，他都愿意去学。

砍柴人总爱把工具和工作场所保持得干干净净。他说：“环境整洁了，心里也舒坦。”

通过这样日复一日的好习惯，砍柴人不仅干活效率高，而且身体棒棒的，心态也特别好。他的例子告诉我们，好习惯能让人事半功倍，生活更美满。

习惯管理涉及识别、评估和改变个人的日常习惯，以培养积极的行为模式和提高生活质量。好的习惯价值千金，坏的习惯后果难料。千万不要小看习惯的力量，习惯管理怎么重视都不为过。

习惯管理是自我管理的重要组成部分，它通过对日常行为和思维模式的调整，帮助个人形成积极的生活态度和行为习惯，从而提升个人效能，实现长远目标，提升生活质量。良好的习惯是成功的基石，

如果习惯管理做得不好，可能会出现如下典型症状：

“坏习惯依赖症”。依赖某些不良习惯，影响个人生活和工作。

“习惯性拖延症”。习惯性地推迟任务和决策，影响效率和成果。

“惯例思维症”。过分依赖旧有习惯和惯例，不愿意尝试新方法或改变。

“习惯性逃避症”。在面对挑战或不适时习惯性逃避，影响解决问题的能力。

“习惯形成困难症”。难以培养新的有益习惯，或在尝试初期就放弃。

习惯管理的挑战，如坏习惯依赖和习惯性拖延，体现了在形成和维持良好习惯方面的困难。克服这些挑战需要识别并改变不良习惯，同时努力培养有益的新习惯。

习惯管理总图如图8-10所示。

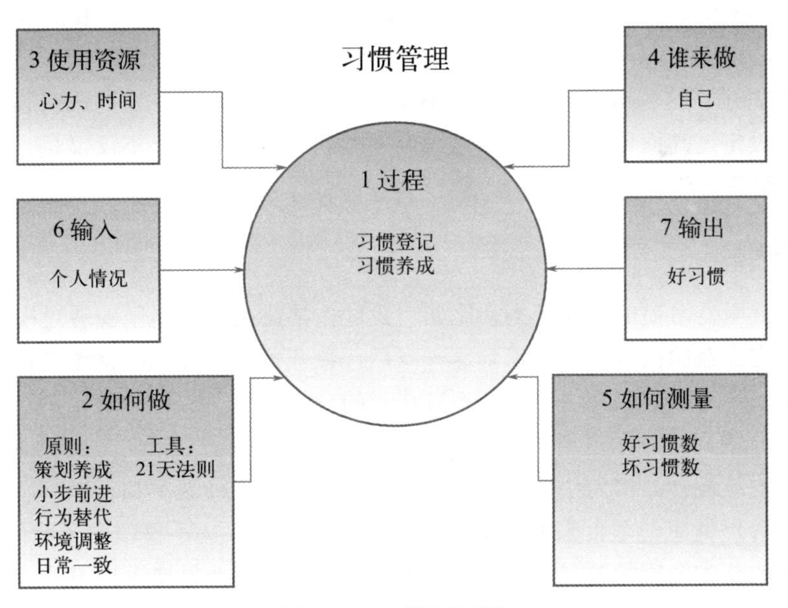

图8-10　习惯管理总图

8.5.1　原则：策划养成、小步前进、行为替代、环境调整、日常一致

习惯管理蕴含着5个原则：策划养成、小步前进、行为替代、环境调整和日常一致。这些原则指导如何系统地识别和培养有益习惯，同时逐步淘汰那些影响工作和生活效率

的不良习惯。如何通过制定习惯养成计划、采取小步骤逐渐形成新习惯、找到健康的行为替代不良习惯、优化环境以支持习惯养成，以及如何保持日常行动的一致性，以此形成和维持积极的生活方式。这种习惯管理策略帮助提高个人效率，同时对自我的健康和职业发展产生了积极影响。

（1）策划养成

有组织地对习惯进行管理，定期进行反思和评估。你有多少个好习惯？你有多少个坏习惯？要回答这些问题就要定期对自己的习惯进行识别梳理，识别出那些影响工作和生活效率的不良习惯，并制定习惯养成计划，当持续成功坚持好习惯时，给自己一些正向的奖励。例如，我发现自己在工作中过度依赖电子邮件，导致沟通效率低下和容易产生误解。为了改变这一习惯，我开始计划每天固定一个时间段处理所有电子邮件，而非全天不断检查。同时，我决定对于需要快速解决或讨论的事项，优先选择电话或面对面交流。通过这种方式，我有效提升了工作效率并减少了沟通误差。

（2）小步前进

通过采取小步骤逐渐培养习惯。我们可以避免一开始就设定那些难以实现的巨大目标，这种策略对于形成长期习惯特别有效。以跑步为例，一开始，我决定每天只跑步15分钟，这是一个相对容易达到的目标，不会让我感到压力过大。然后，我每两周就会轻微增加跑步的时间，每次增加5分钟。这样循序渐进地增加，不仅让我的身体有时间适应，也让我心理上更容易接受。经过几个月的这种逐步训练，我发现自己已经能够轻松地跑步60分钟了。这种渐进式的进步，不仅让我感受到了实实在在的成就感，还有效避免了因目标设定过高而可能导致的中途放弃。如此一来，跑步已不仅仅是一项锻炼，它变成了我生活的一部分，这正是逐步培养习惯的力量。

（3）行为替代

找到替代不良习惯的健康行为。比如，我过去常在周末沉迷于观看短视频，耗费大量宝贵时间在无益的内容上。意识到这一点后，我开始寻求变化，将这些时长分配给了户外散步和阅读专业书籍。这种改变不仅让我的身心得到了放松，还让我能够在享受自然和平静时刻的同时，学习新的知识和技能。同样，以前在工作时饥饿难耐的情况下，我曾习惯于吃垃圾食品作为快捷的解决方式，但这对健康极为不利。现在，我选择了小番茄、核桃等更健康的零食来取代那些食物。这些小的改变不仅改善了我的饮食习惯，也提高了我的整体健康状况。通过这种方式，我不是简单地封堵不良习惯，而是通过引入更健康、更积极的替代行为来自然而然地替换它们。堵不如疏，这种灵活而注重结果的处理办法，使我能够更加轻松地应对生活中的各种诱惑，从而培养出更为健康、更为积极的生活习惯。

（4）环境调整

创造有利于养成好习惯的环境，包括物理环境、人际环境。在家里，我安排了一个静谧的角落，专门用于阅读和学习，以帮助我养成每天阅读的习惯。为了养成随时看书的习惯，我配置了两个手机，一个是工作手机，没有任何短视频、购物的APP，但有读书软件，只要有碎片时间，如就餐排队或等车，就会拿起手机看书，另一个是娱乐手机，每天放松的时候随便玩。人际环境也对习惯管理非常重要，我会找到朋友或家人作为改变习惯的支持者。合适的情况下请大家监督自己养成好习惯，去除坏习惯。譬如我喜欢晚上看电影的时候喝啤酒吃炸鸡，但这样对健康不好，我就会让家人帮助监督我，可以偶尔吃但不要经常吃，吃的时候记一次自由餐（我的数字化指标）的次数，再想吃之前想想或看看指标是否超了。

（5）日常一致

保持每日一致性，即使是小行动也要坚持，以形成稳定的习惯。例如：我每天跑步的习惯在出差的时候也一样坚持，我会把跑鞋列入出差物品清单，这种预先的计划和准备确保了我在任何地方都能坚持我的跑步计划，无论是在酒店的健身房还是陌生城市的街道上，不管在哪都会一样跑。这样可以从身体上、心理上巩固好习惯，还能逐步培养出更强的自我控制力和适应力，面对生活的各种挑战时更加从容不迫。

以上5个原则帮助我们做好习惯管理。

8.5.2　过程：登记、养成

自我管理中的习惯管理是一个涉及计划、执行和反思的过程，它可以帮助个人更好地控制和优化自己的行为模式。习惯管理的过程包括习惯登记、习惯养成。

（1）习惯登记

习惯登记是自我管理的起点（表8-18）。在这一阶段，个人需要识别和记录自己当前的行为习惯，无论这些习惯是积极的好习惯还是消极的坏习惯（两者有时互为镜像习惯，如早睡早起和晨昏颠倒）。这可以通过日常的观察和日记记录来完成。记录不仅包括习惯本身，还包括触发这些习惯的情境、频率、持续时间以及习惯产生的后果。这个过程有助于提高个人对自己行为模式的意识，并为下一步的习惯养成奠定基础。

表8-18　好习惯和坏习惯例

领域	好习惯	坏习惯
价值管理	➢每月至少反思1次个人价值观和目标 ➢制定重大决策考虑符合价值观要求	➢1年内未进行过价值观的反思 ➢经常为了短期利益做出与价值观不符的选择
目标管理	➢每季度设定并回顾目标 ➢每月至少跟踪一次目标进展 ➢对每个目标制定包含至少3个具体行动步骤的计划	➢设立的目标经常含糊或不现实 ➢很少或从不检查目标进展 ➢同时追求超过5个大目标，导致分散注意力
计划管理	➢每周至少花10分钟制定下周计划 ➢在计划中为每项任务分配优先级 ➢每月至少1次调整和优化计划	➢常常没有计划或计划含糊 ➢过度依赖临时或当天制定的计划 ➢制定的计划经常不切实际或难以执行

续表

领域	好习惯	坏习惯
工作管理	➢每天确定最重要的三项任务并优先完成 ➢每周进行一次工作效率的自我评估 ➢每月至少学习一项新的工作技能或工具	➢经常在无关紧要的任务上花费大量时间 ➢很少反思和评估工作效率 ➢不愿意学习新技能或使用新工具
时间管理	➢每天分配至少一个小时专注于重要但不紧急的任务 ➢每周至少两次审视时间分配是否合理	➢经常因紧急任务而忽略重要任务 ➢很少或从不审视时间使用效率
精力管理	➢每天保证至少7小时的睡眠时间 ➢每周至少进行5次锻炼 ➢每月至少有一天完全休息，不从事工作活动	➢经常熬夜或睡眠不足 ➢缺乏规律的体育锻炼 ➢很少或从不安排时间进行充分休息
错误管理	➢每次犯错后立即进行反思和总结 ➢每季度至少与同事或领导讨论一次错误和学习经验	➢对犯错持否认或推卸责任的态度 ➢很少从错误中学习或改进
知能管理	➢每月至少学习一项新的专业技能或知识 ➢每季度参加至少一次专业培训或研讨会 ➢每年至少阅读20本与专业相关的书籍	➢忽视专业知识和技能的持续学习 ➢不愿意投资于自己的教育和发展 ➢对新技能和知识持保守态度
习惯管理	➢定期回顾自己的好习惯和坏习惯 ➢善用习惯的力量	➢对好习惯没有珍视并保持 ➢没有对坏习惯的形成及时警觉
纪律管理	➢每天设定并遵守固定的工作和休息时间 ➢每天进行1次自我纪律的评估 ➢对违反自我设定规则的行为立即进行纠正	➢经常违反自己设定的规则和计划 ➢缺乏自我控制，容易分心 ➢对自己的行为缺乏一致性和规律性
改善管理	➢每周至少做1项自我改善 ➢每季度回顾并调整长期改善计划	➢对现状满足，缺乏改善动力 ➢不愿意接受或尝试新方法
关系管理	➢每天至少花15分钟与家人或朋友沟通 ➢每周至少与1个新的职业联系人建立联系 ➢每周至少参加1次社交或网络活动	➢忽视家庭和朋友的关系 ➢缺乏积极建立新职业关系的意愿 ➢在社交活动中消极或缺乏参与
沟通管理	➢每周至少1次反思和改善自己的沟通方式 ➢每季度至少学习1种新的沟通技巧或工具	➢经常在沟通中打断他人或不做倾听 ➢对反馈和建议持防御态度
品牌管理	➢每季度至少发布1篇与专业相关的文章或内容 ➢每季度参加至少1个行业相关的活动或会议	➢忽视个人品牌的建立和维护 ➢很少或不参与行业相关的活动和讨论

（2）习惯养成

一旦个人识别出需要改变或发展的习惯，下一步就是习惯养成（养成好习惯或者去除坏习惯）。这个阶段要求个人设定具体、可行的目标，并制定实现这些目标的计划。例如，如果一个人想要养成早睡的习惯，他需要设定一个具体的睡觉时间并逐渐调整他的日常活动以适应这个时间。这个过程可能需要时间和持续的努力。使用提醒工具、设定奖励机制或寻找支持者（如家人、朋友或同事）可以帮助增强新习惯的形成。21天法则是一个习惯养成的合适方法。

习惯养成后，定期进行习惯回顾非常重要。这包括评估新习惯是否已经根深蒂固，以及这个习惯对个人的生活和目标的影响。在这个阶段，个人可能需要调整他们的习惯养成计划，以更好地适应自己的生活方式或解决在习惯形成过程中遇到的问题。此外，反思也有助于认识到习惯变化带来的积极影响，从而增强个人继续维持这些良好习惯的动力。

总的来说，习惯管理是一个循环的过程，需要个人对自己的行为有持续的关注和调整。通过这种方式，个人能够更有效地控制自己的行为，形成有助于实现长远目标的习惯。

本领域的常见数字化指标：

好习惯数：个人的好习惯数。

坏习惯数：个人的坏习惯数。

8.5.3　工具：21天法则

21天法则，也被称为21天习惯养成法则，是基于心理学研究的一个观点，认为人们可以在21天内建立新的习惯或改变不良习惯。这种方法的改善效果来自于持续性和重复性的行为实践。

需要注意的是，个体差异和习惯的复杂性可能需要更长的时间来形成或改变。21天是一个统计中众数的概念，某些习惯的养成可能需要更多或者更少的天数，操作中如果21天不够，就31天、41天。

21天法则可应用于多个方面，譬如精力习惯、知识技能习惯和时间习惯。在精力习惯方面，这可能意味着规律运动、采取健康饮食、积极思考以及学习减压技巧。对于知识技能习惯而言，可能包括每天的阅读或学习新技能。而在时间习惯方面，则可能涉及早睡早起和有效利用零碎时间。这一法则鼓励通过持续的练习和重复，逐步形成有益的日常行为模式。

其应用步骤如下：

① **设定明确目标**。确立一个具体且可实现的目标。如每天看书30分钟。

② **制定计划**。创建一个日常跟踪和实施计划。可以准备纸质表格或应用APP。

③ **执行与监控**。每天执行计划并监控进度。

④ **反馈与调整**。根据实际情况调整计划。

为了成功实现目标，重要的是保持一致性，坚持连续21天的实践，不要中断。同时，选择一个符合自己能力和资源的可行目标是至关重要的。保持积极和自我激励的态度对于实现这些目标也是非常重要的。此外，将大目标分解成小步骤，并逐步实现这些小步骤，可以帮助更有效地达成整体目标。

8.5.4　案例：改掉晚睡的坏习惯

（1）背景

2010年的时候我是典型的“夜猫子”。除了白天繁忙的工作，晚饭后总是忙碌于各种工作事务，而且做事比较拖拉，经常到了晚上11点之后，我才真正进入专注状态，常常工作到深夜。在这个时间段，我总觉得自己的灵感最为充沛，效率也达到最高。第二天因此起床较晚，那时这种生活方式让我自我感觉良好，似乎非常努力。然而，从长远来看，这种作息模式并没有让我达到更高的总体产出。于是我决定改变这个习惯。

（2）行动

改变晚睡的生活习惯并非易事。我开始实践21天习惯养成法。这个过程非常艰难，断断续续耗费了我3个月的时间才真正将早睡早起的习惯养成。在这个过程中，我采取了几项具体措施：

➢设定明确的睡眠和起床时间。为了保证能够早睡，我设定了一个固定的睡眠时间，并且无论如何都会在这个时间前准备睡觉。

➢减少晚上使用电子设备的时间。了解到蓝光对睡眠的负面影响后，我开始减少晚上使用手机和电脑的时间，以减少对睡眠质量的影响。

➢睡前放松。通过阅读等活动帮助自己放松，从而更容易入睡。

➢改变白天的工作习惯。我重新安排了白天的工作和活动，确保晚上不会有太多未完成的任务，减少晚上工作的必要性。

（3）收获

这一改变极大地提升了我的生活质量。养成早睡早起习惯后，我发现自己不仅精神状态更佳，而且整体工作效率也有所提高。这一习惯到现在已经坚持了10多年，成为了我的生活常态。通过这次经历，我深刻理解到改变生活习惯的重要性以及坚持的力量。现在，我更加倾向于高效地使用白天时间，晚上则保证应有的休息，这样不仅能保持良好的工作状态，也能享受到健康生活带来的诸多好处。

8.5.5 练习：列出你想养成的3项好习惯

习惯1：______________________________

习惯2：______________________________

习惯3：______________________________

8.6 纪律管理

砍柴人夏师傅重视规矩纪律，总说："干活要讲究个规矩。"他如下这样管理规矩纪律。

砍柴人规定自己天一亮就得起床。他说："人得有个规矩，一天的活计从早起开始。"

砍柴人每天都按时上山，不管刮风下雨。他说："规矩定下来，就得守住，不能三天打鱼，两天晒网。"

砍柴人用完工具后，总是把它们清理干净，放回原位。他说："东西得摆放整齐，下次用时才好找。"

砍柴人给自己定了规矩，不砍还没长大的小树。他说："砍柴也得讲究个道理，不能竭泽而渔。"

晚上，砍柴人都会回顾一天的工作，看看有没有哪里没做对，没守住规矩。他说：

“每天都得总结，才能做得更好。”

砍柴人这样的纪律管理，不仅让他的工作有条不紊，还保护了环境，提升了自己的生活品质。他的做法告诉我们，生活中有了规矩和纪律，事情就能办得更顺心。

纪律管理是建立并维护一套规则或准则以培养自我控制和责任感，促进积极行为的过程。自我管理各领域都有相应的纪律，如时间管理领域的纪律、精力管理领域纪律、沟通管理领域纪律、关系管理领域纪律等。纪律检查每日进行，纪律遵守情况利用每日、每周、每月的A3进行回顾。对应的精益管理主题是5S管理。

纪律和习惯之间存在密切的关系。纪律通常指的是遵守特定的规则或行为标准，而习惯则是指经常性的行为模式。在很多情况下，纪律是形成良好习惯的基础。例如，通过坚持纪律，人们可以养成定期锻炼、健康饮食或高效工作的习惯。一旦这些行为变成习惯，它们就会更自然地发生，而不再需要那么多的意志力和自我控制。

另一方面，良好的习惯也可以支持并加强个人的纪律。例如，一个已经养成了早睡早起习惯的人可能会发现遵守时间管理的纪律更为容易。因此，习惯和纪律相辅相成，共同促进个人的发展和成功。

纪律管理对于提升个人效能、实现目标、增强自信心、提升生活质量具有重要意义（图8-11）。它要求个人对自己的行为有严格的控制和调整，通过自我管理实现更优质的生活和工作状态。

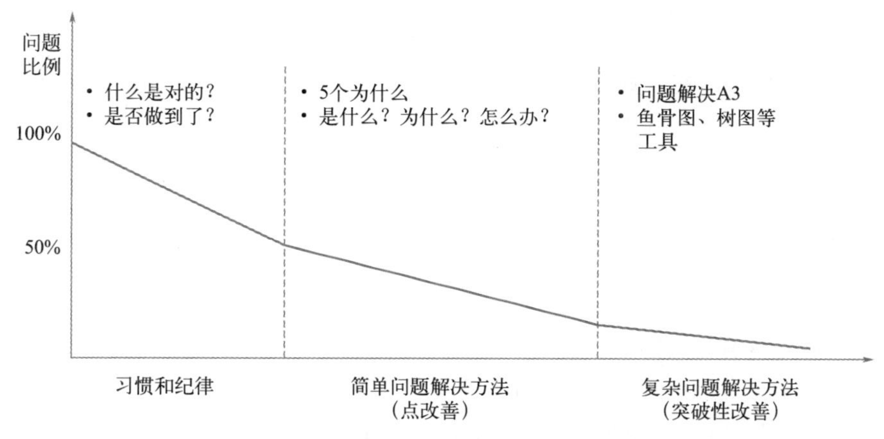

图8-11　个人面临的问题很多都可以用习惯和纪律的建立和提升解决

如果纪律管理做得不好，可能会出现如下典型症状：

“自律缺失症”。缺乏自控力，难以遵守计划和规则，导致生活和工作的混乱。

“纪律恐惧症”。对自我约束和纪律感到恐惧，避免设立或遵守规则。

“纪律疲劳症”。长期处于高强度的自我管控下，容易产生心理抗拒和疲劳。

“纪律过度症”。纪律过于严格，不允许任何变动，导致生活僵硬无弹性。

“短期纪律症”。只能在短时间内维持纪律，长期纪律难以维持。

纪律管理的问题，如自律缺失和纪律疲劳症，反映了个人在自我约束方面的挑战。有效的纪律管理要求平衡自律和灵活性，设置合理的规则和目标。

纪律管理总图如图8-12所示。

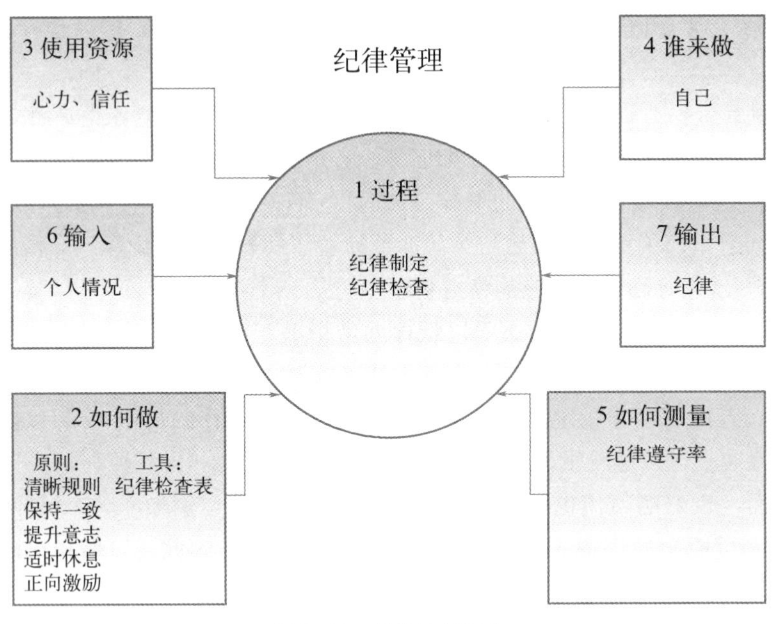

图8-12 纪律管理总图

8.6.1 原则：清晰规则、保持一致、提升意志、适时休息、正向激励

纪律管理蕴含着5个原则：清晰规则、保持一致、提升意志、适时休息和正向激励。这些原则指导我们如何在专业生涯和个人生活中建立并维持纪律，以提高效率和专注力。如何通过设定具体的行为规则、保持在不同情境下的纪律一致性、通过挑战提升意志力、确保足够休息以及运用正向激励来强化自我约束。这种纪律管理策略帮助实现更好的自我管理和持续成长，同时在专业领域保持高效和专注。

（1）清晰规则

为自己设立清晰、具体的行为规则。我会明确纪律并把纪律文档化。起初，我将这些规则打印并贴在台历上提醒自己，后来我转而使用自己制作的电子表格，现在转移到我开发的“管我”APP。无论采用哪种形式，关键在于始终保持这些规则的清晰可见。每天早上的日A3，我都会对照规则检查纪律执行情况。定期会根据自我管理重点修订纪律，修订过程也会记录。

（2）保持一致

保持纪律的一致性是至关重要的，不论处于何种情境。纪律本身就意味着没有例外。有一年我去欧洲公司进行咨询培训，半夜2点到，6点就起床按照纪律要求跑步了。为了保证纪律的持续有效执行，我会根据实际情况设定休息日，以此调整纪律的执行。例如在饮食纪律方面，我设定了每周有3次的自由餐时间，允许在这些时段内随意饮食，而在其他时间则遵循标准的健康饮食纪律。经过实践检验，这种设计不仅确保了纪律设定的目标得以实现，而且还保证了纪律能够被持续有效地遵守。

（3）提升意志

通过训练和日常小挑战，逐步提升自己的意志力。比如，我很享受和朋友们大碗喝酒、大口吃肉的时光，但我明白不能没有限度。为此我将饮酒的次数限制列入我的个人纪律中，并进行严格管控。在欧洲基地进行咨询培训时，公司举办烧烤会，大家边吃边聊2个小时，大家都在吃肉，而我全程只吃烤蔬菜，引得同事们一片惊叹，因为大家都知道我以前是无肉不欢的人。我学会了从小事做起，培养严格的作风。

（4）适时休息

纪律不是压迫，适时的休息可以帮助恢复意志力，有助于保持充沛的精力，让自己时刻处在最好的状态。休息不足的时候，也是纪律最可能被破坏的时候。我的休息纪律主要包括23：30前睡觉，6：00起床，中午15分钟午休，每周至少到户外走动亲近大自然一次等，在高强度的工作中保证休息。

（5）正向激励

通过正向激励增强自我的约束力。例如，当我的纪律水平较高，连续遵守纪律多天后，我会给自己一些小奖励，如享受一次额外的美食大餐或者买个心爱的电子产品。在自我管理中，及时有效的自我激励是帮助我们促成行为改变的有效方式。

以上5个原则帮助我们做好纪律管理，律己修身。

8.6.2　过程：制定、检查

（1）纪律制定

在制定纪律时，首先要明确个人的核心价值观和长远目标。这些纪律应当与个人的生活愿景紧密相连，确保每项纪律都有助于推进这些目标的实现，常见纪律包括计划纪律、工作纪律、时间纪律、精力纪律、知能纪律、关系纪律、沟通纪律、纪律纪律8种。例如，如果目标是保持健康，那么相关的纪律可能包括规律的锻炼、健康饮食等。在制定纪律时，要确保其具体、量化，并可执行。例如，“每周进行至少3次30分钟的有氧运动”比“经常锻炼”更为具体和可执行。同时，考虑到可能的挑战和障碍，并预先设想解决方案，以防止在遇到困难时放弃。

个人纪律如表8-19所示。

表8-19　个人纪律例（部分）

序号	纪律	类别
1	每天把纪律读1遍	纪律纪律
2	每天看短视频不超过2次，合计不超过50分钟	时间纪律
3	每天6:00起床，23:30前睡觉	精力纪律
4	每天运动30分钟，标准饮食	精力纪律
5	每天看20分钟英语资料	知能纪律
6	每天用10分钟做A3	计划纪律

（2）纪律检查

纪律是检查出来的。我曾负责安全管理工作，即使要求遵守情况良好，但是在化工生产装置每天都会数次互相检查每个人的安全帽佩戴和工作服着装规范等，这样的检查虽然在某些人看来可能显得过于琐碎或是重复，但它们实际上是建立和维持安全文化的重要部分。通过这些常规的检查，不仅可以减少事故的发生，同时也强化了员工之间的纪律意识，确保每个人都能在高风险环境中保持必要的警觉性和责任感。自我纪律检查也应该成为一个固定的习惯。可以在每天的固定时间，如早晨或睡前，回顾前一天或当天的纪律执行情况。此外，对于未能遵守的纪律，重要的不是单纯自我批评，而是要理解背后的原因，比如时间安排不当、缺乏动力、外部干扰等，并思考如何马上纠正改进。

个人纪律检查表如表8-20所示。

表8-20 个人纪律检查表

序号	纪律	类别	1月1日	1月2日	1月3日	1月4日	1月5日
1	每天把纪律读1遍	纪律纪律	☑	☑	☑	☑	☐
2	每天看短视频不超过2次，合计不超过50分钟	时间纪律	☑	☒	☑	☑	☐
3	每天6:00起床，23:30前睡觉	精力纪律	☑	☑	☑	☑	☐
4	每天运动30分钟，标准饮食	精力纪律	☑	☑	☑	☑	☐
5	每天看20分钟英语资料	知能纪律	☑	☑	☑	☑	☐
6	每天用10分钟做A3	计划纪律	☑	☑	☑	☑	☐

在每日纪律检查的基础上，还要定期进行纪律管理回顾，重点是分析和评估纪律的有效性和可持续性。通过对比不同时间段纪律遵守的表现，可以识别出哪些纪律易于遵守，哪些需要改进。例如，在周度和月度回顾时，可以检查总体和每项纪律的遵守率（“管我”APP自动计算，图8-13），分析导致偏离的原因，以及这些纪律对个人目标的贡献程度。这个过程还应包括对纪律的调整，以适应个人生活的变化或目标的调整。例如，如果工作压力增加，可能需要调整与休息和放松相关的纪律，以保持生活的平衡。

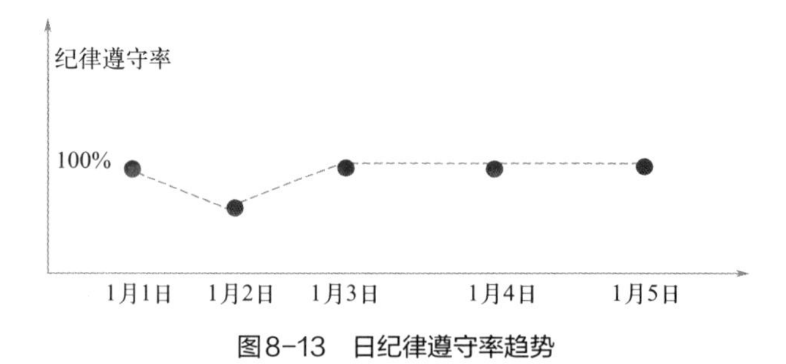

图8-13 日纪律遵守率趋势

1月2日有纪律没有遵守的情况，当天纪律遵守率低于100%

整个自我纪律管理过程需要持续的努力和承诺。随着时间的推移，这些纪律将逐渐融入日常生活，成为推动个人成长和发展的强大工具。

本领域的常见数字化指标：

纪律遵守率：遵守的纪律/总纪律数。可按日、周统计。

8.6.3　工具：纪律检查表——检核到位

纪律检查表是用于自我纪律的检查表，制定后每日进行检查，定期根据需求修订纪律条目内容，例子参见表8-20。

8.6.4　案例：已执行15年的每日A3计划的纪律

（1）背景

我曾在生活与工作中感到迷茫和低效，每天似乎都在无目的地忙碌，且收获甚微。我感觉需要一个能够引导我向更高效、更有目标的生活方式转变的方法。这种渴望促使我开始进行日A3计划（简称A3），为了保证这个做法能够持续，我把它列为一条自我的纪律，纳入纪律管理。

（2）行动

我设立的每日进行A3计划的纪律不仅仅是关于制定和完成任务那么简单。每天早上我都会回顾昨天目标的完成情况、工作任务执行情况、时间花费情况、各项纪律遵守情况、是否有错误发生的情况、数字化指标情况、对昨天的总体情况进行反省，找出进步和不足并提出改进措施，然后确定今天的目标和工作任务安排。这个过程需要极高的自律性和决心，每天都需要重复这个行为，不允许任何借口或逃避，是否执行都要进行记录，从最早的电子表格到"管我"APP，形式变方便了，要求没有变。如此这般，形成了一天接一天闭环的PDCA。

（3）收获

这一纪律管理带给我的最大收获是内在成长和效率的大幅提升。通过每日的自我反省，我逐渐了解了自己的强项和弱点，学会了如何有效地规划时间和资源，如何在面对挑战时保持冷静和专注。在这15年的时间里，我发现自己不仅在职业上取得了显著的进步，我的个人生活也变得更加充实和有意义。

15年来这条纪律管理的实践改变了我的生活。它不仅仅是一个提高工作效率的工具，更是一种促使我持续成长和发展的生活方式。纪律管理发挥了压舱石的作用，确保自我关键的决策能执行到位。

8.6.5　练习：制定3条个人的纪律

纪律1：____

纪律2：____

纪律3：____

8.7 改善管理

砍柴人夏师傅每天的工作是砍伐树木，然后将木材加工成可供村民使用的木柴。然而，他注意到这个过程中存在许多浪费和延迟。

一天，村里来了一位精益管理专家。他观察了砍柴人的工作流程，并指出了其中的低效率之处。专家建议砍柴人使用精益的方法来改善他的工作流程。

首先，他让砍柴人在地上用树枝画出他的整个工作流程，从选择树木、砍伐、运输到加工成木柴。通过分析，砍柴人发现了许多浪费的环节。例如，他经常走很远的路去砍伐远离村庄的树木，而忽略了更近的那些。

在专家的指导下，砍柴人不仅重新规划了他的工作路线，还引入了以下改进措施，以更好地服务于村民。开始定期与村民交流，了解他们对木柴的具体需求，如尺寸、类型和数量。根据收集到的信息，提供定制化的木柴服务，确保每个家庭都能得到符合其特定需求的木材。他增加了对木柴质量的关注，确保每一批木柴都坚固、干燥并易于点燃。通过优化工作流程，砍柴人能够更快地响应村民的紧急需求，如突然的燃料短缺。砍柴人保持与顾客的持续沟通，及时提供关于木柴可供数量和送货时间的消息。

通过改善，砍柴人的工作变得更加顺畅和高效，同时，他为村民提供的价值也显著增加。这个故事展示了改善不仅帮助个人提高效率和产出，更重要的是，可以更好地满足客户的需求和期望。

自我管理的改善管理是一种持续提高个人自我管理各领域能力的过程。改善管理在自我管理的范围内，指的是个体不断探索并实施方法以提高自身的产出、效率和满意度的主动行为。这个过程涉及对当前的习惯、技能、知识和生活方式的评估，并寻找提升和改进的空间。在进行自我改善的过程中，根据自我改善的大小，小的可以每天随时做，大的主要活动可以在每周、每月、每年找一个相对完整的时间做，需要持续执行和回顾的工作则需定期监控。对应的精益管理主题是改善。

改善对于自我管理有着重要的作用。个人层面的改善管理不仅提升了效率和生产力，还增强了竞争力，提高了生活满意度，促进了创新，并增强了适应变化的能力。这些因素共同作用，帮助个人实现可持续的个人发展和成功。

如果改善管理做得不好，可能会出现的典型症状：

“改进停滞症”。在个人和职业生活中停止寻求改进，导致发展停滞。

“改变拖延症”。总是想等一个大的改善，而没有及时从可以做的改善做起。

“改进恐惧症”。害怕改变现状，即使现状不理想或存在改进空间。

“盲目改进症”。未经深思熟虑地进行改进，导致结果可能适得其反。

“改进依赖症”。过分依赖外部建议和意见进行改进，缺乏自主判断。

改善管理的挑战如改进停滞症和盲目改进症，揭示了在不断进步和改善自我方面的难题。应对这些问题需要有意识地识别改进领域，采取有策略的方法进行改善，同时避免过度或无目标的改变。

改善管理总图如图8-14所示。

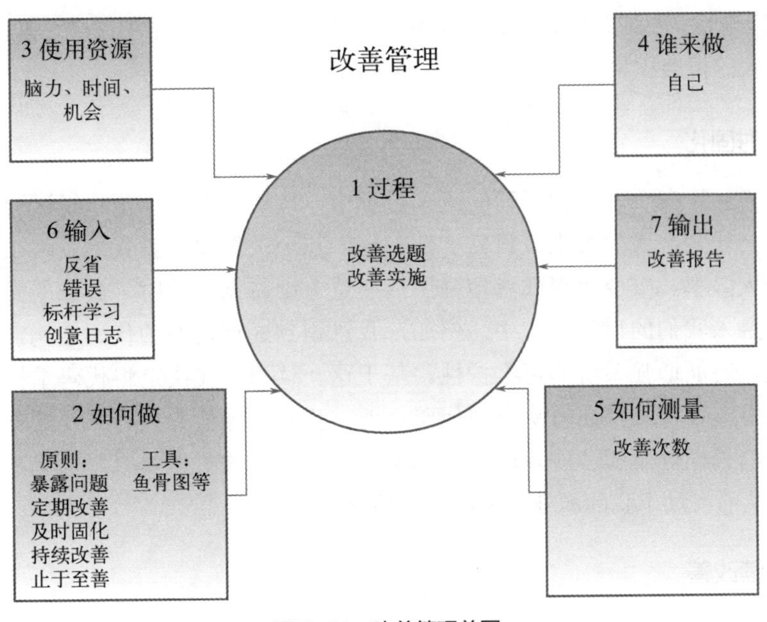

图8-14　改善管理总图

8.7.1　原则：暴露问题、定期改善、及时固化、持续改善、止于至善

改善管理蕴含着5个原则，即暴露问题、定期改善、及时固化、持续改善、止于至善。共同构成了一个循环的改进过程，旨在不断识别解决问题，将有效改进转变为日常习惯，并不断追求卓越。

（1）暴露问题

首先确定改什么。这个原则强调主动寻找和识别问题的重要性。通过将自己的表现与个人设定的目标、要求进行对比，或者与他人的最佳实践或标准进行比较，可以揭示出需要改善的领域。这种结合自我评估与外部比较的方法是发现改进机会的关键。例如，在我注意到一个同事在向上沟通方面表现出众之后，我开始意识到自己在这方面的不足，这是我之前未曾察觉的。这种认识促使我开始改善沟通技巧。实际上，从一个更广阔的视角来看，问题可以被视为机会。这是精益思想的一个核心元素，它鼓励我们在正确的方向上主动寻找并暴露问题，以便持续改进和发展。通过这样的方法，我学会了不仅要接受存在的问题，还要积极地寻找解决方案和改进的机会，从而在个人和职业发展上取得进步。

（2）定期改善

明确何时改。一旦识别出问题，应立即采取行动进行改善。对于较小的问题，应立即进行调整改善，以避免它们累积或变得更严重。对于更大的问题，则应规划时间进行深入分析和系统性改善。这种及时响应确保问题能够在它们还容易管理时得到解决。在一次团队会议中，我意识到我的汇报方式缺乏关键数据支持，这使得我的观点不够有说服力。我立即采取行动，从下一次汇报开始，增加了数据分析和可视化，使我的报告更加充实和有影响力。如果我没有及时改善，就是失去了在下一次汇报中提升的机会。每一个看似不大的机会积累下来，就会出现很大的差距。

（3）及时固化

改了要稳住。在个人自我管理的改善过程中，核心原则之一是将经过验证确实有效的改善措施转化为个人的习惯或日常实践，这一点至关重要。当我们发现某些方法或技巧在提高个人效率、减少错误或者增强生活质量方面特别有效时，最佳的做法是将这些方法或技巧融入我们的日常例程中。例如，我意识到通过定期的代码重构，不仅可以提高代码质量，还能增强系统的可维护性。基于这一认识，我决定将代码重构的步骤纳入我的日常开发流程，确保在每次提交代码之前，我都会评估并执行必要的重构，以维护和提升代码的长期健康和性能。这种做法不仅提升了我的工作效率，也提高了我交付的代码质量，从而有助于我的职业发展和个人成长。

（4）持续改善

积小胜为大胜。在正确的方向上持续进行改善是个人发展和自我管理的关键。这一过程不应被视为一次性的行为，而应当是一个持续的、逐步的过程。在面对复杂或难以一次性解决的问题时，采取分步骤的方法尤为重要，每次都朝着目标迈出一小步。即使这些进步在短期内看起来微不足道，但长期累积起来，它们能带来显著的变化和提升。以我自己为例，为了解决我晚上爱熬夜的问题，我开始以小步骤来改变我的睡眠习惯，最初是努力坚持3天早睡早起，随后增加到5天，再到10天，以此类推。这个过程花了我近半年的时间，但一旦我适应了新的睡眠模式，就再也没有回到晚睡的旧习惯。现在，十几年过去了，早睡早起已成为我的一部分，极大地提升了我的生活质量和工作效率。这个经历教会了我，通过持续和分步的努力，我们可以实现长期且根本的改变。

（5）止于至善

改善永无止境。一个人做一件好事并不难，难的是一直做好事，一个人做一项精益改善不难，难的是一直做改善。止于至善是一种深植于古代哲学中的自我管理原则，特别是与儒家的修身理念紧密相连。这一原则强调持续追求卓越和完美的重要性，同时认识到完美是一个理想状态，可能永远无法完全达成。在自我管理中，这意味着个人应不断自我提升，通过持续的自我反思，认识并克服个人的缺点和不足。这不仅包括提高个人技能和知识，还包括培养良好的道德品质和情感智力。此外，止于至善还涉及设定高标准和目标，同时保持自我谦逊和开放学习的态度。这种平衡促使个人在不断追求卓越的同时，也能保持心态的平和与现实的接受，从而在动态的自我完善过程中找到满足和成就感。例如，在数字化转型的进程中，我一直致力于在我所在的技术领域进行深入研究，追求的不仅仅是对技术的表层理解，而是对其深层次的掌握和应用。为了实现这一目标，我积极阅读最新发布的研究论文，这些论文通常涉及前沿技术和创新方法，它们能够为我提供新的视角和解决方案。此外，我还积极参与技术社区的活动。这不仅让我保持对最新技术趋势的敏感性，还提供了一个实践和测试新理论、新技术的平台。通过这些活动，我能够不断扩展我的技术视野和提升技术深度，确保我所应用的技术是最新和最适合当前系统需求的。这种深入研究和实践的结合，使我能够在数字化转型的过程中更加自信和有效地推进系统的开发和优化。

以上5个原则帮助我们做好改善管理，每次进步一点点。

8.7.2　过程：选题、实施

8.7.2.1　选题

改善项目通过在日周月年各级A3计划和工作项目的反省、错误纠正、创意日志、标杆对比等方式进行识别。识别出的自我改善项目进行改善项目池，并排好优先级。根据工作安排进行实施（表8-21）。

表8-21　改善选题例

项目	项目
目标管理 ➢创作一个目标视觉化看板 ➢设计一个自己的目标追踪系统	**计划管理** ➢建立日程安排协调标准流程 ➢分析一个近期项目的计划效果
工作管理 ➢设立衡量自己工作效率的指标体系，驱动改善 ➢创建一个工作效率提升的计划 ➢记录一天工作中的干扰因素并制定减少策略 ➢分析一项工作流程并提出优化 ➢分析最近一个重要决策的过程 ➢实施一次风险评估练习	**时间管理** ➢如何减少收集工作提交材料的浪费 ➢如何改掉时间拖延的习惯 ➢如何提高自己在培训等活动结束后快速切换的能力 ➢进行时间浪费的自我诊断 ➢学习并应用新的时间管理技巧 ➢制定一个提高个人效率的小项目 ➢进行一次时间管理工具的实践测试
精力管理 ➢设计并遵循一套简短的日常锻炼计划 ➢设计一个提升精力的饮食计划 ➢创建一个睡眠改善计划 ➢分析一次情绪冲突的处理过程	**错误管理** ➢设计一个错误预防的计划 ➢制作一个从错误中学习的检查表 ➢分析一次失败经历并提取教训 ➢制定一个改正错误的具体计划
知能管理 ➢如何提高阅读能力及阅读速度 ➢创建一个个人知识库 ➢实施一项新技能的快速学习计划 ➢制作一个关于特定主题的知识地图 ➢进行一次知识管理系统的测试或评估 ➢掌握一些OFFICE的快捷键	**习惯管理** ➢设计并跟踪一项新习惯的形成 ➢进行一次习惯效率评估 ➢创造一个习惯激励机制 ➢制定一套习惯改变的行动步骤 ➢分析一项习惯对日常生活的影响 ➢设计一个习惯追踪工具
纪律管理 ➢设计并遵循一项严格的个人规则 ➢记录并分析一次纪律失效的情况 ➢制定一套提高自控力的练习 ➢实践一个提高纪律性的小项目 ➢记录并反思一天的自控挑战 ➢制定一个提升专业纪律的计划	**关系管理** ➢实施一项提升人际关系的小计划 ➢分析并改善一段重要关系 ➢分析一次人际冲突的处理和结果 ➢实施一次社交技能的自我评估 ➢设计一个提升同理心的小项目 ➢实践一种新的人际关系维护策略

续表

项目	项目
沟通管理 ➢如何快速提高与高层领导沟通的能力 ➢如何提高自己的调查访谈能力 ➢如何提高倾听的能力 ➢分析一次沟通失败的原因 ➢进行一次跨文化沟通的练习 ➢实施一次非言语沟通的观察与分析 ➢如何提高谈判能力	**品牌管理** ➢如何在社交媒体和专业网络平台上保持专业和一致的形象 ➢建立并维护有益的专业关系 ➢进行一次个人品牌自我评估 ➢如何标准化个人形象 ➢学习有效讲述个人的职业故事

8.7.2.2　实施

自我管理中的改善实施主要分为点改善和突破性改善两种，此外对于一些原因复杂、频次高、数据丰富的课题，也可以使用DMAIC［DMAIC是指定义（define）、测量（measure）、分析（analyze）、改进（improve）、控制（control）5个阶段构成的过程改进方法］。

（1）点改善

问题分析比较简单，改善措施已经比较明确的叫作点改善，直接制定实施改善对策。例如：

➢调整办公室布局以提升工作效率，减少走动和找东西的时间浪费（时间改善）。

➢学会一个绘图软件的快捷键命令改善软件操作水平（知识能力改善）。

（2）突破性改善

问题分析较为复杂、目标达成难度较高的为突破性改善，通常使用问题解决A3作为解决问题方法论，按照A3的8步法使用“5个为什么”、鱼骨图等工具进行问题分析，制定改善对策，后续进行改善对策的持续实施，监控改善效果，如有需要继续进行问题分析，提出新的改善措施并执行。本节有一个A3减肥法改善的案例。

本领域的常见数字化指标：

改善次数：一定统计期间如周、月、年范围内的自我改善活动次数。

8.7.3　工具：鱼骨图

鱼骨图是一种发现问题的根本原因的分析方法（图8-15），鱼骨图由日本管理大师石川馨先生所发明，又名石川图、因果图。适用于分析问题的原因。

鱼骨图的应用步骤如下：

① 确定一个主题，在纸或白板的正中写下问题，在问题周围画框，然后画一个水平的箭头指向它。

② 用头脑风暴法讨论造成问题原因的主要种类。生产制造相关流程的课题可以采取

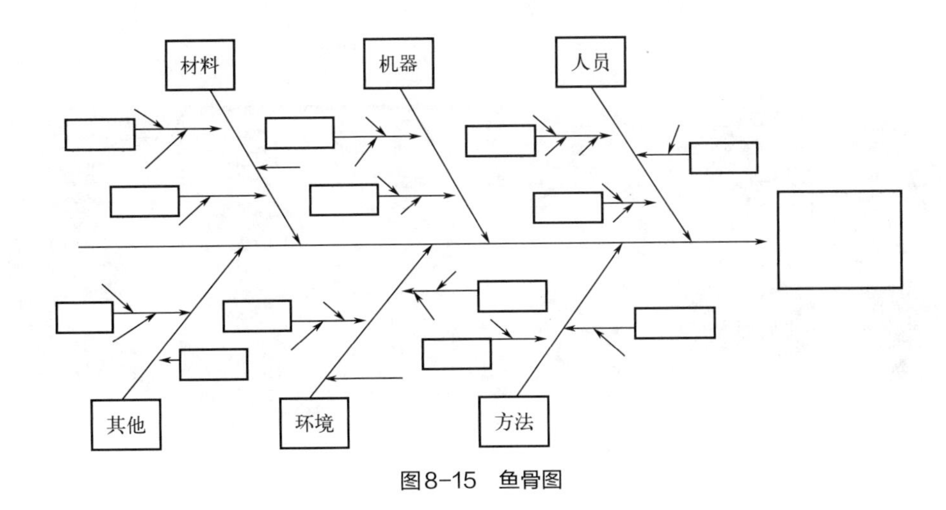

图8-15　鱼骨图

特定的类别，也可以采用通用的5M1E：即方法（method）、机器（machine）、人（man）、材料（material）、测量（measure）、环境（environment ）。在主箭头的旁边画上分支表示原因的分类。如果是特别类型的问题也可以采用自定义的主骨，例如研究减肥问题主骨可以采用少吃和多运动。

③ 结合头脑风暴法、“5个为什么”等方法找出所有可能的原因。提问“为什么？”有了答案后就在对应的原因位置分支记下来。如果有多重关系，子原因可以写在几个地方。

④ 再对子原因提问“为什么”，在子原因的分支下记下它的子原因。继续问“为什么”以找出更深层次的原因。分支的层次表示原因的关系。

⑤ 当找准了所有原因认为无法继续进行后，用特殊符号标识重要因素。

在使用鱼骨图进行问题分析时，应该注意几个关键点。每个分析主题应该有一张专门的鱼骨图，这有助于保持分析的专注和组织。确定问题原因时，广泛的思维和多角度的考虑是必不可少的，这有助于确保覆盖所有潜在的因素。分析应该深入到可以采取具体行动的程度，确保找到的解决方案是可行和具体的。此外，使用其他工具和技术进行进一步的验证可以增强分析的准确性和可靠性。这种综合方法有助于确保问题被全面地识别和解决。

8.7.4　案例：发明A3减肥法，3阶8步，90天减重26斤，实现精力倍增

15年的自我精益管理中，我做了很多自我改善，其中有一个时间有点久的改善比较特别。2012年之前的几年我的体重有点超重，我一直在努力减肥，但没有成功。有一天我想我能不能用精益中的A3方法来尝试解决困扰我这么久的问题？我尝试了，结果我成功了。我在90天内成功减掉26斤，并在之后保持了稳定（图8-16）。这个方法遵循问题解决A3的3个阶段：**计划**、**PDCA循环**、**巩固**，包括**背景**、**现状**、**问题分析**、**目标设定**、**改善对策及执行计划**、**评估结果和过程**、**巩固计划**、**水平展开**8个步骤，过程中主要使用了9种精益工具（鱼骨图、“5个为什么”、矩阵图、风险分析、数字化指标、可视化、检查表、防错、标准操规），实施了32项主要改善对策，总投入时间8655分钟。

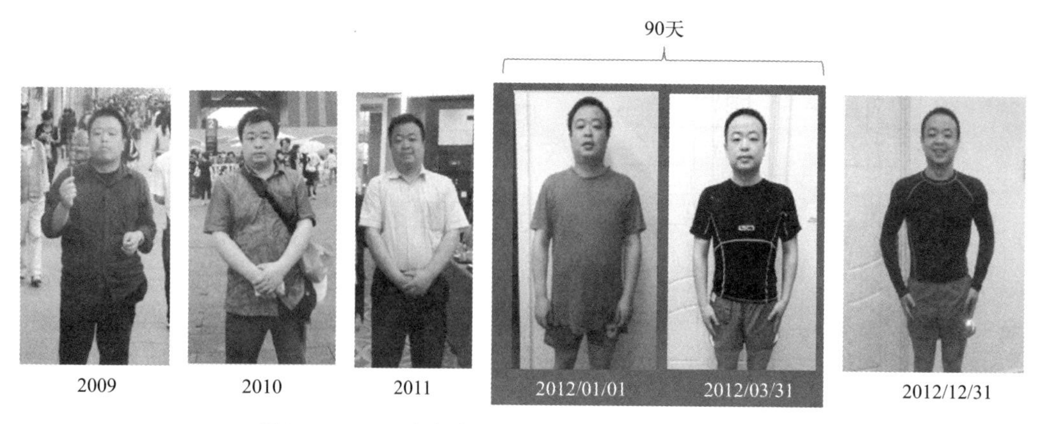

图8-16　90天内发生的根本变化（从164斤到138斤）

（1）第1阶段计划——每次改变都需要1个理由

本阶段讲述了第1天发生的故事。在那一天我在家里客厅里花了2个小时完成了步骤①**背景**、步骤②**现状**、步骤③**问题分析**、步骤④**目标设定**、步骤⑤**改善对策及执行计划**的制定（图8-17①～⑤）。

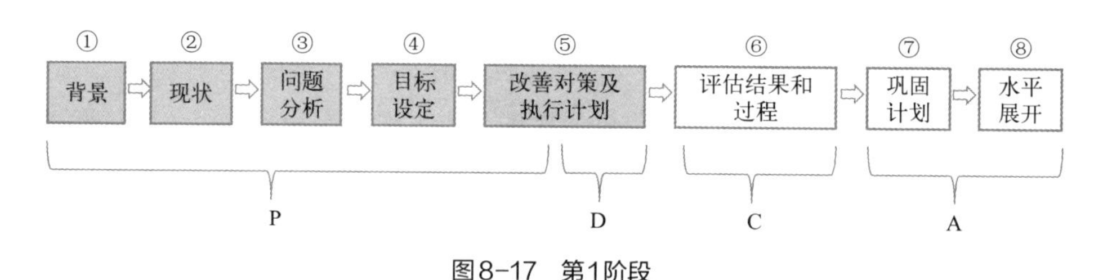

图8-17　第1阶段

步骤①背景——说明改善项目开展的背景情况。

这个步骤的关键点是要回答1个问题：你有那么多重要的事情，为什么现在要做这件事？

这个问题的答案非常关键。任何真正的改变都是痛苦的，你必须有一个充分的理由作为彻底改变的源泉，正如有句古话“利不百，不变法”。在改变时要从积极和消极两个方面来考虑。积极的可以考虑改变成功带来什么益处。消极的考虑是不改变继续保持目前的状态会发生什么。只有充分衡量综合价值，想清楚，给这个问题一个答案，才能有足够的力量去克服困难，完成改变。

我如何回答这个问题？

我把家庭、事业、健康、时间等作为我人生平衡计分卡中的重要维度。体重是健康维度的重要指标，超重会导致身体健康异常。超重短期看是健康问题，未来可能是医疗问题。那时我胖到了170多斤，腰围2尺9多，爬楼梯的时候很吃力，夏天容易疲劳、爱出汗，工作比较容易疲劳，而且越胖越爱吃，更喜欢喝甜饮料。我曾多次尝试减肥，买了跑步机，尝试下班骑20公里路程的自行车，也曾尝试过少喝酒、少吃肉，但都以失败告终。一次次的失败让我有些灰心。我已经习惯了朋友们叫我“胖子”。每次在精益培训中，在用中文解释精益的意思时，我都非常尴尬，有时还自嘲地说，精益企业转型就像是把我身上的多余脂肪去掉。2011年，我下定决心要克服这个问题，目标是从170斤减到160斤，作为我年度个人KPI（关键绩效指标）之一。年底我体重164斤，我也努力过，但还是失败了。

失败是成功之母。在我的年度A3计划总结中，我花了很多时间反思为什么失败。其中最深刻的一个原因就是没有进行突破性改进，没有深入分析问题的根源，并提出可行的策略来实现目标。于是在2012年，我决定以减肥为主题进行突破性的改进。这个决定改变了我的生活，并有了这个故事（图8-18）。

图8-18　我要走哪条路？

步骤②现状——对问题进行定性和定量描述

在进行改进时，明确当前状况是一个重要的步骤，但却是常常被忽视的步骤。很多时候人们看到问题就会急于投入解决方案，而这并不是精益所提倡的。精益要求明确当前的状况，然后在此基础上逐步开展后续工作。这个步骤的要点是用事实或数据来解释现在的情况，否则就只是主观看法，因为每个人根据自己掌握的信息和知识不同，会有不同的观点。

非常幸运我的这个项目的现状比较容易测量，一个体重秤就可以，不像我在工作中遇到的很多项目要花费不少资金来衡量现状。测量结果显示我的体重已经超重了，如果不加以控制，很难说未来不会到极度肥胖的地步。到了那个程度，如果再想改善的话代价就会成倍增加。

步骤③ 问题分析——通过系统化的分析找到问题根源。

有句关于减肥的老话——“少吃多运动”。这个道理大家都知道。但另一句话说得好，“说起来容易做起来难”。事实上，少吃、多运动这两点都很难坚持。我失败了，我身边的很多朋友也失败了。少吃几天不难，跑几天也不难，难的是怎么坚持。如果我能找到坚持下去的障碍并克服它们，我就有成功的希望。这就是改变的突破点！围绕这个主题我使用了鱼骨图和5个为什么进行了详细的问题分析，识别了15个根本原因（图8-19）。

步骤④目标设定——符合SMART原则的目标

有了初步分析，现在的任务就是设定目标，这是一个关键时刻。

众所周知的目标设定原则为SMART（具体、可衡量、可达到、相关联和时间限定）。我会分享一下关于时间限定和可达到的经验，这对我的减肥非常重要。“时间限定”意味着对任务有明确且合适的期限。“可达到”意味着一个好的目标是可以跳起来够得着，目标有挑战性。

反思一下我在之前几年失败的减肥经历。重要原因之一是目标过于保守。所以我

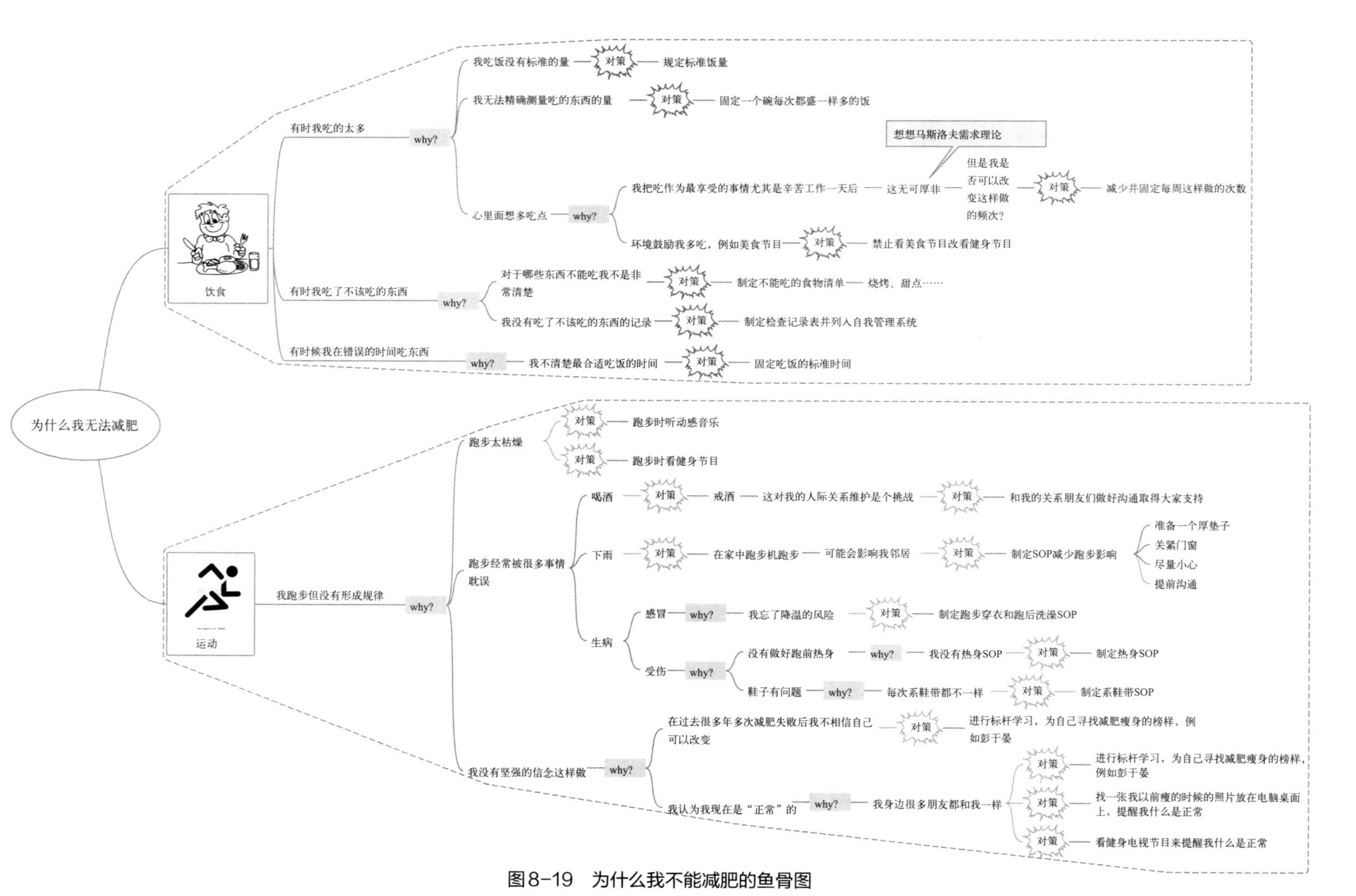

图8-19　为什么我不能减肥的鱼骨图

对于减肥这个特别的题目我把吃和运动作为鱼骨图的两个主骨，而不是常见的5M1E

无法集中精力对项目进行很好的根本原因分析，并在此基础上非常严格地实施对策。比如2011年的目标是从176斤减到160斤。首先时间太长，每个月我总觉得挺忙，晚点有时间再做，一次又一次推迟，结果最后想也许到年底也能做。其次，这个目标没有挑战性，只减10斤还是超重，这个目标不能激励我为此而奋斗。结果努力彻底失败。

那么这次我会设定一个什么样的目标呢？经过深思熟虑，我缩短了减肥的时间，提高了减的重量，最终确定了目标。

90天减重30斤！从164斤减至134斤。

这个目标对我来说是一个非常具有挑战性的目标，这将充分激发我的最大潜力。每天早上醒来，我都会告诉自己要努力奋斗，成功了我就会成为一个新的我！中间遇到任何的困难，我也没有放弃，因为这个目标在召唤着我。

步骤⑤改善对策及执行计划。针对问题根源提出潜在的解决办法。

针对**步骤3问题分析**中产生的每一个根本原因，我提出一个或多个相应的改善对策。改善对策并不等同于解决方案。每一个改善对策的效果需要依靠事实或者数据验证，如果确实有效，可以转化为固定的解决方案。如果没有效果，那么需要回去对问题进行分析，制定新的对策（表8-22）。所有对策提出后，都需要使用以下的矩阵图等工具从效果、成本、风险等方面进行评估，最终确定执行计划。

表8-22　原因分析和改善对策

根本原因	改善对策	负责人	成本	风险	效果	综合	日期
A我吃饭没有标准的量	① 制定吃饭的标准份量	我	▲	▲	○	○	2012/1/1
B我无法精确测量吃的食物的量	②准备固定的碗和盘子，每次精确地测量食物	我	▲	▲	○	○	2012/1/1
C我认为吃是最享受的事情之一	③减少并固定多吃的频率	我	▲	▲	●	●	2012/1/1
D环境鼓励我多吃，例如美食节目	④禁止观看美食节目	我	▲	▲	●	●	2012/1/1
E我不清楚哪些应该吃，哪些不应该吃	⑤列出我不应该吃的食物清单	我	▲	▲	●	●	2012/1/1
F我没有记录错误饮食	⑥制定检查记录表并列入自我管理系统	我	○	▲	○	○	2012/1/3
G我不清楚最合适的吃饭时间	⑦ 制定标准的吃饭时间	我	▲	▲	○	○	2012/1/1
H跑步太枯燥	⑧跑步时听音乐	我	▲	▲	●	●	2012/1/1
	⑨跑步时看健身节目电视	我	●	▲	●	●	2012/1/1
I跑步经常被很多事情耽误——喝酒	⑩戒酒	我	●	●	●	●	2012/1/4
	⑪与我的关系朋友们沟通并取得大家支持	我	●	●	○	○	2012/1/4

续表

根本原因	对策	负责人	成本	风险	效果	综合	日期
J跑步经常被很多事情耽误——下雨	⑫雨天在家中阳台跑步机跑步	我	○	●	○	○	2012/1/4
	⑬做好隔声减震措施	我	○	●	○	○	2012/1/4
K跑步经常被很多事情耽误——感冒	⑭制定跑步洗澡和穿衣SOP	我	▲	▲	○	○	2012/1/1
L跑步经常被很多事情耽误——没有热身而受伤	⑮制定热身SOP	我	▲	▲	○	○	2012/1/1
M跑步经常被很多事情耽误——因为鞋带系不对受伤	⑯制定系鞋带SOP	我	▲	▲	○	○	2012/1/1
N在过去很多年多次减肥失败后我不相信自己可以改变	⑰进行标杆学习，为自己寻找减肥瘦身的榜样	我	○	▲	●	●	2012/1/4
O我认为我现在是“正常”的	⑱将自己以前瘦的时候的照片放到电脑桌面上，提醒我什么是正常身材	我	▲	▲	●	●	2012/1/5
	⑲看健身节目提醒我什么是正常	我	●	▲	○	○	2012/1/5

注：▲低；○中；●高。

下面我介绍一下其中的一些对策后续的实施情况。

➢**根本原因A：**我吃饭没有标准的量。

&**改善对策：**制定吃饭的标准份量。

※**改善经验：**无标准，无异常。

在过去，我的饮食习惯缺乏明确的标准量。这意味着我对每餐应该吃多少食物没有具体要求，常常导致我吃得过多。对我来说，吃饱了之后再吃点是常态。为了解决这一问题，我采取了定量的方法，如设定午餐和晚餐只吃一碗米饭和一碗蔬菜的规则，从而有了一个具体的量化标准。很多人在开始减肥时都希望能减少食量，但由于缺乏明确的标准，这个目标往往难以实现，最终可能不自觉地吃得更多。这一点在中餐中尤为明显，因为通常是家人一起分享菜肴。因此，与其模糊地希望减少食量，不如制定一个明确的量化标准。没有标准很难观察到异常，这个非常基础的概念在精益改进中却非常重要。

➢**根本原因B：**我无法精确测量吃的食物的量。

&**改善对策：**准备固定的碗和盘，每次精确地测量食物。

※**改善经验：**改善中能标准化的因素都先标准化。

人们常说，在寻求改进的过程中，能标准化的东西尽量标准化，因为这样能更容易地识别导致变化的异常原因。只有当你将与结果相关的大部分因素控制固定，才能更有效地进行调整，充分利用PDCA循环中的每一个机会。

在开始这个项目之前，我注意到一个问题：由于碗的大小不一以及盛饭方式的不同，导致我的饭量每次都有所差异。为了解决这个问题，我采取了两个步骤：首先，我选择了一个固定大小的碗；其次，每次盛饭时，我都会用饭铲将米铲平，确保每次的量几乎一致。我将这个改善与朋友们分享时，一位朋友提出，盛饭的密集或松散也会影响每次的实际食量。于是我马上改进，每次尽量保持密度的一致。改善是无止境的。

➢**根本原因C：**我认为吃是我最享受的事情之一。

&**改善对策：**减少并固定多吃的频率。

※**改善经验：**多问问为什么。

营养均衡对于肉类的消费尤为重要，然而，过量摄入肉类也是影响减肥进程的一个关键因素。在此项目开始之前，我的饮食习惯几乎每天午餐和晚餐都包括肉类，这可能是以往减肥尝试未能成功的一个主要原因。减肥的基本原则是摄入的热量不应超过消耗的热量，从而实现减重。这解释了“少吃多运动”这一常见建议的原因。

人们为什么要吃饭？通过使用“5个为什么”分析工具，我探寻了这个问题的答案，并发现人们进食有两个基本目的：一是为了满足基本的生理需求，即吃饱；另一个是为了享受，即吃好。我意识到我之前的每餐都追求吃好，这就解释了为什么我每餐都必须吃肉，因为和我身边的大多数人一样，我享受吃肉。因此，我做出了一个调整，在改善期间从每餐追求吃好转变为每周仅一次吃好，这样既满足了享受美食的欲望，又能保持健康的饮食习惯。执行这一对策后，我发现了两个有趣的现象：首先，每周一次的肉食变得更加美味，极大地提升了我的心理满足感；其次，我开始对鱼肉产生兴趣，尽管以前我觉得不同种类的鱼味道差不多，但现在我能够品尝出它们之间的差异。

➢**根本原因D：**环境鼓励我多吃，例如美食电视节目。

&**改善对策：**禁止观看美食电视节目。

※**改善经验：**当周围环境不正常的时候，慢慢地不正常也变成正常的。

这条改进措施主要集中在环境的调整上。通过分析发现，我之前经常观看的美食节目在不知不觉中影响了我的饮食欲望，促使我更加渴望食物。因此，我决定采取积极的步骤来改变我的环境。我停止观看美食节目，转而观看健身节目。这一改变的效果非常显著：不再观看美食节目减少了我的进食欲望；而观看健身节目提醒我关于健康体型的重要性，激励我朝着恢复正常体型的目标努力。

➢**根本原因E：**我不清楚哪些应该吃，哪些不应该吃。

&**改善对策：**列出我不应该吃的食物清单。

※**改善经验：**标准的3问：有标准吗？是否正确执行了标准？标准是否需要改进？

在未采取改进措施之前，我有时候会因为吃肥猪肉等食物不健康而选择不吃或少吃。但我后来意识到，如果没有一个明确的饮食标准，这种偶尔的自我限制远远不够。因此，我决定制定一套明确的标准食品清单，首先明确什么应该吃，什么不应该吃，然后再考虑如何严格执行这一标准。经过头脑风暴，我列出了以下8类禁止或控制的食物或饮食方式：油炸食品、肥肉、汤、酒、饮料、甜食、聚餐、自助餐。同时，确定了3种适宜食用的食物包括：蔬菜、海鲜和牛肉。实施这套标准食品规则的第一个月对我来说异常艰难。很多时候，我都曾经手持筷子准备品尝那些我本应避免的美食，最终还是选择放下。这种身心的挣扎很难用言语描述，但我相信肯定有人能够理解我的经历。每当面临是否吃下去的决策时，我制定的目标帮助我做出了正确的选择。我的自我管理系统在这个过程中也提供了巨大的帮助，一旦标准被制定，它就能有效地指导我执行。

➢**根本原因F：**我没有记录错误饮食。

&**改善对策：**制定检查记录表并列入自我管理系统。

※**改善经验：**纪律是检查出来的。

在开始这个改进项目之前，我并没有详细记录自己错误饮食的次数，有时候连自己也搞不清楚哪些是对的，哪些是错的。为了更好地监督自己，我创建了一个清单，并将其集成到我的自我精益管理（PM）仪表板中，以便我能够每天对照检查。在我的PM系统中，我制定了10条我需要遵守的规则，并且每日进行复查。如果我能够遵守所有的规则，则我的记录会增加一天；如果我未能遵守这10条规则中的任何一条，我的整个记录就会被重置。这10条规则会根据实际情况进行定期的更换和修订，以确保它们的实用性和有效性。到目前为止，我保持的最长纪录是68天。其中，日常跑步和遵循标准饮食是这10条规则中的两项。

➢**根本原因G：**我不清楚最合适的吃饭时间。

&**改善对策：**制定标准的吃饭时间。

※**改善经验：**保持一致有助于习惯形成。

理解了为什么要吃饭、应该吃什么以及如何进餐之后，我的饮食习惯现已实现了标准化。在进行这次改进之前，我没有设定固定的进餐时间，有时甚至在睡觉前吃方便面这类食物，这显然违背了健康饮食的常识，也不利于减肥。正如中国的一句老话所说："早上吃好，中午吃饱，晚上吃少"。

为了解决这个问题，我采取了一些改进措施。首先，我不再在睡前吃任何东西；其次，我尽量在固定的时间内进餐，以减少饮食时间的波动。改变习惯绝非易事，但得益于自我精益系统的辅助，我能够有效地坚持这些新的饮食习惯。

限于篇幅，其他改善对策在此不再详细介绍。从改善开始的第一天起，我就严格按照这些对策执行，直到90天的项目期结束。虽然这些策略看起来简单，但遵循精益管理的原则，即连续的微小改进也能产生显著的成效。

计划阶段的改善心得如下：

① **分析问题要追根究底**。使用鱼骨图、5个为什么追根究底地分析问题，直到找到根因。

② **制定计划要预防风险**。在制定改善对策执行计划时，进行风险分析并制定预防措施。

（2）第2阶段PDCA循环阶段——总有更好的方法，只要持续PDCA循环就可以不断尝试（图8-20③⑤⑥）

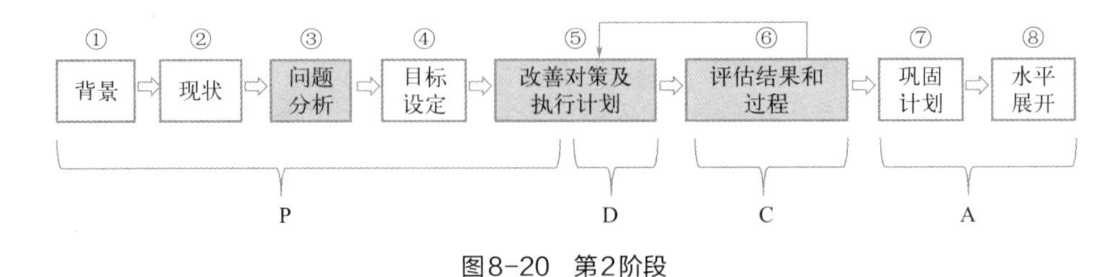

图8-20　第2阶段

本阶段讲述了从第2到90天发生的故事。由于A3在这个项目中的使用，那段时间我每周都会执行PDCA循环。每周我都会先完成步骤⑤（执行一周），然后完成步骤⑥，未达到预期结果的，首先要检讨执行情况是否存在问题，如执行的数量不对、执行的质量是否符合要求等，并不时根据情况将评估的结论返回到步骤③，然后再次执行步骤⑤，并在下一周开始实施。于是PDCA循环不断地进行下去。

改善期间，每周都会或大或小调整改善对策。比如当进行到第6周结果不符合预期，体重出现反弹（图8-21圆圈内的点）时，需要调整比较大的改善对策。于是增加了健腹机的使用，以加大运动量，重点消耗腹部脂肪。幸运的是，我克服了这一点，突破了这个瓶颈期。

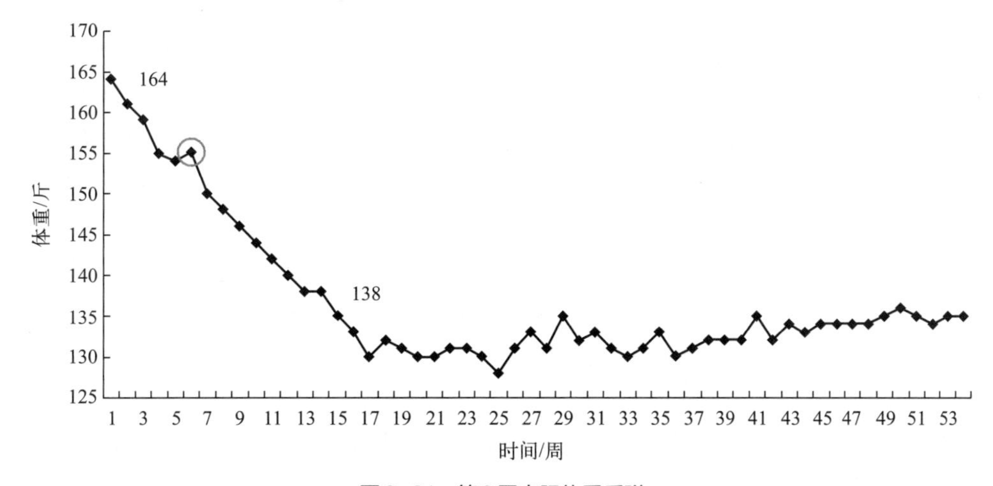

图8-21　第6周克服体重反弹

以下是每周PDCA循环中其他一些新增并实施的改善对策。

改善措施——环境激励。曾经有一段时间，我经常在办公室称体重，同事们经常鼓励我，我也把这看作是对自己的一种激励。每次我都把结果进展告诉大家，伴随着大家的关注，我的体重也逐渐减少。

改善对策——少油膳食。在这个改善过程中，我经常学习参考成功的减肥案例进行标杆对比。例如，我了解到电影《翻滚吧！阿信》中的男主角，在营养师的指导下通过食用水煮蔬菜，并结合刻苦训练，最终塑造了体操运动员般的体型。我受其启发也尝试在第20到90天的期间里，采用一套新的几乎不含油的饮食标准，包括水煮菜、水煮蛋、无油煎鱼之类的食物。而在项目结束之后我慢慢恢复正常饮食。而那个时候，我的体重已经降下来了，恢复正常饮食也没有造成反弹。

改善对策——胡萝卜填胃。在第15到45天期间，我晚上经常感到饥饿，并且难以控制而要吃额外的东西，因为改变饮食后胃一下空了下来。为了应对，我开始寻找低脂肪的食物替代品。在对比之后，我选择了胡萝卜作为我晚餐后的点心。我养成了餐后吃1～2根胡萝卜的习惯，这有效缓解了我的饥饿感。随着时间的推移，从最初的2根胡萝卜减少到1根，我的胃容量也逐渐缩小，后来我就不再需要吃胡萝卜了。

改善对策——剪皮带。在减肥的过程中。我的腰围逐渐小了，皮带也松了。我决定每松一点就剪短一个扣，代表一种保持改善成果不反弹的决心。就这样从2尺9一直剪到2尺2。后来我在W公司欧洲公司遇到了W公司的董事长，他说他减肥也是这么做的。原来我和大人物的想法是一样的啊。

改善对策——工休时间做俯卧撑。曾经有一段时间，我尝试工休时间做做俯卧撑，但是发现一段时间后，减肥效果不是很明显，于是就取消了。改善措施一切看有没有效果，有效果就继续做，效果不好就不做，经过事实或数据验证后才能正式成为标准化的解决方案。

改善对策——早上跑步。改善过程中晚上跑步经常会受到打扰，工作电话之类的，所以我会尝试早上跑步。5点30分就起床跑步，这样没有人打扰我。开始的时候并不容易，尤其是冬天，很冷，但是在改善目标的召唤下，我慢慢地就养成这个习惯了。

改善对策——周日照常。最初在改善过程的开始阶段，我习惯于每个周日早上睡一次懒觉，然后在下午或晚上进行跑步，这让我感觉相当不错。然而，我后来注意到周一时常感到不适，意识到周日的这一变化打乱了我一周建立起来的生物钟，这让我很难适应。为了解决这个问题，我决定改变策略，即使在周日也在早上5点30起床跑步。经过几周的坚持，我逐渐适应了这个习惯，这对我有很大的帮助。

改善对策——及时购买新尺码的衣服。在改善过程中，我发现随着体重下降衣服变宽松了，于是及时购买新尺码的衣服。这有两个好处：一是把买衣服作为对自己改善进步的认可和奖励，二是穿了新尺码的衣服，如果体重反弹了，我会更立刻感受到并及时采取新的改善对策。

改善对策——把过去瘦的照片放在电脑桌面上。我把几年前瘦的时候的照片放到电脑桌面上，时刻提醒自己只要坚持改善就可以回到那个健康体重的状态。这也是一个可视化的应用。

改善对策——爬楼梯。有一段时间，我尝试爬楼梯，因为听说爬楼梯单位时间消耗热量大，但是我尝试了一段时间，发现膝盖受伤了，所以我放弃了这个练习。

类似的改善对策还有很多，每周以体重变低还是变高为准，持续尝试。

PDCA这个阶段开展下来有两个心得：

① **执行计划要重点调整**。如有需要每周只新增执行1～2项改善对策，其他已经在执行的改善对策保持不变，只有这样才好确认新增的改进对策是有效还是无效。如果一次多了几项，就不容易区分各自的效果。

② **改善措施验证后要及时固化**，已经确认有效的改善对策要马上标准化下来。

如此这般每周的PDCA才能更好取得实效。

（3）第3阶段　巩固阶段——任何改变都需要时间来巩固

本部分讲述第90天及之后的故事。首先在第90天完成了第⑥步的评估结果和过程、第⑦步巩固计划和第⑧步的水平展开，之后转移到自我精益系统中进行日常控制。任何改变都需要时间来巩固，改善的结束是巩固的开始，巩固和改善同样重要（图8-22）。

步骤⑥ 评估结果和过程。

在经过3个月的努力之后，现在是评估我的项目成果和审视整个过程的关键时刻。评

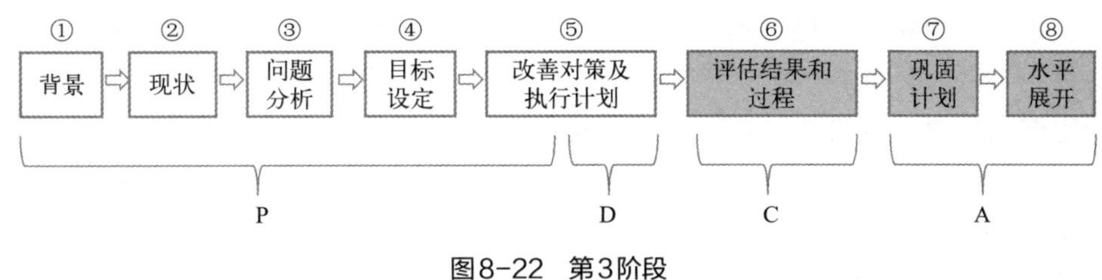

图8-22　第3阶段

估的核心在于两个方面：首先是项目目标是否得到实现，其次是整个过程的每个环节是否都运行良好。虽然这两方面都极为重要，但不同文化背景下的关注点有所不同。例如，欧美国家更倾向于关注结果，而东亚国家则相对重视过程。

结果评估。截至3月31日，也就是项目的第90天，我的体重记录为138斤。虽然没有完全达到设定的134斤的目标，但我还是取得了其他方面的成就。我感到身体更加舒适，工作时的精力也有所提高，而且还培养了一些良好的习惯。

过程评估。在项目期间，我总共投入了8655分钟的时间，平均每周工作时间达到了67小时，主要时间花费在早晚的运动上。从项目开始到第45天，我坚持每天跑步两次，分别是早上5：30到6：30和晚上8：00到9：00。从第45天到第90天，我调整为每天早上跑步一次。此外，我还增加了健身运动，如每次大约15分钟的俯卧撑。在资金投入方面，除了购买运动装备外，没有其他额外成本。整个项目的分析和对策的实施步骤都有条不紊地进行，我能够确保所有的进度和调整及时记录和反馈。

通过这次项目，我不仅让自己的身体状况有了明显的改善，也学会了如何有效地管理时间和资源，以及如何在面对挑战时保持积极和灵活的态度。

步骤⑦巩固计划——新解决方法标准化。

为了确保项目结果的持续改进，本控制计划专注于两个关键领域：完善监测对策和监测指标。我们认识到，纪律的强化对于保障项目成功至关重要。因此，本计划中我们将PM纪律整合至现行的PM制度之中，确保其成为日常执行活动的核心。

此外，我将通过筛选和实施关键措施来提高监测指标的权重和相关性。这些措施包括设定每日跑步时间（每次60分钟）和采用标准化饮食计划，以确保健康和体能得到保障。为了加强执行力，我每天早晨都会进行自我反省，检查是否有任何遗漏或可改进之处。我意识到，出差等外部因素可能会干扰计划的执行，尤其是在饮食控制和保持运动习惯方面。不过，通过持续改进，我已经在这方面取得了显著进展。例如，在之后的一个为期5天的出差中，我只有一次未遵守规定的任务，相比之前已有明显的提高。这次经验强调了在应对挑战和不断改进过程中所取得的进步。

步骤⑧水平展开——精益推广。

探索项目改进的过程中，横向部署的策略显得尤为重要。它引发了一个关键问题：这种改进策略是否可以扩展到其他领域。回顾整个项目，我发现在我的工作和生活中有3个值得推广和应用的主要策略：**集中突破式改进、始终保持信念和注重风险防范的改进措施。**

集中突破式改进。从过去几年减肥失败的经验中汲取教训，我选择了一个以提升为重点的策略——集中突破。设定了一个周期为3个月、具有挑战性的目标，并将所有精力集中在实现这一目标上。这种集中的努力最终帮助我达到了既定的提升目标。这与我在业务改进中经常遇到的情况相似：在确定改进的方向后，专注于几个关键点进行改进。

始终保持信念。项目启动后，进展有时顺利，有时会遇到停滞。但无论遇到何种挑战，我始终坚信自己能够实现目标。虽然最终结果可能没有达到100%，但实现了80%的目标，这一成就彻底改变了我的生活。

注重风险防范的改进措施。在制定改进措施时，我特别注意识别和防范项目中可能出现的风险，例如喝酒和运动损伤等。通过制定相应的措施来减少或避免这些风险的发生，确保项目的总体目标得以实现。

这三点策略不仅在个人层面上取得了成功，也为在更广泛的领域内推广提供了有力的证据和动力。

（4）总体改善心得

现在保持良好的体重。还有很多更有趣的地方。鞋子还可以穿，我所有的衣服都不能穿了。当我们在公共场合见面时，我的许多朋友和同事都认不出我。出国通过海关，官员会多看一会，看看是不是和我持有的护照一样。我的身体状况也得到了显著的增强，而这恰恰体现了身体健康是最终的目标。并且在W公司的长跑比赛中，我拿到了名次。感觉像做梦一样，但梦想已经成为现实了！我减肥成功这件事在W公司慢慢传开了，我做了太多人想做但还没做成的事。我也很乐意分享，通过分享展示如何通过A3做自我改善、我也将这个分享到全球精益圈，很多精益顾问请我授权他们使用这个案例，我也愉快地答应了。没想到通过精益我真的变lean（瘦且精益的意思）了。同事们都夸我毅力强，我觉得这个改善案例的成功与自我精益管理密不可分。

目标引领给了我强大的动力，这个项目的起点是我的核心价值。

及时反省使我可以每天、每周根据结果的变化有效调整改善措施。

量化可视让我时刻牢记目标和现状的差距，帮助我改善并巩固改善成果。

可以说，如果没有自我精益，我不可能完成这个改善。

8.7.5　练习：使用A3报告制定一个自我改善的课题计划

列出步骤：①背景；②现状；③问题分析；④目标；⑤改善对策及执行计划。

8.8　关系管理

砍柴人夏师傅不光砍柴厉害，人际关系也处理得特别好。他经常说：“人和人之间，就像是田里的庄稼，需要悉心培育。”他如下这样维护人际关系。

砍柴人跟咱村里的人都相处得很好。他总是微笑着打招呼，乐于帮忙。他说：“和邻居和睦相处，日子过得才顺心。”

砍柴人做事一板一眼，从不欺骗。他说：“信用是个人最大的财富，失了信，啥都白搭。”

村里人给砍柴人建议，他总是耐心听，不管是好是坏。他说："每个人的话都值得一听，说不定哪句话就能让你受益。"

砍柴人也乐于分享自己砍柴的经验。他常说："经验是用来分享的，这样大家可以一起进步。"

砍柴人总是很尊重人。他说："每个人都值得尊重，这是做人的基本道理。"

通过这样的方式，砍柴人不仅在村里有了好名声，也建立了很好的人际关系网。他的做法告诉我们，处理好人际关系，不仅让自己过得舒心，也能让身边的人感到温暖。

关系管理涉及建立、维护和改善个人与其他个体或组织之间的关系。关系管理是每天都要做的事情。对应的精益管理主题是精益团队管理。

常见关系主要包括亲爱友职师学群7种（图8-23）：

家庭关系：与父母、配偶、子女、兄弟姐妹等亲属的互动。

浪漫关系：与恋人之间的互动。

友谊关系：与朋友之间的关系，可能包括密切朋友和一般朋友。

职业关系：与同事、上司、下属及业务伙伴的互动。

师长关系：如果你还在学校，那么与老师和其他教育工作者的关系也很重要。此外还有与个人导师、职业导师的关系。

同学关系：包括与同学的互动。

社群关系：在社交媒体和其他在线社群上建立和维护的关系。

以上各种关系可能共存，如毕业后加入同一家公司，由同学关系延续到职业关系。

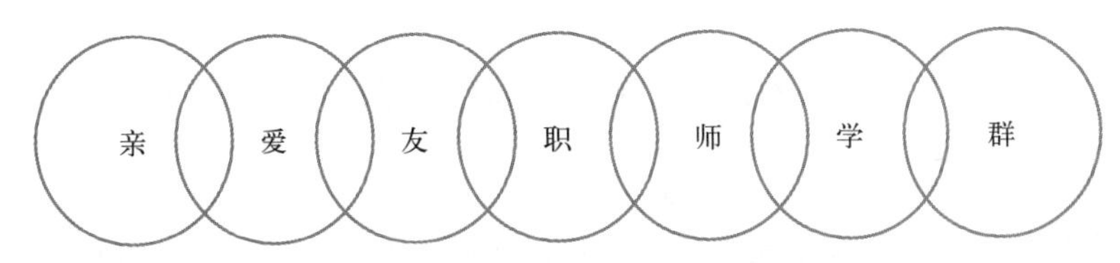

图8-23　7种关系类型——亲爱友职师学群

有些关系是无须选择的，有些关系是还可以主动选择改变的，例如寻找志同道合的朋友。

关系管理对于提升人际交往效果、增强社会支持网络、促进职业发展、提高工作满意度和预防解决冲突都具有重要的作用。通过关系管理，个体能够建立和维护积极、健康的人际关系，从而实现个人和组织的目标。

关系管理如果做得不好，可能会出现的典型症状：

"关系疏远症"。由于缺乏有效的沟通和共情能力，导致与他人的关系变得疏远，难以建立深层次的联系。

"界限模糊症"。无法设定或维护健康的个人界限，可能过度介入他人的生活或允许他人过度干涉自己的生活。

"过度适应症"。为了维持关系，不断地调整自己以适应他人，从而失去自我认同和个人价值观。

"关系焦虑症"。在人际交往中感到焦虑和紧张，影响社交效果。

“冲突回避症”。过分回避人际关系的冲突，即使面对问题也选择逃避而非解决。

这些症状反映了在人际交往中的各种挑战，如缺乏自我认识、沟通技巧不足、难以处理冲突和建立健康的界限等。处理这些问题需要意识到自身的行为模式，学习有效的沟通技巧，以及建立健康的个人界限。

关系管理总图如图8-24所示。

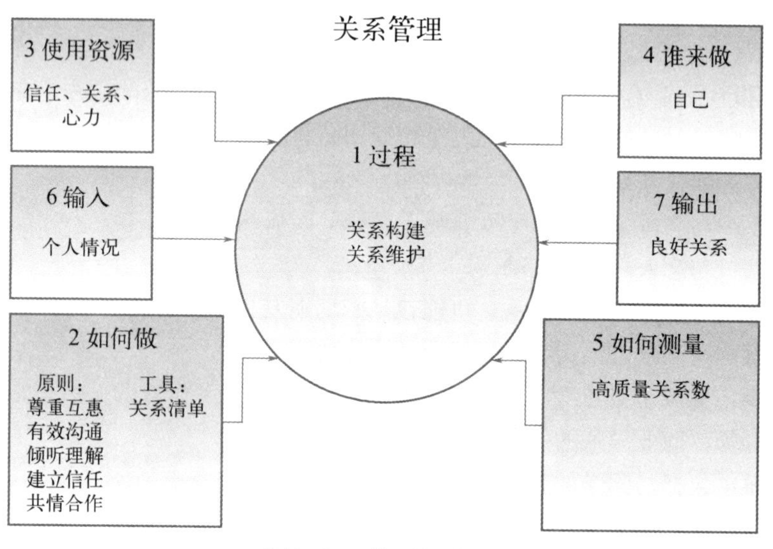

图8-24 关系管理总图

8.8.1 原则：尊重互惠、有效沟通、倾听理解、建立信任、共情合作

关系管理蕴含着5个原则：尊重互惠、有效沟通、倾听理解、建立信任、共情合作。这些原则指导我们如何在工作和个人生活中建立和维护健康的人际关系。如何通过明确沟通、尊重他人的差异性、诚实地与他人互动、提供积极的反馈以及对关系的持续投入来增强人际互动的质量。这些原则帮助自我在专业和个人层面上建立更为牢固和富有成效的人际网络。

（1）尊重互惠

这一原则指的是在人际交往中相互尊重和理解对方的观点和感受。它强调平等地对待他人，以及在交流中寻求共赢的结果。在领导精益改进项目时，我确保听取团队成员的意见和建议，尊重他们的专业知识，并在决策过程中考虑这些观点。这样做不仅提升了团队的参与感，还有助于实现更全面和有效的解决方案。例如我会尽量避免在非工作时间打扰我的同事，除非是紧急情况。W公司很多同事是倒班的，有时白天会在睡觉，我在联系的时候就会先看看倒班排班表确认一下是什么班再看是否马上联系或者再等等。

（2）有效沟通

指的是以清晰、诚实和建设性的方式进行交流。这包括清楚地表达自己的想法和需求，同时也理解和接纳他人的观点。 在一次多地点的软件开发项目中，我作为项目经理，负责协调位于不同地点的团队成员。由于地区差异，沟通成了项目成功的关键。我采取了详细编写项目文档和定期举行视频会议的策略，确保每个团队成员都清楚地了解项目的目标、里程碑和即时挑战。在每次会议中，我不仅分享了项目的进展，还特意留出时间听取团队成员的反馈和建议。这种透明和双向的沟通方式有效地消除了误解，促进了项目顺利进行。

（3）倾听理解

这一原则强调在交流中不仅要表达自己，更重要的是积极倾听对方的观点，努力理解对方的意图和需求，从而建立更深层次的理解和联系。生产部门对开发一套内部智能装卸车系统表示高度兴趣，特别关注装卸过程的溯源管理。该系统旨在提升装卸效率并确保操作可追踪，以利于质量控制和后续优化。在项目计划制定阶段，我优先选择了深入倾听了解他们的具体要求痛点，而非直接提出解决方案。通过到一线观察员工操作，详细询问和反馈，我全面掌握了他们对系统的需求，如自动货物识别、记录装卸时间和人员信息，以及实时更新系统数据库。他们还强调了与现有仓储管理系统的集成需求，以实现数据共享和分析。这次深入的交流有助于我设计出一个既满足当前需求又可未来扩展的智能装卸车系统。该系统拥有用户友好界面和强大后台算法，能自动记录关键数据并确保其准确性和完整性，高效可靠且易于使用，显著提升了物流部门的工作效率，减少人为错误，为物流优化提供了数据支持。该系统不仅满足了内部客户需求，还提升了物流操作的透明度和可追溯性，获得用户的一致好评。

（4）建立信任

这一原则涉及在人际关系中通过一致、可靠和诚实的行为来建立信任。它强调的是通过持续展现诚信来赢得他人的信赖和尊重。在一个循环水温差控制改进项目中，我向一线操作员工承诺，所有的改进措施都将基于数据分析和员工的反馈来制定，绝不会做出任何未经充分讨论和评估的决定。这个承诺意味着我需要花费额外的时间进行数据收集和分析，同时与团队成员进行密切的沟通。我的这种做法，虽然一开始增加了工作量，但最终建立了强大的信任基础，大家更加乐于接受改进措施，项目取得了显著的成效。

（5）共情合作

指在与人互动时展现对他人情感和需求的理解和关心，并在此基础上进行合作和协助。这个原则有助于建立基于理解和支持的关系。曾经有一位来自W公司的同事，那时我们并不熟悉。他在自己的部门遇到了一系列挑战，正经历着职业生涯的低谷期。有一天，他因为要解决一些工作中的问题来找我协助，尽管我们之前仅有过零星的接触，我还是决定全力支持。我不仅为他安排了工作会议，以深入讨论和解决他所面临的问题，还给予了热情款待。这次经历加深了我们之间的理解和信任，也让他感受到了温暖和支持。 从那以后，我们的关系得到了显著的改善和加深。在随后的几年里，我们不仅在工作上相互支持和帮助，而且在个人层面上也建立了深厚的友谊，

以上5个原则，帮助我们做好关系管理，海内存知己，天涯若比邻。

8.8.2 过程：构建、维护

（1）关系构建

在关系构建方面，自我管理的核心在于深刻理解自身并在此基础上与他人建立联系。这首先要求识别并理解自己的情绪、价值观、信念和行为模式。例如，在人际交往中，了解自己的沟通风格和情绪反应模式有助于在新的关系中更好地展示自己，同时保持真诚。在与他人交流时，有效沟通的重要性不言而喻。这不仅包括积极的倾听，还包括清晰、准确地表达自己的观点和需求。此外，共情和理解是建立深层次人际关系的关键，它要求我们尝试从他人的角度理解情况，展示对他们情感和经历的理解和关心，从而与他人的感受产生共鸣。如果是在多元文化的背景下，文化敏感性也极为重要，这意味着要根据不同的文化背景和交际规则适应自己的行为和沟通方式。

构建和维持良好的人际关系是一项重要的社交技能，可以通过一系列主动和积极的措施来实现。首先，主动交流是建立联系的基础，这意味着在社交场合中主动与人交谈，展现出对他人的兴趣。无论是在聚会还是其他社交活动上，向陌生人介绍自己并开始轻松的对话，都是开启新关系的好方法。

共享兴趣和活动也是加深友谊的有效途径。参加与个人兴趣相符的社团或活动，如跑步，踢球、骑行等，可以让你与有着相似爱好的人交流，进而增进彼此的了解和联系。同时，在交往过程中展示真诚和诚实极为重要，无论是通过分享个人的经历还是表达真实的看法和感受，都能够增强双方的信任和亲密度。

成为一个良好的倾听者对于关系的建立同样关键。通过倾听他人分享的故事，并通过眼神接触、点头或提问等方式表现出关注，可以让对方感受到你的尊重和兴趣。此外，保持联系也是维护关系的重要组成部分，无论是通过电话、短信还是社交媒体，定期与朋友保持沟通，并在见面后表达感谢或提议未来的聚会计划，都有助于加深友谊。

在朋友需要时提供帮助和支持。在低谷、经历困难时提供实际帮助或给予安慰和建议，都能够加强彼此之间的联系。共度时光，如组织周末郊游或一起参加活动，也是增进关系的好方法。在交往中，尊重和接纳朋友的差异，即使在观点不同时也能理解和尊重对方，是维持长久友谊的基石。

给予朋友积极的反馈和鼓励，赞扬他们的成就和生活中的积极变化，可以增强朋友的自信心和彼此间的正面情感。最后，通过一致的行为和保守秘密来建立信任，是所有健康人际关系的核心。

总之，通过这些具体而积极的措施，个人可以有效地建立健康的人际关系，这不仅能够丰富个人的社交生活，还能在各方面带来积极的影响。

（2）关系维护

在关系维护方面，一致性和信任是建立长期和健康人际关系的基石。这要求在所有交往中确保自己的言行一致，以建立起他人的信任，同时保持诚实和透明。面对冲突和挑战时，积极解决的态度至关重要。这意味着不逃避问题，而是通过有效沟通寻求双方都能接受的解决方案。持续的互动也是维持关系的重要组成部分，比如通过电话、电子邮件、社交媒体等方式定期与他人保持联系，共享个人经历和感受，这有助于加深相互了解和联系。互惠互助是另一个关键方面，它要求我们在他人需要时提供支持和帮助，并对他人的帮助和贡献表示感谢和认可。最后，自我调节在整个过程中发挥着关键作用，包括管理自己的情绪，避免在压力或情绪波动时做出可能损害关系的行为。此外，自我提升，如学习新的沟通技巧和冲突解决策略，也是维护良好人际关系的关键。通过这些策略，不仅可以建立积极的人际关系，还可以在面对挑战时更有效地维护这些关系。而对于不同关系类型，关系维护也有不同的侧重（表8-23）。

表8-23　不同类型关系的维护要点

关系类别	侧重要点	例
家庭关系（亲）	保持开放沟通，尊重和理解彼此的差异，共同解决冲突	定期安排家庭聚会，讨论家庭事务，对家人的成就表示赞扬和支持
浪漫关系（爱）	建立基于信任和尊重的伙伴关系，保持良好沟通，相互支持	计划共同活动，讨论未来计划，对伴侣的感受表示关心和理解
友谊关系（友）	保持诚实和真诚，共享经历，互相支持	与朋友分享个人经历，互相倾听，帮助对方渡过困难时期
职业关系（职）	保持专业，建立互相尊重的工作关系，有效沟通	与同事合作完成项目，对工作中的挑战进行讨论，寻求共同的解决方案
导师关系（师）	积极寻求指导和反馈，对导师的建议表示开放和感激	定期与导师会面，讨论职业发展和个人成长，实施导师提供的建议
同学关系（学）	与同学建立合作关系，积极参与学习	与同学组成学习小组，共同准备考试
社群关系（群）	维护正面的在线形象，尊重他人观点，避免网络冲突	在社交媒体上分享有益信息，对他人的帖子进行积极互动

这些方式能够帮助个人维护多种类型的健康人际关系，无论是家庭还是友谊。这个过程就如养花养草，要常常关心，倍加呵护。

本领域的常见数字化指标：

高质量关系数：个人各种类型的高质量关系数。注意并不一定是越多越好，根据每个人的情况设定。

8.8.3　工具：关系清单

关系清单是一种高效的工具，旨在帮助个人维护和管理他们的社交关系。通过详细记录每个人的基本信息、关系类型、重要日期、兴趣爱好和其他特殊备注，此工具可以快速访问和回顾与每位联系人相关的重要信息，并进行沟通等关系维护行动（表8-24）。清单主要信息包括：

- 个人信息：包括姓名、联系方式、生日、工作单位等基本信息，方便记忆和联系。
- 关系类别：标明此人与您的关系性质，如家人、朋友、同事等。
- 重要日期：记录重要的日期，如纪念日、生日等，可以用来加强关系。
- 兴趣爱好：了解和记录对方的兴趣爱好，有助于找到共同话题和加深关系。
- 备注：任何特殊的信息或需要注意的事项都可以记录在这里。

记得住、用得上。善用小小的清单可以帮助我们拉近与他人的距离。

表8-24 关系清单例

姓名	联系方式	关系类别	生日	重要日期	兴趣爱好	备注
张山	138××××××××	同事	1990-01-01		旅游、摄影	喜欢安静
李思	139××××××××	朋友	1988-04-15	3-20孩子的生日	篮球、电影	对海鲜过敏

8.8.4 案例：通过咨询培训建立友谊关系

（1）背景

在精益管理的咨询与培训领域，良好的关系管理是成功实施变革的关键。作为一名精益咨询培训师，我面临的挑战不仅仅是传授理论知识，更重要的是通过有效的关系管理，与学员和企业建立深厚的信任与合作基础。

（2）行动

首先，我在培训课程的设计和实施中始终坚持尊重互惠的原则，确保每位参与者的意见和需求都能得到重视和满足。通过开展互动式学习活动，鼓励学员之间的交流和分享，促进了彼此之间的理解和支持。其次，我注重有效沟通，运用清晰和具体的语言表达想法，同时也倾听学员的反馈和建议。这不仅帮助我调整教学方法，更让学员感受到被尊重和被理解，从而增强了培训的效果。然后，通过真诚的态度和行为建立信任，让学员相信我不仅是他们的导师，也是他们可信赖的伙伴。这种信任的建立为深入的学习和改进创造了有利条件。最后，我强调共情合作，通过团队协作任务和实际案例研讨，让学员体验在共情理解基础上的合作，这不仅加深了他们对精益管理理论的理解，也促进了团队之间的协同工作。

（3）收获

通过这一系列的行动，我不仅帮助企业和个人实现了显著的进步和发展，更通过这个过程与许多人建立了深厚的友谊关系。这些经验教训对我个人而言，也是一笔宝贵的财富。作为一名咨询培训师，专业知识的传授固然重要，但通过尊重、沟通、倾听、信任和共情来管理和培养人际关系，才是持续为大家服务并得到认可的关键。

8.8.5 练习：使用树图梳理并列出你的重要关系

根据本章节内容，练习使用树图梳理并列出重要关系。

8.9 沟通管理

砍柴人夏师傅很懂得怎么和人沟通。他常说："人与人之间的话，得像浇地的水，既要流得到，又要流得好。"他管理沟通的方法是如下这样的。

砍柴人跟人说话总是温和，不管是不是自己的意见。他说：“话要说得和气，这样人家才愿意听。”

村里人跟他说话，砍柴人总是耐心听，从不急着打断。他说：“听人说话，得耐心，这样才能听明白对方的意思。”

砍柴人不仅听，还会去理解对方的话。他常说：“听是一回事，理解是另一回事，得用心去体会。”

交谈时，砍柴人会适时给出自己的想法和反馈。他说：“交流就像是打夯，一层一层来，得有回应。”

砍柴人虽然砍柴技术好，但跟人交流从不摆架子。他说：“人无完人，谦虚些，能学到更多东西。”

砍柴人这样的沟通方式，不仅让他在村里人缘好，也让大家更愿意和他一起解决问题。他的做法告诉咱们，用心沟通，说话和气，可以让人际关系更和谐，事情也更容易办好。

沟通管理是对信息传递和接收过程进行规划、实施、监控和优化的过程，以确保有效和高效的沟通。沟通是最频繁的管理行为，根据需要每日、每周、每月、每年都会做。沟通管理涉及听力、说话、阅读和写作的技能，并且在个人和组织的成功中起着至关重要的作用。对应的精益管理主题是可视化管理。

沟通包括4个要素，每个要素都会影响沟通的效果（图8-25）。

图8-25　沟通四要素

信息的发送者：保证信息内容清晰明确、完整无缺，以便让接收者能正确接收，并确认信息理解无误。在我作为培训师讲解精益生产的基本原则时，我需要确保自己对这些内容有深刻理解，并使用清晰、简洁的语言。我通常会在讲解完一个概念后询问我的学员，比如：“你们是否清楚这些原则是如何影响生产效率的？”这样可以帮助我确认信息传达的准确性。

信息：信息发送者想要传达的思想、意见、感觉或其他信息。当我想要让学员理解精益中“拉动系统”的概念时，我不仅陈述定义，而是通过实际案例来说明其在减少库存和提高响应速度方面的作用。我通常会描述一个简单的场景，比如一个小型的零件供应链如何拉动系统来减少过剩生产。

沟通的渠道：用来传达信息的方式、工具或路径。在进行线上培训时，我选择使用视频会议软件来与学员互动。这种方式不仅可以让我展示幻灯片和实时示例，还可以通过视频直接看到学员的反应，这有助于调整讲解的方式和节奏。

信息的接收者：保证信息接收完整无缺，信息理解正确无误。我总是鼓励我的学员积极反馈他们的理解情况。例如，我会让他们在小组内部讨论某一个概念，并展示他们对这个概念的理解。这样不仅可以增加他们的参与感，还能帮助我发现哪些部分可能没有讲解清楚，需要进一步强调或解释。

沟通包括多种方式，用于不同沟通情境。

➢书面（电子邮件、公函等）与口头（电话、访谈等）。

➢对内（在组织内）与对外（对顾客、媒体、公众等）。

➢正式（如报告、情况介绍会等）与非正式（备忘录、即兴谈话等）。

➢垂直（上下级之间）与水平（同级之间）。

沟通管理对于提升团队协作、增强领导力、促进决策过程、提高客户满意度和增强个人职业竞争力都具有重要的作用。通过有效的沟通管理，个人和组织能够建立和维护更加顺畅和高效的沟通流程，从而实现他们的目标和愿景。

如果沟通管理做得不好，可能会出现如下典型症状：

“表达障碍症”。难以清晰、准确地表达自己的想法和感受，导致他人难以理解你的意图或立场。

“倾听失效症”。无法有效地倾听和理解他人的观点，经常中断对话或在对方说话时心不在焉，导致误解和沟通障碍。

“冲突放大症”。在沟通中过于激烈或攻击性，无法平和地处理分歧，导致冲突升级而不是解决问题。

“反馈恐惧症”。害怕给予或接受反馈，特别是负面反馈，导致无法从错误中学习或帮助他人成长。

“适应不足症”。无法根据不同的听众和情境调整沟通方式，导致信息传递不够有效。

这些症状反映了沟通中的常见障碍，如表达不清、倾听不足、处理冲突的方式不当等。改善沟通技巧需要练习清晰表达、有效倾听、恰当的非言语沟通以及适时、建设性的反馈。

沟通管理总图如图8-26。

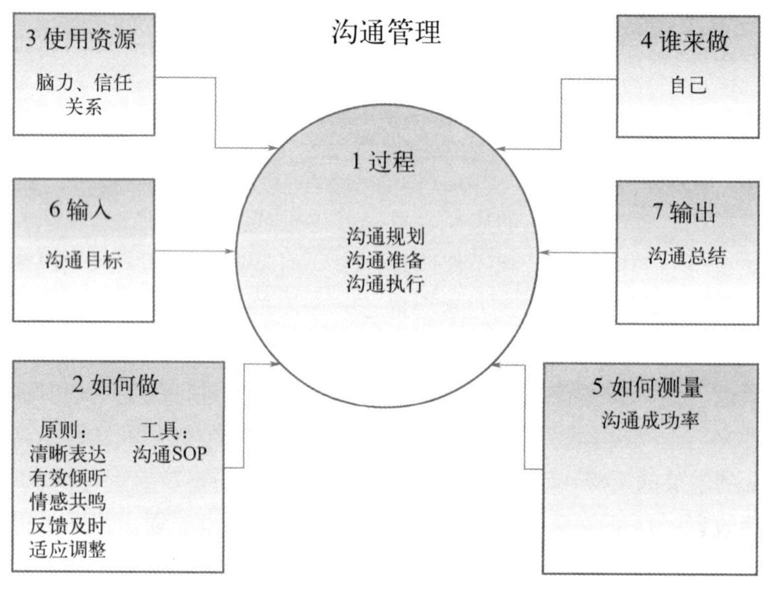

图8-26　沟通管理总图

8.9.1　原则：清晰表达、有效倾听、情感共鸣、反馈及时、适应调整

沟通管理蕴含着5个原则：清晰表达、有效倾听、情感共鸣、反馈及时和适应调整。这些原则通过使用明确的语言、积极倾听、感受对方情绪、及时反馈和根据情境灵活调整沟通方式，指导我们在各种沟通场景中能有效地传达信息、理解他人、建立情感联系、保持沟通的连续性和调整沟通策略，从而提高沟通的效率和效果。这些原则不仅加强了与他人的交流，还有助于在职业和个人生活中建立更为深入和和谐的关系。

（1）清晰表达

这一原则强调在沟通时使用明确、直接的语言来表达思想和信息，以减少误解的可能性。它涉及选择合适的词汇、构建易于理解的句子结构，以及确保信息传达的完整性。目的是使对方能够轻松理解你的意图和信息内容。工作中在每个项目会议开始时，我总是先总结上一次会议的决策和未完成的任务，然后明确本次会议的目标。我用简单的图表和清晰的步骤展示项目的进度，这样每个团队成员都能快速把握关键信息，避免了许多不必要的误解。一幅图胜过千言万语。

（2）有效倾听

指的是在沟通中不仅仅是听对方说话，而是积极地、有意识地理解对方的言辞及其背后的含义。这包括关注对方的非语言信号，如肢体语言和语调，以及表达同理心和耐心，确保对方感到被理解和尊重。培训中我总是鼓励我的学员在培训过程中提出问题。当他们这样做时，我通过倾听和反馈来确认我正确理解了他们的疑问，然后提供清晰、详细的解答。这样的互动提升了培训的效果，也建立了我与学员之间的信任。

（3）情感共鸣

在沟通管理中的定义是指在交流过程中能够理解并感受到对方的情绪和感受，从而建立深层次的情感联系。这不仅涉及对话内容的理解，还包括对对方情绪状态的感知和共鸣。情感共鸣使沟通更加人性化和有效，因为它帮助建立信任和理解，减少误解和冲突。在一个数字化项目的紧张阶段，我感觉到团队的压力非常大。我分享了我自己在过去面对类似压力时的经历和感受，以及我是如何克服它们的。这种分享不仅减轻了团队的紧张情绪，还激发了大家共同克服困难的决心。

（4）反馈及时

指的是在沟通中及时地给予和请求反馈，以确保信息被正确理解和处理。这包括确认收到的信息、澄清可能的误解，并对接收到的信息做出响应。及时反馈帮助双方保持沟通的连续性和有效性。在培训课程中，当学员提出问题时，我总是尽快给予回答和澄清，确保他们的疑惑被及时解决。这不仅增强了培训的互动性，也确保了学员能够跟上培训的进度。

（5）适应调整

这一原则强调根据沟通环境和对象的不同特点灵活调整沟通方式。这可能涉及改变沟通的语气、风格或方法，以更好地适应不同的听众和情境。适应性是有效沟通的关键，它要求对沟通策略进行持续的评估和调整。在我第一次到欧洲进行培训时，我意识到需要根据当地文化调整我的沟通方式和案例。我选择了与当地文化相关的例子，并留意使用更加中性的语言和幽默，以便更好地与听众建立联系。结果效果很好，在轻松而高效的氛围中，我带领学员完成了培训课程。

以上5个原则帮助我们做好沟通管理，心有灵犀一点通。

8.9.2 过程：规划、准备、执行

在自我管理中，沟通管理是一个关键组成部分，主要包括沟通规划、沟通准备和沟通执行三个阶段。下面我将详细阐述这三个阶段。

（1）沟通规划

沟通规划是沟通管理过程中的第一步，也是至关重要的一步。它涉及精准确定沟通的目标对象、沟通的频次、采用的形式以及沟通的具体内容。这一阶段的核心在于明确识别出你需要与谁进行沟通以及沟通的主要目的。例如，在作为一个精益管理负责人的角色中，我可能需要与生产装置的员工、不同项目组的成员、部门经理乃至公司的高层领导进行沟通。这些沟通可能旨在分享项目更新、讨论改进措施或汇报项目成果。选择恰当的沟通渠道至关重要，可以是电子邮件、电话会议、面对面的会议或通过社交媒体平台。同时，根据沟通的紧急程度和重要性，设定合理的沟通频率，可能是每周进行项目进度更新，或每月进行一次全面的绩效回顾。

表8-25是一个简化的沟通规划矩阵示例，用于展示日常工作生活中与不同对象的沟通计划。这个矩阵考虑了不同对象的沟通需求和适宜的沟通方式，同时强调了每种情况下沟通的重点和需要注意的事项。这有助于确保沟通的有效性，并维护良好的关系。

表8-25 沟通规划矩阵例

沟通对象	频次	沟通方式	主要内容	注意事项
上级	每周	面对面会议/电话会议	工作进展、挑战、需求支持	明确、专业、及时反馈问题
内部客户	每月/按需	电子邮件/报告	项目更新、解决方案、反馈获取	准确、专注于解决方案
团队成员	每天/每周	面对面会议/即时消息	任务分配、进度更新、团队协作	开放、鼓励性、建立信任
朋友	不定/按需	社交媒体/电话/见面	个人生活、共同兴趣、支持互助	轻松、真诚、保持个人和工作生活的平衡

（2）沟通准备

准备阶段关键在于收集和组织沟通的内容。这可能包括撰写会议议程、准备演示文

稿、收集反馈或搜集相关信息。有效的沟通准备应确保你在沟通时能够清晰、准确地表达自己的想法和信息。此外，了解你的听众并预测他们可能的问题或反应也是此阶段的一部分。针对一些场景的沟通情境可以准备一些沟通SOP，或者可以提前制定沟通提纲。

例：精益绿带培训班开班沟通提纲

每年都会举办多期精益绿带培训班，表8-26是为了沟通培训目标和内容，激发学员培训兴趣而做的开班沟通的提纲。

表8-26　精益绿带培训班开班沟通提纲

部分	内容
开场白	简短自我介绍 引入主题和重要性 分享成功案例
培训目标	介绍主要目标如改进流程、减少浪费 完成培训后的能力
培训内容概览	概述课程内容 强调实践性和参与性
学习成果和实施	介绍具体成果，如流程改进示例 学员如何将所学应用到工作中
激发学习兴趣	提出问题或情境讨论 展示过往学员成功案例 介绍认证和职业发展机会
互动环节	邀请学员提问 设计简单互动游戏或活动
结束语	总结要点 表达对学员学习旅程的期待和支持 提醒培训细节

（3）沟通执行

执行阶段是实际进行沟通的过程。这包括表达你的观点、倾听他人的反馈、回答问题和适应沟通过程中的任何变化。有效的沟通不仅仅是传递信息，更重要的是要确保信息被理解和接受。因此，需要注意语言的清晰性、非语言信号、倾听技巧和对反馈的响应。

在整个沟通管理过程中，自我反思和评估也非常重要。这涉及在沟通后评估你的沟通效果，如何被理解和接受，并根据反馈调整未来的沟通策略。

总的来说，沟通管理是一个动态和持续的过程，需要不断地调整和改进以适应不断变化的环境和需求。

本领域的常见数字化指标：

沟通成功率：沟通比较成功的次数/总沟通次数。

8.9.3　工具：沟通SOP

在有效沟通的艺术中，掌握并适应不同情境下的沟通SOP（标准操作规程）是成功的关键。每种沟通场景都有其独特性，需要我们精确地识别并调用相应的SOP来应对。

这不仅仅是关于言语的交流，更涉及非言语的沟通技巧、情感的调节和信息的传递方式。通过对SOP的不断熟悉和调整，我们能够在面对不同沟通挑战时，迅速做出反应，有效地传达我们的信息。因此，日常对不同沟通SOP的准备和模拟练习变得极为重要。这样的准备使我们在实际沟通中能够保持从容不迫，不仅提高了沟通效率，也增强了信息传递的准确性。掌握这些沟通技巧，使我们能够在复杂多变的沟通环境中保持优势，达成我们的沟通目标（表8-27～表8-29）。

表8-27 沟通SOP

职业与工作相关的沟通	社交与人际关系的沟通	特殊情境的沟通
谈判：商业或个人事务中的解决方案探讨。 面试：求职或招聘过程中的沟通。 团队合作：协调合作的工作交流。 报告进展：向上级或团队汇报工作情况。 销售和推广：产品或服务的推销。 请求反馈：寻求工作或行为的评价。 指示或命令：工作中的指导或命令。 视频会议：远程工作沟通。 电子邮件通信：工作相关的邮件交流。 公共服务沟通：与政府或机构的互动。 ……	安慰：在困难或悲伤时提供支持。 表扬：对他人成就或行为的赞扬。 批评：对他人问题或行为的反馈。 社交互动：社交场合的交流。 家庭对话：家庭成员间的日常沟通。 社交媒体交流：网络平台上的互动。 教育与学习相关沟通： 教学或指导：知识或技能的传授。 听取反馈：接受他人的反馈。 讲故事：分享经历或创造性故事。 ……	解决冲突：调解争议或意见分歧。 抱怨或提出问题：表达不满或关切。 道歉：为错误或疏忽道歉。 启发或激励：鼓舞他人，激发热情。 进行辩论：就话题表达和讨论不同观点。 发表演讲：在公共场合表达观点或信息。 跨文化交流：与不同文化背景的人交流。 紧急情况沟通：在紧急或危急情况下的交流。 自我表达：表达个人感受、想法或信念。 求助：寻求帮助或建议。 ……

表8-28 表扬他人的SOP

序号	操作步骤	操作方法	注意事项
1	确定表扬的理由	明确你要表扬的是什么行为、成就或特质	确保理由具体且真实，与被表扬者的具体行为或成果相关
2	选择适当的时机和环境	找到一个合适的时机和环境进行表扬	最好在公共场合进行，增强表扬的影响力，但也要考虑到被表扬者的个性和喜好
3	使用积极和具体的语言	直接并且具体地表达你的表扬	使用积极、鼓励性的语言，避免模糊或过于泛泛
4	强调表扬的影响	说明这种行为或成就为什么重要	链接到团队目标、个人成长或更大的背景中去

表8-29 批评他人的SOP

序号	操作步骤	操作方法	注意事项
1	确定批评的具体原因	确定具体的行为或结果需要改进	要以具体、事实为基础，避免模糊和个人感情色彩
2	选择私密环境进行	选择适当的私人环境进行批评	保护被批评者的尊严，避免在公开场合或他人面前

续表

序号	操作步骤	操作方法	注意事项
3	使用“我”的陈述	用第一人称表达你的观点和感受	避免指责，减少对方的防御性
4	提供具体的改进建议	提供清晰、具体的行动建议	帮助被批评者理解如何改进，并提供实际可行的解决方案
5	强调批评的目的是帮助	说明批评的目的是帮助对方成长和改进	避免任何可能被解读为个人攻击的言论

在实践沟通SOP的过程中，维护诚实、尊重和同情心的态度至关重要，这一点在进行表扬或批评时尤为显著。诚实不仅是沟通的基石，也是建立信任和可靠性的关键。当我们以真诚的心态分享观点或反馈时，无论是正面的还是需要改进的，都能够促进双方的理解和尊重。

8.9.4　案例：在欧洲公司进行精益咨询培训的跨文化沟通

（1）背景

2012年我曾作为精益管理专家到W公司新并购的欧洲公司进行精益内部咨询培训，帮助建立精益管理体系，旨在通过实施精益管理提高效率和业绩。一开始遇到了文化和认知的障碍。部分外籍员工对精益管理概念缺乏了解，他们担忧这将导致失业，并认为精益管理复杂难懂，对其成效表示怀疑。这种情况下，有效的沟通策略变得至关重要，以消除误解，建立信任，并促进精益管理文化的接受和实施。

（2）行动

我采取了一系列策略来应对这一挑战。首先，我制定了一个详细的沟通计划，该计划旨在通过面对面的交流覆盖所有员工，确保信息的传达既全面又具有针对性。我跑遍了公司的各个生产部门，与员工直接沟通，这不仅帮助我更好地了解他们的担忧，也为建立情感共鸣奠定了基础。

在沟通中，我运用了清晰的表达、有效的倾听技巧，并及时反馈，确保每位员工的疑虑都得到了解答。我通过列举W公司成功实施精益管理的案例，展示了精益管理如何提高效率、减少浪费并最终促进个人和公司的共同成长。我强调了精益管理不是为了裁员，而是为了创造一个更加高效、更具竞争力的生产运营，从而为公司和每个人带来长期的利益。

为了进一步增强理解和接受度，我还组织了多次培训，提供了实用的精益管理工具和技术的培训（图8-27），使员工能够亲身体验精益管理的好处，并鼓励他们在日常工作中实践所学。

（3）收获

经过一系列的沟通和培训努力，员工的态度发生了显著的变化。他们从开始的质疑

图8-27 2012年在W公司并购的欧洲公司为管理人员进行精益培训

和抵触转向理解和接受，积极参与到精益管理的学习和实践中来。随着时间的推移，我们不仅看到了流程效率的显著提升，也感受到了工作环境和企业文化的积极变化。W公司的领导层也高度肯定了推行精益管理作为并购后中国管理输出的典型成功案例，它不仅帮助欧洲公司提升了业绩，让公司扭亏为盈，也促进了员工的个人成长和跨文化的团队合作。

8.9.5 练习：选择一个情境编制一个沟通提纲

8.10 品牌管理

砍柴人夏师傅虽然不懂什么叫品牌管理，但他的做法就是最好的品牌打造。砍柴人如下这样经营自己的“品牌”。

砍柴人砍的柴火，质量总是上乘。他说：“做人做事，信誉第一。村里人都知道，我夏师傅的柴火，是一把好柴。”

他对砍柴的标准特别严，每根柴都得砍得恰到好处。砍柴人说：“我这柴火，不仅是赚钱的工具，更是我的脸面。”

砍柴人不光砍柴手艺好，待人也热心肠。他说：“村里人有难处，我能帮一把是一把。这样大家也都能记住我。”

砍柴人的砍柴技艺是传统手艺，他还乐于教给年轻人。他说：“这手艺不能断，得让后人继续传下去。”

虽然是传统手艺，砍柴人也不落伍，愿意接受新鲜事物。他说：“时代在变，咱也得跟上步伐。”

通过这样的方式，砍柴人不仅在自己村里树立了好口碑，在周围几个村也都挺有名的。他的做法教咱们，品牌不光是商标和广告，更重要的是人的诚信和口碑。

个人品牌管理是对个人形象、专业知识和价值观的传递和接收过程进行有意识地规划、实施、监控和优化的过程。这涉及确定个人的核心特质、专长和目标，并有效地将这些要素通过适当的沟通渠道传达给目标受众。个人品牌管理的目的是建立和维护一个积极、一致且有辨识度的个人形象，从而在专业领域和社会环境中提高个人的可见性、信誉和影响力。通过有效的个人品牌管理，个人可以更好地控制自己的职业发展，建立专业网络，以及在竞争激烈的环境中获得优势。对应的精益管理主题是精益品质管理。

个人品牌按照组织边界可以分为内品牌和外品牌（图8-28）。在W公司，我是公司内精益第一人。通过对精益管理的深入研究和实践，确立了自己作为公司内部精益管理的权威人物。作为公司中第一个外派去海外学习并专职深入研究精益管理的员工，我不仅积累了丰富的知识和经验，还通过领导推行精益展示了精益管理在提升组织效率和效果上的巨大潜力。这种专业领先的地位让我成为了W公司及其兄弟公司寻求精益管理知识和实践支持时的首选人选，我担任内部咨询顾问的角色帮助多家公司从零开始建立了精益管理体系。我的内品牌建设不仅基于我个人的专业成就和贡献，还反映了我在组织内部建立的信任、尊重和影响力。

图8-28 内外品牌

内品牌和外品牌之间既有区分也有联系。内品牌的建设和发展侧重于在特定组织内部的影响力和认可度，而外品牌则涉及跨越组织边界，在更广阔的行业和市场中建立专业声誉和影响力。这种区分并不意味着内外品牌是相互独立的；相反，它们是相辅相成的。一个强大的内品牌可以为外品牌的建设提供坚实的基础，而外品牌的成功又能反过来增强个人在组织内的地位和影响力。例如在W公司，就集聚了闻名化工行业的诸多顶级行业专家。

内品牌和外品牌创建的总体思路相同，在一些渠道和做法上会有所不同。自我管理创建品牌可以从外品牌直接开始，也可以先内品牌再外品牌。

当我离开W公司后，我的专业声誉并没有因此停滞。相反，我在精益管理领域的深厚背景和成功案例吸引了国内多家大型企业的注意。我的品牌建设延伸到了更广泛的行业和市场。通过为这些企业提供精益咨询和诊断服务，我进一步巩固了自己作为精益管理领域专家的地位，我的专业知识和技能不仅在一个组织内部有价值，而且在更广泛的商业环境中也同样受到认可和尊重。

个人品牌管理对于提升个人影响力、建立职业身份、促进职业发展、增强个人信任和可信度、提高适应性、加强个人自信都具有重要作用。通过有效的个人品牌管理，个人能够在职业生涯中取得更大的成功和满足。

品牌管理做得不好，可能出现的典型症状：

“一致性缺失症”。在不同场合表现出的个人或企业形象不一致。

“识别度低下症”。缺乏独特和吸引人的个人或企业特色。

“差异化缺乏症”。与竞争对手相比，缺少明显的区别或优势。

“认知不足症”。对自身品牌的价值和定位理解不足。

“适应障碍症”。难以根据市场变化调整个人或企业品牌策略。

自我品牌管理的挑战，如品牌一致性不足和品牌过度塑造症，涉及个人或职业品牌的塑造和维护。高效的品牌管理需要清晰界定个人的核心价值和目标，并在各种平台上保持一致性。

品牌管理总图如图8-29所示。

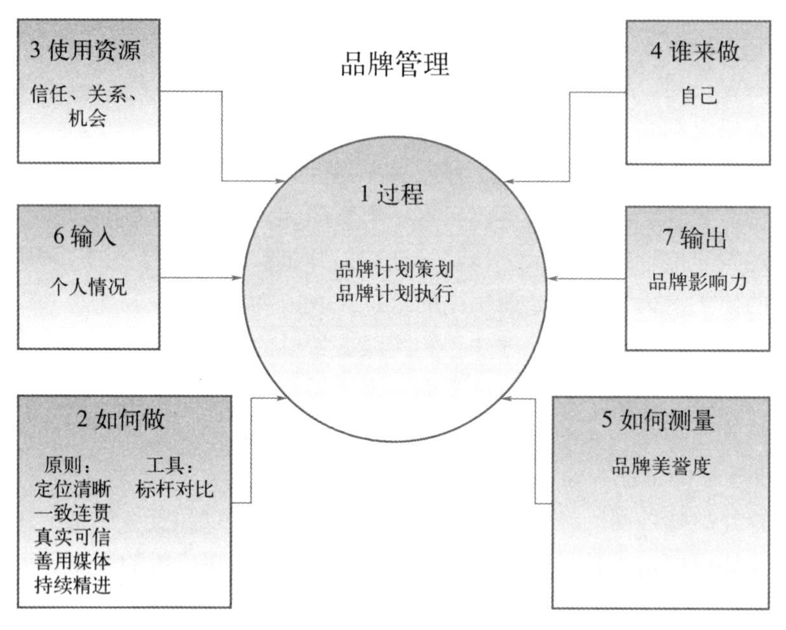

图8-29 品牌管理总图

8.10.1 原则：定位清晰、一致连贯、真实可信、善用媒体、持续精进

品牌管理蕴含着5个原则：定位清晰、一致连贯、真实可信、善用媒体和持续精进。这些原则指导如何有效地构建和维护个人品牌，如何通过明确品牌定位、保持沟通的一致性、展现真实可信的品牌形象、有效利用社交媒体以及不断提升专业技能，来加强个人品牌的影响力和竞争力。这种品牌管理策略不仅帮助在专业领域内建立了稳固的地位，还增强了影响力和市场可见度。通过这些原则，能够有效地构建和维护一个强大、一致且具有吸引力的个人品牌，这对于自我的职业生涯和专业发展极为重要。

（1）定位清晰

明确个人品牌的核心价值和目标受众，确保品牌信息的一致性和专业性。作为精益和数字化的双专家，我选择将个人品牌“精益化工”专注于为化工行业提供精益管理咨询培训和数字化转型解决方案。通过在社交媒体以及所有的演讲和出版物中明确说明这一点，我确保了目标受众——寻求数字化转型和流程优化解决方案的企业，他们能够清楚地理解我的专业领域和提供的价值。

（2）一致连贯

在各种沟通平台和场合保持品牌形象和信息的一致性，确保品牌形象的稳定性。无论是在公众号上还是行业会议上，我都保持我的品牌形象和信息的一致性。这意味着我的所有沟通，从语言风格到视觉设计，都与我的专业身份和价值观保持一致。别人对你的观察从你出现在他的视野里的一刹那就开始了，从穿西装、打领带开始，就要开始展现出专业的形象。

（3）真实可信

保持个人品牌的真实性，确保品牌故事和信息的真实可信。在打造个人品牌的过程中，我始终坚持保持真实性。这不仅体现在分享我的专业见解上，更体现在我对各个案例研究的透彻剖析中。我的分享基于我在W公司及其他服务的客户公司中从事的精益管理和数字化改革项目的亲身经历。通过讲述这些基于真实经验的故事，我能够提高我个人品牌的信誉度。这种做法不仅帮助我准确展示我的专业知识和实践能力，也使我能够吸引与我拥有相同价值观和专业兴趣的人群。我致力于透明分享我的职业经验和教训，努力构建一个既真实又积极的个人形象。

（4）善用媒体

进行有效的社交媒体管理，在社交媒体上积极建立和维护正面形象，利用社交媒体作为品牌推广的工具。为了维持与我的受众的紧密联系并构建我的专业网络，我定期在我的公众号和个人微信号上发布行业动态、个人见解以及相关专业知识。这不仅包括最新的行业趋势，还涉及我对这些趋势可能如何影响我们所在领域的深刻思考和分析。通过这种方式，旨在与我的受众保持持续的互动，为他们提供有价值的信息，同时也鼓励他们分享自己的观点和反馈。这种互动不仅加深了我对行业的理解，也强化了我与受众的联系，并帮助我拓展了我的专业网络。通过展示我的专业能力和独到的行业见解，不仅增强了个人品牌，也为潜在的职业机会和合作奠定了基础，从而推动了个人职业的成长和行业内的协作。

（5）持续精进

不断学习和提升专业技能，以保持个人品牌的竞争力和相关性。我通过定期参与行业研讨会等活动来实现这一目标，这些活动不仅增强了我的专业知识，还让我能够紧跟行业动态。同时，我也乐于在社交媒体上分享我获得的新知识和洞察，这样做不仅扩大了我的影响力，也建立了一个积极的学习和分享的氛围。通过这些方法，我不仅提升了自己，也为同行和关注者提供了价值，进一步巩固了我的个人品牌。

以上5个原则，帮助我们做好品牌管理，永续发展。

8.10.2 过程：策划、执行

（1）品牌计划策划

1）选择标杆对象

寻找和分析标杆品牌。在个人关注的行业或领域中，找出几个表现卓越的品牌作为标杆。对这些品牌进行深入研究，了解他们的品牌历史、发展路径、目标客户群以及他们的成功之处。研究他们的品牌故事、核心价值、市场定位以及他们如何与受众建立联系和沟通的方式。

学习传播策略。密切观察这些标杆品牌是如何在不同平台，如社交媒体、官方网站、公共演讲和其他媒体渠道上展示自己的。注意他们是如何有效地传达自己的品牌价值，以及如何通过这些平台吸引和维护目标受众的注意力。分析他们成功的案例和策略，思考这些策略如何能够在个人的品牌上得到应用和调整。

2）深入研究

品牌定位。深入了解目标市场和潜在客户。通过市场调研，了解他们的需求、偏好和行为模式。基于这些信息，确定个人品牌的独特卖点（USP），并创建一个清晰、有吸引力的品牌定位，这个定位应该明确标明专业技能、个人价值观以及能为客户提供的独特解决方案。

社交媒体策略。根据个人品牌定位和目标受众，选择最适合的社交媒体平台。制定一个详细的内容发布计划，包括发布的最佳时间、频率以及内容的类型和风格。同时，使用社交媒体管理和分析工具来监控参与度、受众反应和其他关键指标，以便及时调整策略。

内容创作与分享。开始创作和分享符合个人品牌定位的高质量、原创内容。这包括但不限于博客文章、视频、图像和信息图表。确保所有内容都紧密地与品牌信息和价值主张相一致，并且能够解决目标受众的问题或满足他们的需求。

3）评估自身品牌

建立评估机制。制定一套系统的评估机制来定期检查品牌表现。这包括分析社交媒体活跃度、网站访问量、受众反馈以及其他相关指标。使用这些数据来了解品牌在市场上的表现，识别哪些方面是成功的，哪些方面需要改进。

4）识别差距和机会

互动和网络扩展。通过分析当前的网络和受众互动情况，找出存在的缺口和潜在的机会。积极参与行业会议、研讨会、社交活动以及在线论坛，以扩大职业网络并提高品牌知名度。建立和维护与行业内其他专业人士和潜在客户的良好关系。

内容质量和频率。定期回顾并评估内容创作的质量和频率。确保提供的内容不仅能够定期更新，同时也能够持续地为受众提供价值和解决方案。

5）制定和实施计划

增加社交媒体活跃度。通过定期组织有吸引力的社交媒体活动，如挑战、问答、直播等，来提高受众的参与度和互动。这不仅可以增加品牌的可见度，还能增强受众对品牌的忠诚度。

提升内容创作能力。不断地通过参加相关的在线课程、阅读最新的行业报告和与其他内容创作者合作，来提升内容创作技巧和能力。这将确保能够持续地产生创新和吸引人的内容，从而维持和增加受众的兴趣。

建立明确的品牌信息。确保在所有的沟通和营销活动中，品牌信息和价值主张都得到一致的表达和传递。无论是在线还是离线，都要保持品牌信息的一致性和专业性，以建立和维护公众对品牌的信任和认可。

表 8-30 为品牌创建计划例。

表8-30　品牌创建计划例

序号	计划内容	操作要点	预算	1月	2月	3月	4月	5月	6月	7月	8月	9月	10月	11月	12月
1	品牌定位	确定目标受众、专业角色和核心价值	10小时 / 无额外费用	√	√										
2	建立个人网站和社交媒体账号	设计网站和创建社交媒体账号	40小时 / ￥5000	√	√										
3	发布专业博客或文章	撰写并发布相关内容	每篇文章4小时 / 无额外费用		√	√	√								
4	制作教学视频/开通直播	制作视频内容，开展直播	每个视频20小时 / ￥1000				√	√							
5	社交媒体定期更新	定期更新内容	每月10小时 / 无额外费用					√	√	√	√				
6	建立专属社群	在社群平台上维护互动	每月5小时 / 无额外费用							√	√	√			
7	参加行业会议和研讨会	参与并交流	每次20小时 / ￥2000								√	√	√		
8	持续学习和自我提升	参与培训和学习	每月5小时 / ￥1000										√	√	√
9	监控和评估品牌效果	检查流量和反馈	每周0.5小时 / 无额外费用											√	√

（2）品牌计划执行

执行品牌创建计划是一个系统化和持续的过程，需要定期的回顾和滚动调整以确保目标的达成和策略的适应性。以下是详细扩展的步骤。

开始执行。一旦品牌创建计划确定下来，立即开始执行。这可能包括更新品牌标识（如logo和口号）、启动新的市场营销活动、发布改进的产品或服务等。对于一个精益咨询培训师来说，这可能意味着更新我的培训材料和方法，以更好地反映我的品牌定位和价值主张。例如，我重新设计培训资料和网站，使之更加符合我的品牌形象，如采用更专业、清晰和一致的视觉风格，以及突出我的专业优势和成功案例。

定期回顾。设定固定时间，如每季度或每半年，回顾品牌计划的执行情况。检查所有相关指标，如品牌知名度、客户反馈、销售数据和网站流量等。评估这些指标是否符合你的预期，以及是否支持我的总体业务目标。作为一个精益咨询培训师，我定期收集和分析客户的反馈，包括他们对培训内容的满意度、改进后的业务表现以及他们是否会推荐你的服务给其他人。

滚动调整。根据回顾的结果，对品牌计划进行必要的调整。这可能包括改进市场营销策略、调整产品或服务的特点或者更新品牌传播的方式。确保这些调整能够解决任何问题，并利用新的机会来增强品牌的影响力。如果我发现客户反馈表明他们需要更多关于特定精益工具的实践指导，我会调整培训计划，增加更多的案例研究和实践环节，以更好地满足他们的需求。

通过这种有计划、有反馈的执行过程，可以确保个人的品牌创建计划始终保持最新，且始终与个人的业务目标和市场需求保持一致。这不仅有助于提升品牌形象，也能够增强客户的信任度和忠诚度，最终推动业务的成长和成功。

本领域的常见数字化指标：

品牌美誉度：人们对品牌的好感和信任程度，可通过抽样调查进行测量。

8.10.3 工具：标杆对比

标杆对比是一种管理工具，用于通过与业界最佳实践进行对比来提升组织的性能和效率。它涉及评估组织的流程、产品和服务，并与行业内表现最优秀的公司或者标准进行比较。标杆对比的核心思想是"学习优秀者"。它不仅包括了对比分析，还涉及了从对比对象那里学习并实施改进的过程。通过这种方式，组织可以发现自身的不足，并找到提高效率和效果的机会。

个人标杆对比是一种自我提升的策略，它让个人通过与优秀个体或最佳实践的对比来提升自己的能力和效率。这一过程不仅涉及对个人技能、成就和行为的评估，还包括将自己与表现卓越的个人或公认的高标准进行比较。个人标杆对比的核心理念是向优秀者学习，这不只是一个简单的比较过程，而是包含了从优秀模范中学习并实施相应改进的步骤。通过这种方法，个人能够识别自己的不足，并找到提高个人效率和成就的机会。

个人标杆对比适用于多种情景，例如职业发展、技能提升和个人目标设定。在职业发展中，通过对比业界领袖或职业榜样，个人可以识别出自己在职业技能和职业道德上的差距。在技能提升中，了解和模仿行业内被广泛认可的最佳实践，可以帮助个人提升专业能力。在个人目标设定时，参考他人的成功案例和策略，可以帮助设定更具挑战性和可实现的目标。

个人标杆对比的实施步骤以及我的实践案例简介如下：

① **确定对比对象和领域**。选择在你感兴趣的领域内表现卓越的个人作为对比对象。这些人应该代表了你希望达到的水平。作为精益咨询顾问，我意识到提升品牌辨识度对于建立行业影响力和吸引潜在客户至关重要。因此，我决定采取标杆对比的方法，以行业内品牌辨识度高的咨询顾问为参照，目的是提升自己品牌的可识别性。

② **收集相关信息**。搜集有关你自己和对比对象的相关信息。这可能包括技能、成就、工作习惯、生活方式等方面。我研究了两位咨询顾问的网站、社交媒体平台和宣传材料，

收集了他们品牌建设策略的信息，尤其是他们如何通过视觉元素和内容策略提高品牌辨识度的。同时，我也对自己的品牌进行了全面审视，识别出在品牌辨识度方面的不足。

③ **分析差距**。对比我和对比对象在关键领域的表现，识别出我当前状态与理想状态之间的差距。通过对比，我发现自己在品牌视觉一致性、传达清晰的品牌信息以及在不同平台上保持一致性方面存在不足。相较于我选定的标杆，我的品牌缺乏一套统一的视觉标识系统，且我的品牌信息传达不够清晰和吸引人。

④ **制定改进计划**。根据对比分析的结果，制定一个具体的、可行的个人发展计划，明确你需要采取哪些步骤来缩小这些差距。针对发现的差距，我制定了以下改进计划。首先，设计一套全新的视觉标识系统，包括标志、色彩方案和字体，以增强品牌的视觉一致性；其次，清晰界定我的品牌信息，确保在所有传达渠道中一致；最后，优化我的社交媒体和网络内容策略，以增强品牌的在线可识别性。

⑤ **执行改进计划**。按照计划采取行动，开始实施那些能够帮助你提升的策略和行动。我开始落实我的改进计划，与设计师合作更新了我的品牌视觉元素，并在我的所有营销材料和在线平台上实施了这一新的视觉标识。同时，我重新撰写了品牌传达信息，以确保其清晰、准确且有吸引力。

⑥ **监控进度和调整计划**。定期回顾你的进度，并根据实际情况调整你的计划。保持灵活性，对策略进行适时的调整以适应新的情况。我设定了具体指标来跟踪品牌辨识度的提升情况，如网站流量、社交媒体参与度和客户反馈。根据这些数据，我定期评估并调整我的策略，以确保持续提高品牌辨识度。

⑦ **持续反思和学习**。在整个过程中，持续地反思自己的学习和成长，从每次经历中吸取教训，并根据这些新的见解来调整自己的行动和目标。

通过 这一标杆对比过程强化了我对品牌辨识度重要性的认识，也教会了我如何有效地通过视觉和内容策略提升品牌的可识别性。我学会了持续观察市场反应，并根据反馈进行调整。通过标杆对比，我成功提升了我的品牌辨识度，使其更加突出和易于识别。这不仅帮助我在竞争激烈的咨询行业中脱颖而出，也为吸引和保持客户提供了有力支撑。这一过程证明，通过不断学习、对比和改进，个人品牌能实现显著的增长和发展。

个人标杆对比不是一次性的活动，而是一个持续的过程。通过定期比较和自我反思，个人可以不断地识别出自身的不足，并学习采纳优秀个体的行为模式和成功策略，从而在个人和职业生活中实现持续的成长和发展。

8.10.4 案例：通过写作并出版行业专著拓展个人品牌

（1）背景

尽管全球关于精益管理的出版物众多，但专注于化工行业的精益管理著作却寥寥无几，并且都是十几年前的英文著作，由国外专家撰写。凭借多年在化工行业一线的精益管理实践，我积累了大量的经验和见解。虽然我曾在不同场合分享过这些知识，但我依然渴望将我的经验传递给更广泛的受众。因此，我萌生了撰写一本国内化工行业首部专著的想法，旨在全面介绍如何在化工行业中实施精益管理的方法论。

（2）行动

我开始着手制定写作计划，拟定了一份详细的书稿大纲，并依此展开逐章写作。完成初稿后，我立即联系了化工领域内最具权威的化学工业出版社。得益于出版社的认可和支持，最终交付印刷并成功上市。在出版过程中，我也积极配合出版社进行了书籍的推广和发行。这本书包括相关课题的研究总共花费了1832小时，按我的时间成本是比较大的投入，但是我觉得还是非常值得的。

（3）收获

《精益化工：精益管理在化工行业的实践》这本书（图8-30）的出版填补了行业空白，撰写这本书的过程不仅是对过去十多年工作经验的深度回顾和总结，也极大地加深了我对精益化工管理知识的理解。这本书的出版显著拓展了我的个人品牌，使我得以与许多同行建立联系，并收到了众多关于咨询、培训和交流的邀请。更值得自豪的是，我的著作被国家图书馆等众多图书馆收藏。特别是我的母校也收藏了两本，毕业的时候只是想找一份待遇不错的工作，从没有想到有一天我的校友们会在我曾经学习的图书馆阅读我写的专著。

这份荣誉不仅是对我工作的认可，也是对我的持续研究和贡献的激励。这激励我继续深耕于化工企业管理领域，通过学习、实践、分享为行业发展做出更多的贡献。

图8-30《精益化工：精益管理在化工行业的实践》

8.10.5 练习：制定个人的品牌创建计划

请制定个人的品牌创建计划并实施。

附录　自我精益管理14领域应用小结

序号	领域	原则	过程	常用工具	常见数字化指标	相关概念
1	价值	明确澄清、确保一致、有效使用、适时调整、激励自我	确定、回顾	个人理念	核心价值条数	马斯洛需求层次
2	目标	规范合理、有效分解、量化评估、保持灵活、庆祝成就	设定、回顾、验收	SWOT分析、核心竞争力、自我平衡计分卡、经验判断	目标达成率、目标完成比率	7级目标
3	计划	全面统筹、排序清晰、风险预估、资源调配、及时调整	制定、回顾、总结	计划A3、优先矩阵图	计划完成率、计划变更率	ABC工单
4	工作	目标导向、计划先行、效率至上、专注执行、管理异常	计划、执行、总结	客户之声VOC、工作分解结构WBS、甘特图、风险分析表	工作客户满意度	项目、SOP、任务3类工作，工作9问
5	时间	要事优先、减少切换、避免拖延、善用碎片、明确产出	预算、使用、改进	5S、ECRS	总工时、番茄钟数	3种时间（增值和两种浪费）、时间预算
6	精力	有效休息、合理饮食、规律运动、稳定情绪、正向思维	策划，评估、改进	爱好清单	精力水平	精力5水平、PPM个人精力维护、OPE
7	错误	坦诚面对、追根究底、亡羊补牢、继往开来、分享利他	预防、纠正、回顾	自我防错法	错误次数	10种错误、错误指数
8	知能	拉动学习、及时实践、乐于分享、循环提升、持续更新	学习、实践、分享	知识体系BOK、思维导图、材料、术语、问题	读书本数、分享次数	6级认知、拉动式学习
9	习惯	策划养成、小步前进、行为替代、环境调整、日常一致	登记、养成	21天法则	习惯数	2类习惯
10	纪律	清晰规则、保持一致、提升意志、适时休息、正向激励	制定、检查	纪律检查表	纪律遵守率	8种纪律
11	改善	暴露问题、定期改善、及时固化、持续改善、止于至善	选题、实施	问题解决A3、鱼骨图	改善次数	2种改善
12	关系	尊重互惠、有效沟通、倾听理解、建立信任、共情合作	构建、维护	关系清单	高质量关系数	7种关系
13	沟通	清晰表达、有效倾听、情感共鸣、反馈及时、适应调整	规划、准备、执行	沟通SOP	沟通成功率	沟通4要素
14	品牌	定位清晰、一致连贯、真实可信、善用媒体、持续精进	策划、执行	标杆对比	品牌美誉度	2种品牌

第9章

如何应用自我精益？——自我精益变革4步路线图

9.1 开始自我精益管理的3大挑战——会、做、成

自我精益管理是一种全面系统的个人发展方法，涵盖了从价值管理到品牌管理的多个方面，要求个人在会（学习）、做（实践）和成（成效）三个方面进行努力，其中会是基本条件，做是核心环节，成是动力来源，突破这3个挑战，就会顺利开始自我精益管理并持续提升。

（1）会——基本条件，要学习自我精益的工具和方法

会是自我精益管理的基础，涉及对自我精益管理工具和方法的学习。在这个阶段，个人需要了解如何有效地进行自我管理各领域的管理。这一阶段的关键是理解这些领域的核心原则、工具方法以及它们如何应用于自我管理中。例如，学习A3来制定计划，学会ECRS来掌握如何优化日常工作流程以提高效率。这一阶段的成功取决于对这些方法的深入理解，这为后续的实际应用奠定基础。

会了之后要马上用、常常用，否则可能会了又忘。大家从学习新的东西到转化为自己的能力是一个挑战，需要通过多次的实践才可以达成，这和学开车一样。只有学会后进行实践，特别是进行有挑战性的实践，能力水平才会真正提升。

（2）做——核心环节，要制定和实施自我精益的行动计划。

做是自我精益管理的核心环节，涉及将学到的知识转化为实际行动。在这一阶段，个人需要根据自己的具体情况制定自我管理的行动计划，并开始实施这些计划。这可能包括制定时间表来优化时间管理，设定具体目标来改善工作效率，或者开发策略来加强人际关系和沟通技巧等不同的行动。在这个阶段，实践和应用所学知识至关重要，它要求个人不仅理解理论，而且能够将其应用于实际情况中，不断调整和优化以适应个人的独特需求和环境。在这个环节，要建立明确的自我精益意识。

愿意做事。围绕自我的目标积极行动。

愿意精益地做事。为了把事做好即达成目标有很多办法，例如单纯延长工作时间

（加班）、拼身体等等，可能都可以把事做成，但自我精益的思维是怎么样以最少的资源投入做成事，消除浪费，关注事业、健康、家庭等各个维度价值的平衡实现。

持续地愿意精益地做事，止于至善。很多初次接触精益的人会疑惑为什么看似简单的精益工具方法例如5个为什么、SOP可以起到那么大的作用。而奥秘就是持续不断，时间上持续几天、几周、几年，频次上每年到每月、每周、每天。在改善结合标准化的循环提升模式下，任何时间和空间范围内可能的改善机会都不会放过，提升到了任何水平都不会停止改善。

（3）成——动力来源，要即时取得成效以能够自然而然地持续下去

成是自我精益管理的动力来源，指的是实现持续性和有效性的过程。这一阶段的目标是确保自我精益管理的方法能够带来长期的、积极的效果，并成为日常生活和工作的一部分。在这一阶段，个人需要持续监控自己的进展，评估实施过程中的效果，并根据反馈进行调整。例如定期回顾和调整个人的目标和计划，以确保它们仍然符合当前的需求和环境。成功的关键在于形成长期的自我管理习惯，并且能够看到持续的积极变化，从而保持动力和持续改进。成功的秘诀在于实事求是地设定目标，取得成功再继续，积小胜成大胜。

在自我精益管理转型的框架中，“会、做、成”三个环节紧密相连，共同构成了一个持续改进的循环。这种循环确保了理论、实践和成效之间的相互促进和增强。

“会”和“做”之间的关系是基于理论和实践的相互转化。理解和掌握自我精益管理的工具和方法（“会”）是实施和执行（“做”）的基础。没有深入的理解，就很难将理论应用到实践中；反之，通过实际应用这些理论，个人不仅能够加深对这些概念的理解，还能学会如何根据具体情况调整方法和策略。这样的相互作用确保了知识不仅停留在理论层面，而且转化为可操作和有效的实践。

“做”和“成”之间的联系体现在实践导向结果的自然流程中。实际行动（“做”）是产生可衡量成效（“成”）的前提。这个环节强调了行动的重要性，并将其视为实现具体成果的途径。然而，这些成果反过来又为行动提供反馈，指明哪些行动有效、哪些需要改进，从而引导个人进行更加有针对性和效率的实践。

“成”回到“会”，这个过程闭环了自我精益管理的循环，将成效转化为新的学习机会。通过评估和反思成果（“成”），个人能够识别新的学习领域和改进点，这促使他们回到“会”的阶段，以填补知识或技能的空白，从而启动下一个改进循环。

这三个环节之间的关系是动态的，它们相互影响，共同推动个人在自我管理方面的持续成长和进步。通过不断学习、实践和反思，个人能够持续提升自我效率和实现个人目标。突破这3个挑战，个人就会掌握自我精益，将精益融于思、落于行、得于果。

9.2　自我精益变革4步路线图——诊断、计划、行动、回顾

自我精益管理实施的4步骤——诊断、计划、行动和回顾是一套系统化的方法，旨在

提升个人的自我管理能力。下面详细介绍这四个步骤，并提供具体操作指导。

（1）诊断——评估自我精益管理的当前状态

诊断阶段是自我精益管理旅程的基石。在这个阶段，个人通过深入地自我反思和评估，识别自己在关键管理领域如时间管理、目标设定、工作效率、人际沟通技巧等的当前表现水平（表9-1）。这一评估过程可以采用评估表或其他自我评估工具进行，旨在全面了解自我管理的优势和弱点。识别出需要改进的领域后，个人应根据自己的当前目标和长期目标的实际需求，确定这些领域的优先级，以便于制定更加有针对性的改进计划。

表9-1 自我精益管理各领域评分标准

领域	分值	描述	得分
价值管理	1	难以识别个人或工作中的核心价值	
	2	开始认识到价值的重要性，但未能有效整合到日常生活中	
	3	开始认识到价值的重要性，初步整合到日常生活中	
	4	价值观清晰，能够在决策和行动中体现这些价值	
	5	深入理解个人和组织价值，能够创造性地将价值观融入所有活动	
目标管理	1	缺乏明确的个人或职业目标	
	2	设定了基本目标，但执行和跟踪不足	
	3	目标明确，有计划地追求并定期评估进展	
	4	目标具有挑战性且实现方法高效，定期调整以适应变化	
	5	能够设定并实现高影响力的目标，擅长调整策略以优化结果	
计划管理	1	没有清晰的计划或经常偏离计划	
	2	制定基本计划，但执行不一致	
	3	有效制定并执行计划，有时能适应变化	
	4	计划周密且灵活，能够有效应对突发情况	
	5	制定全面且高效的计划，擅长预测和管理风险	
工作管理	1	工作无序，经常感到压力和混乱	
	2	开始尝试组织工作，但效率不高	
	3	工作有组织，能够按时完成任务	
	4	工作高效有序，能够优化流程和时间分配	
	5	在工作管理方面表现出色，能够指导他人提高效率	

续表

领域	分值	描述	得分
时间管理	1	经常感觉时间不够用，难以控制时间	
	2	尝试规划时间，但经常无法遵循计划	
	3	能有效规划大多数时间并遵循时间计划	
	4	时间管理得当，能够高效利用时间	
	5	精通时间管理，能够灵活调整并优化时间分配	
精力管理	1	经常感到疲劳，难以管理自己的精力	
	2	开始意识到精力管理的重要性，但经常感到力不从心	
	3	能够在一定程度上管理自己的精力，并保持日常活力	
	4	有效管理精力，保持高效的工作和生活状态	
	5	精通精力管理，能够在高强度工作下保持最佳状态	
错误管理	1	错误处理不当，经常导致更大的问题	
	2	开始意识到错误管理的重要性，但经常重复相同的错误	
	3	能够有效识别和纠正错误，减少重复错误的发生	
	4	高效地处理错误，能够从错误中学习并优化流程	
	5	能够预防和管理复杂错误，将错误转化为改进的机会	
知能管理	1	缺乏有效的知识管理系统，信息散乱	
	2	开始构建知识体系，但整理和应用效率不高	
	3	有系统的知识管理方法，能较好地整合和应用知识	
	4	知识管理高效，能快速获取并应用所需知识	
	5	精通知识管理，能创新地整合和应用各类知识	
习惯管理	1	难以形成和维持积极习惯	
	2	开始尝试培养好习惯，但经常中断	
	3	能够持续维持一些积极习惯	
	4	良好习惯深入生活，对个人发展有显著帮助	
	5	习惯管理出色，能够有效地培养和维持多项积极习惯	
纪律管理	1	缺乏自律，经常偏离既定计划或目标	
	2	有一定的自律意识，但经常在压力下崩溃	
	3	表现出较好的自律，能够坚持完成大部分目标	
	4	自律性强，即使在压力下也能坚持原则和计划	
	5	极高的自律性，能够有效管理自己的行为和决策	

续表

领域	分值	描述	得分
改善管理	1	改善意识薄弱，经常重复错误和低效行为	
	2	开始关注改善，但改善行动不持续	
	3	能够持续进行改善，对个人和工作有一定影响	
	4	不断寻求改善，能有效实施并获得显著成果	
	5	持续且深入地改善，对个人有重大影响	
关系管理	1	在人际关系管理上遇到困难，经常产生冲突	
	2	开始认识到良好关系的重要性，但管理能力不足	
	3	能够维护稳定的人际关系，偶尔处理冲突	
	4	人际关系管理良好，能有效解决冲突和建立合作	
	5	在关系管理上表现出色，能够建立和维护广泛的积极关系	
沟通管理	1	沟通能力不足，经常产生误解或冲突	
	2	意识到沟通的重要性，但表达和倾听能力有限	
	3	能够进行有效沟通，减少误解和冲突	
	4	沟通技巧良好，能够在各种情境下有效沟通	
	5	沟通能力出色，能够在复杂情境下实现有效沟通	
品牌管理	1	缺乏对个人或组织品牌的认识和管理	
	2	有了一定的个人定位，开始在特定领域建立自己的形象，但还缺乏连贯性和广泛的认知度	
	3	个人品牌在特定领域已经形成并得到一定认可。有一致的品牌信息和形象，开始在社交平台或专业网络中活跃	
	4	个人品牌稳定且影响力逐步扩大。在专业领域内有较高的知名度，品牌信息清晰，且能吸引目标群体	
	5	个人品牌非常成熟和受尊重，具有广泛的影响力和高度的专业认可。能持续创新并在行业内树立标杆	

自我精益各领域评估雷达图如图9-1所示。

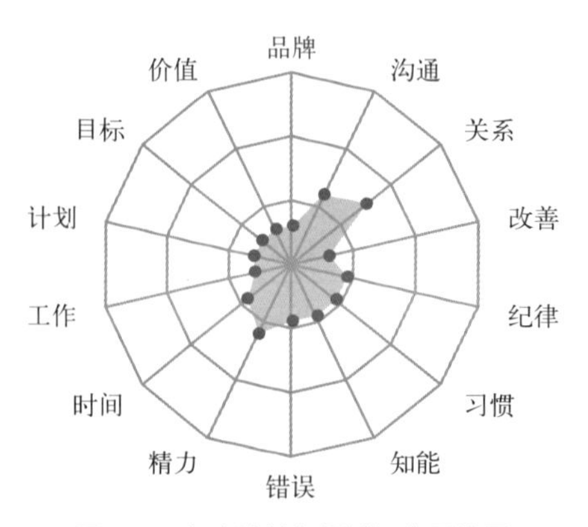

图9-1 自我精益各领域评估雷达图

（2）计划——制定行动计划

制定行动计划要重点先行、整合协同、详细安排、准备资源。

① **重点先行：**根据自我目标需求确定提升的重点。这一要求强调的是个性化和目标导向。每个人的自我管理策略应当基于他们独特的情况和需求。例如，一个创业者可能需要重点提升时间管理和关系管理，以有效平衡繁忙的工作和维护人脉网络。而一名学者则可能更注重知识管理和计划管理，以支持其研究项目和学术发展。突出重点意味着识别自己的核心需求，并围绕这些需求定制自我管理提升的策略。

② **整合协同：**相关领域进行整合协同提升自我管理的不同领域相互影响，协调提升强调在这些领域间寻找协同效应（图9-2）。例如，有效的时间管理可以直接提高工作管理的效率；而良好的沟通管理可以支持关系管理。整合协同的关键在于识别这些领域间的互动，并突出重点地制定出可以同时增强多个领域的策略。

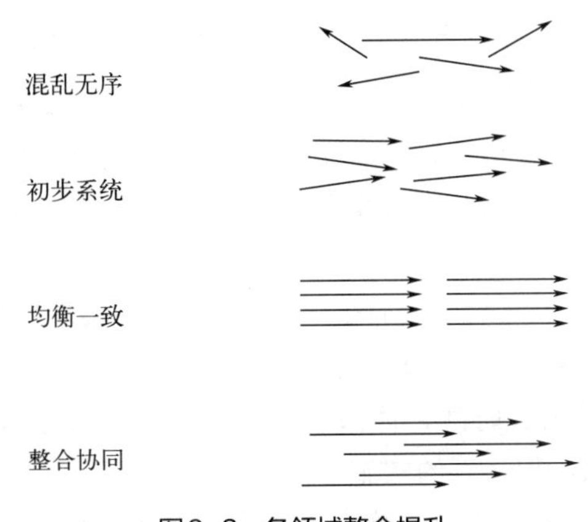

图9-2　各领域整合提升

③ **详细安排**——制定具体可执行的行动计划。一旦确定了需要重点改进的一个或多个管理领域，下一步是制定具体的行动计划。这一计划应包含SMART目标，以及为实现这些目标而设计的策略和方法。例如，若目标是提升时间管理能力，可能需要设计一个更高效的日程安排过程，或者采用时间段等技巧来优化日常安排。制定计划时，可以利用计划A3来详细规划每一步骤，并通过后续的回顾支持目标的实现。可以根据自己的情况使用纸笔、电子表格、“管我”APP等任一种方式。常用的行动计划类别见表9-2。

表9-2　常用的行动计划类别

序号	行动计划的类型	行动计划类型的描述	例子	关联的核心原则
1	决策制定	做出明智的决策，考虑后果并权衡不同的选择	在学习与工作之间做出平衡决策，优先考虑能带来最大价值的活动	专注价值
2	目标设定	设定短期和长期目标	设定每月读书目标和每年的个人发展目标	目标引领
3	计划制定	通过全维思考制定计划	制定每周的学习和锻炼计划，包括不同科目的学习时间	全维思考

续表

序号	行动计划的类型	行动计划类型的描述	例子	关联的核心原则
4	自我监控	定期跟踪自己的行为和进度，以评估与目标的一致性	使用日志记录每日完成的任务和情绪状态，以监控进展	量化可视
5	制定并执行SOP	制定标准操作程序并执行	制定早晨的起床和准备SOP，确保每天按时开始工作	标准执行
6	定期回顾	定期回顾	每周末回顾过去一周的成就和挑战，规划改进措施	及时反省
7	专项改善	识别问题，分析原因，并制定有效的解决方案	发现时间管理不佳时，探究原因并实施新的时间管理专项改善	持续改善

④ **准备资源**：没有付出便没有回报。要提升每个管理领域所需要输入的资源各有不同。各领域都要自我资源的投入，通过资源投入加以正确方法建立并完善管理。除了健康、时间等基本的资源投入，每个领域所需的关键资源各不相同。

价值管理——需要脑力、心力。理解和管理个人价值观，确保行为与长远目标一致，需要深度思考，与自己深度对话。

目标管理——需要脑力、体系、时间。设定、追踪、实现目标需要强大的思维能力，一个有效的体系来监控进度，以及合理安排时间。

计划管理——需要脑力、时间、体系。制定计划需要深思熟虑，合理安排时间，并依赖一个有组织的体系来确保计划的实施。

工作管理——需要健康、体力、脑力、心力。完成工作任务需要良好的健康状况、足够的体力和思考问题的能力、稳定的情绪意志力。

时间管理——需要脑力、体系。有效管理时间需要高效的思考，一个强大的组织体系才能强化对时间的敏感度和控制能力。

精力管理——需要健康、体力、心力。管理和优化个人能量水平需要保持身体健康、良好的体力状态以及情绪和精神的管理。

错误管理——需要脑力、心力、信任。从错误中学习并前进需要批判性思维、情绪调节能力以及建立在他人信任基础上的反馈机制。

知能管理——需要脑力、时间、机会。获取和提升知识技能需要智力努力、投入时间学习以及抓住学习和实践的机会。

习惯管理——需要心力、时间。形成和维持良好习惯需要强大的意志力、严格的自我纪律以及一段时间的持续努力。

纪律管理——需要心力、信任。维持自我纪律需要坚强的心理素质、对自己的承诺以及在失败时对自我信任的恢复。

改善管理——需要脑力、时间、机会。持续改进需要不断学习和思考、投入时间实践新的方法以及利用出现的机会。

关系管理——需要信任、关系、心力。建立和维护人际关系需要建立信任，投入心力去理解和满足他人的需要以及维护这些关系。

沟通管理——需要脑力、信任、关系。有效地沟通需要良好的思考和表达能力、建立在信任基础上的关系以及理解对方的能力。

品牌管理——需要信任、关系、机会。个人品牌的建设需要建立信任、维护良好的社会关系并抓住机会展示自己的价值。

通过在这些领域中投资相应的资源并进行改进提升，个人可以对行动计划的效果实现更有信心。

（3）行动——实施行动计划

行动阶段要求个人将计划转化为实际行动，这一阶段的成功依赖于自我纪律和持续努力。实施过程中，关键是保持计划的持续执行，并在遇到挑战或障碍时，灵活适应和调整计划。例如，计划中设定了每天早晨规划时间管理的习惯，那么需要不断坚持这一习惯，即使在面对困难时也要寻找解决方案，保持进度。

（4）回顾——评估和调整

行动一段时间后，进行回顾和评估是至关重要的。这不仅可以帮助个人评估自己是否达到了设定的目标，还可以让个人从实施过程中学习到哪些方法有效、哪些需要改进。通过定期的效果评估和总结经验教训，个人可以调整现有计划或制定新的计划，以持续改进和提高自我精益管理能力。

自我精益管理过程中的4个步骤——诊断、计划、行动和回顾，构成了一个连贯和循环的系统，每一步都与其他步骤紧密相连，共同推动个人效率和管理能力的持续改进。

诊断阶段是整个自我精益管理过程的出发点，为个人提供了一个清晰的自我管理能力现状图景，包括优势和待改进的领域。这种自我评估是制定有效行动计划的前提，因为只有准确识别了需要改进的领域，才能制定针对性的改进措施。

在诊断的基础上，制定行动计划环节则是建立具体步骤和策略以应对诊断阶段识别的问题。这个计划阶段不仅依赖于之前的诊断结果，同时也设定了行动阶段的目标和路径。行动计划的质量直接影响到实施的效果，因此，这一环节是连接理论与实践、想法与行动的关键桥梁。

接着，行动阶段的实施是基于前面制定的计划，通过实际行为去应用之前的分析和策划。这一步是理论转化为实践的过程，其有效性直接受到前两个阶段质量的影响。同时，行动的执行和持续性需要监测和调整，这便涉及了第四步——回顾。

回顾阶段则是对行动结果的评估，它不仅检验了行动的成效，更为重要的是通过反馈循环回到了诊断阶段，形成了一个持续改进的闭环。在这个阶段，个人将评估哪些策略成功、哪些不足，并基于这些反馈重新诊断，从而为下一个周期的计划和行动提供新的输入。

通过这四个环节的紧密相连和循环迭代，自我精益管理实现了一个持续的自我提升和改进过程，使个人能够在不断地学习和适应中，提高自我管理的能力和效率。通过不断诊断、计划、行动和回顾，个人可以逐步提高自我精益管理能力，从而在生活和工作中实现更高的效率和更好的成果。重要的是，个人需要保持耐心和决心，持续地学习、实践和调整，以确保向设定的目标稳步前进，不怕慢，就怕断。

9.3 自我精益管理水平5带级——灰、黄、绿、黑、师

在自我精益管理的各个领域中，个人可以根据自己的实践水平、掌握的技巧和能力，以及在自我精益管理各方面的成熟度从总体上来评估自己所处的水平。这些水平可以大致分为灰、黄、绿、黑带和大师级（图9-3）。

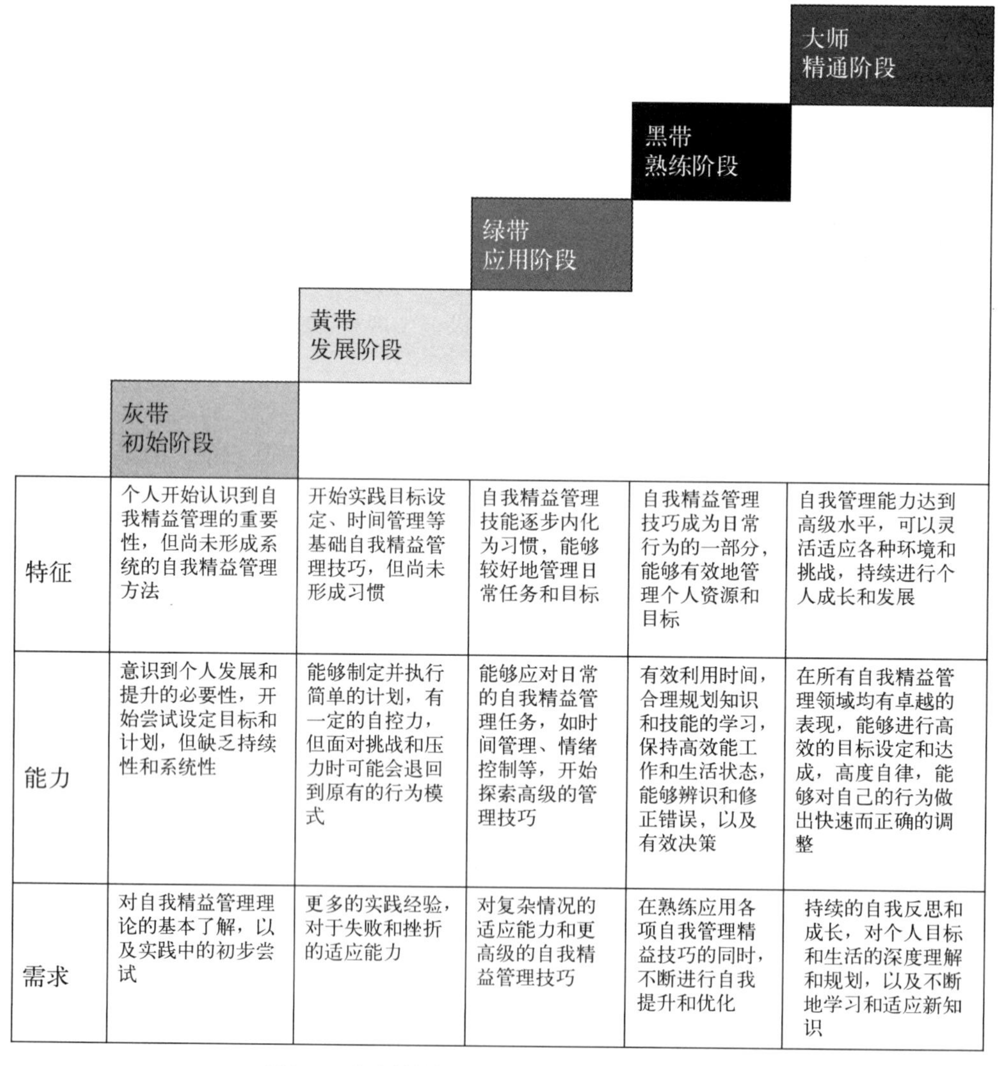

	灰带 初始阶段	黄带 发展阶段	绿带 应用阶段	黑带 熟练阶段	大师 精通阶段
特征	个人开始认识到自我精益管理的重要性，但尚未形成系统的自我精益管理方法	开始实践目标设定、时间管理等基础自我精益管理技巧，但尚未形成习惯	自我精益管理技能逐步内化为习惯，能够较好地管理日常任务和目标	自我精益管理技巧成为日常行为的一部分，能够有效地管理个人资源和目标	自我管理能力达到高级水平，可以灵活适应各种环境和挑战，持续进行个人成长和发展
能力	意识到个人发展和提升的必要性，开始尝试设定目标和计划，但缺乏持续性和系统性	能够制定并执行简单的计划，有一定的自控力，但面对挑战和压力时可能会退回到原有的行为模式	能够应对日常的自我精益管理任务，如时间管理、情绪控制等，开始探索高级的管理技巧	有效利用时间，合理规划知识和技能的学习，保持高效能工作和生活状态，能够辨识和修正错误，以及有效决策	在所有自我精益管理领域均有卓越的表现，能够进行高效的目标设定和达成，高度自律，能够对自己的行为做出快速而正确的调整
需求	对自我精益管理理论的基本了解，以及实践中的初步尝试	更多的实践经验，对于失败和挫折的适应能力	对复杂情况的适应能力和更高级的自我精益管理技巧	在熟练应用各项自我管理精益技巧的同时，不断进行自我提升和优化	持续的自我反思和成长，对个人目标和生活的深度理解和规划，以及不断地学习和适应新知识

图9-3　自我精益管理5带级的特征、能力和需求

每个人的自我精益管理能力可能处于不同的档次，带级标准提供了一个框架，帮助个人识别自己的当前位置，并规划如何提升到下一个阶段。通过持续地学习、练习和反

思，个人可以在自我精益管理中达到更高的成熟度。

尊敬的读者，你现在处于哪个阶段？（　　）

□初始阶段（灰带）：我正在学习自我精益管理的基本概念，但尚未形成系统的方法。

□发展阶段（黄带）：我已开始实践目标设定和时间管理等基础技巧，但还未形成习惯。

□应用阶段（绿带）：我的自我管理技能已逐步内化为习惯，我能较好地管理日常任务。

□熟练阶段（黑带）：我的自我精益管理技巧已成为日常行为的一部分，我能有效地管理个人资源。

□精通阶段（大师级）：我在自我管理方面表现出高度的专精和自律，能灵活适应各种环境和挑战。

后记

磨刀砍柴，一生之旅

磨刀砍柴，一生之旅。

本书的每一个部分都是一段探索与学习的旅程，从识别并消除生活与工作中的浪费开始，深入理解如何更好地创造价值，最终学会如何促进个人能力的提升。这一路上的每一步均体现了精益管理的核心理念：消除浪费、创造价值。

我第一次接触精益是在2005年，当时我被公派出国学习精益管理。初次接触，尽管我认真学习，但并没有立刻理解太多概念，印象最深的是一张PPT，上面一个比较胖的人变瘦了，体现了变“lean”（瘦且健康的）的概念。尽管如此，后续很多年里精益理念伴随我成长，赋予我众多思考方式、工具和方法，这是一颗种子被种下然后在合适的环境下慢慢破土而出逐渐成长成熟的故事。我感激这段经历，这难忘的旅程改变了我的人生轨迹。

感谢是这段旅程不可或缺的一部分。

感谢精益。精益让我和我的家庭衣食无忧，让我职业发展顺利，让我养成了自我维护精力的习惯，找到了生活与工作的平衡，在工作中获得了满满的尊重和归属感，我学习了精益，开创了自我精益，在百家争鸣的自我管理领域中留下了这个独特的实践。和精益化工、数字化工一样，这也是我引以为傲的能为他人和社会带来价值的专长，在一定程度上达成了自我实现，回头一看，从入门到现在已经悄然过去了15年。

感谢相遇。首先感谢精益道路上带我入门并悉心教导我的老师们，老师们的智慧和指导是无价之宝，教会了我如何通过结合具体的需求去深入理解并运用精益的思想理念、工具方法，不是要做精益，而是思考如何让精益帮到我们，这个思维决定了精益探索一直走在正确的方向上。接着，要感谢那些十几年来日复一日与我携手并进的W公司的好友同事们，他（她）们不仅鼓励我、支持我将精益理论付诸实践，还与我一起在工作中通过精益创造了巨大的价值，没有他（她）们，我不会成为现在的我。我也不能忘记那些在艰难时刻支持我、鼓励我的各界朋友们，他（她）们的陪伴和支持让我的旅程更加丰富和有意义。

感谢读者。你们的参与使这本书成为了一个互动平台，通过你们的阅读和反馈，我们共同学习，共同成长。我希望这本书的结尾不仅是知识的传递，而是开启一个新的开始。我期待读者能将这些原则和工具方法应用到自己的生活和工作中，持续消除浪费，创造增值，并提升个人能力。正如精益管理所倡导的，这是一个永无止境的改进过程，希望每个人都能在自己的人生中不断追求进步。

精益是一个持续的过程，什么时候开始都不晚。了解精益后，可以从小处开始尝试，这个过程中我们的精益理解会逐渐增强。开始时不完美没关系，我们可以通过持续的PDCA循环，在不断尝试中找到更好的改进措施。任何时候都可以开始精益之旅，早一天开始便多一份收获。

精益始于对价值的思考和追求，什么时候结束都不对。当我们构想个人精益的愿景时，我们会发现自我管理的每个领域都充满了无限的挑战和机会。更科学的目标设定、更有效的计划设定、更卓越的工作表现、更有效的时间管理、更充沛的精力、更多的改善创新、更优秀的习惯、更有效的纪律、更少的错误、更有益的合作关系、更有效的沟通——人生的广阔舞台在呼唤我们，未来永远充满了期待。在追求完美价值的旅程中，我们永远在路上。

每个人的生命都是独一无二的，无论是谁，你现在所拥有的也许就是别人羡慕而不得的。学会时常感恩我们现在所拥有的一切，并利用这些资源去创造更大的价值，取得最大的成功。让我们一起不断进步，磨好自己的刀，用好自己的力，砍好自己的柴，通过更好地为他人创造价值实现自我价值，成为一个始终被需要的人！

参文考献

[1] 迈克·鲁斯，约翰·舒克. 学习观察：通过价值流图创造增值、消除浪费. 赵克强，刘健，译. 北京：机械工业出版社，2016.

[2] 杰弗瑞·K·莱克，迈克尔·豪瑟斯，优质人才与组织中心. 丰田文化：复制丰田DNA的核心关键. 王世权，韦福雷，胡彩梅，译. 北京：机械工业出版社，2008.

[3] 约翰·舒克. 学习型管理：培养领导团队的A3管理方法. 郦宏，武萌，汪小帆，等译. 北京：机械工业出版社，2016.

[4] Durward K.Sobek Ⅱ，Art Smalley. A3思维——丰田PDCA管理系统的关键要素. 扈喜林，译. 北京：人民邮电出版社，2016.

[5] 拉塞尔·T·韦斯科特. 注册质量经理/组织卓越经理手册. 3版. 王金德，等译. 北京：中国标准出版社，2007.

[6] 南希·R·泰戈. 质量工具箱. 2版. 何桢，施亮星　主译. 北京：中国标准出版社，2007.

[7] 李葆文. TnPM安全宪章. 北京：机械工业出版社，2015.

[8] 薛伟，蒋祖华. 工业工程概论. 2版. 北京：机械工业出版社，2015.

[9] 约瑟夫·M·朱兰，约瑟夫·A·德费欧. 朱兰质量手册. 6版. 焦叔斌，苏强，杨坤，等译. 北京：中国人民大学出版社，2014.

[10] 中国质量协会. 质量经理手册. 2版. 北京：中国人民大学出版社，2017.

[11] 中国质量协会. QC小组基础教材. 北京：中国社会出版社，2017.

[12] 戚维明，罗国英. 质量文化建设方略. 北京：中国标准出版社，2011.

[13] 厄尔·穆曼，托马斯·艾伦，等. 精益企业价值. 2版. 张艳，译. 北京：经济管理出版社，2012.

[14] 张富民. 高效运作项目管理办公室：PMO实践、案例和启示. 2版. 北京：电子工业出版社，2011.

[15] 丹尼尔·A·雷恩. 管理思想的演变. 李柱流，赵睿，肖聿，等译. 北京：中国社会科学出版社，2004.

[16] 中国质量协会，何桢. 六西格玛管理. 3版. 北京：中国人民大学出版社，2014.

[17] 中国质量协会，何桢. 六西格玛绿带手册. 北京：中国人民大学出版社，2011.

[18] 今井正明. 改善——日本企业成功的奥秘. 周亮，战凤梅，译. 北京：机械工业出版社，2010.

[19] 夏岚. 精益化工——精益管理在化工行业的实践. 北京：化学工业出版社，2021.